职业技能鉴定考试指南

维修电工(技师、高级技师)

浙江省人力资源和社会保障厅
浙江省职业技能鉴定中心　组织编写

浙江科学技术出版社·杭州

版权所有　侵权必究
图书在版编目(CIP)数据

维修电工:技师、高级技师/浙江省职业技能鉴定中心编.—杭州:浙江科学技术出版社,2009.4(2025.8重印)
(职业技能鉴定考试指南)
ISBN 978-7-5341-3521-7

Ⅰ.维… Ⅱ.浙… Ⅲ.电工—维修—职业技能鉴定—自学参考资料　Ⅳ.TM07

中国版本图书馆CIP数据核字(2009)第044025号

丛 书 名	职业技能鉴定考试指南
书　　名	维修电工(技师、高级技师)
组织编写	浙江省人力资源和社会保障厅 浙江省职业技能鉴定中心
主　　编	丁宏亮

出版发行　浙江科学技术出版社
　　　　　杭州市环城北路177号　邮政编码:310006
　　　　　联系电话:0571-85164982
　　　　　E-mail:msm@zkpress.com

排　　版	杭州兴邦电子印务有限公司
印　　刷	浙江新华数码印务有限公司
经　　销	全国各地新华书店
开　　本	710×1000　1/16　　　印　张　20.75
字　　数	240 000
版　　次	2009年4月第1版　2025年8月第13次印刷
书　　号	ISBN 978-7-5341-3521-7　　定　价　43.00元

责任编辑　刘雯静　　责任校对　张　宁
封面设计　孙　菁　　责任印务　田　文

如发现印、装问题,请与承印厂联系.电话:0571-85155604

浙江省职业技能鉴定考试指南编委会

主　　任　　傅　玮
副 主 任　　陈小克
委　　员　　鲍国荣　邵桂四　潘伟梁　吴　钧
　　　　　　巫惠林　黄晓红　黄国汀　郑群敏
　　　　　　金振相　程叶军　王丽慧

本书编审人员

主　　编　　丁宏亮
副 主 编　　刘同文
编写人员　　葛惠民　章彩涛　吴　兴

主　　审　　王建林　韩　遗
审稿人员　　曹李民　丁宏卫　吴国良

序

经济社会的发展与企业未来的竞争,归根结底是人才的竞争。技能人才作为人才队伍的重要组成部分,在加快产业优化升级、提高企业竞争力、推动技术创新和科技成果转化等方面具有不可替代的重要作用。近年来,浙江省积极开展技能人才培训鉴定工作,不断推进技能人才队伍建设,为我省加快形成先进制造业基地和保持经济又好又快地发展做出了积极贡献。

当前及今后一段时期为我省经济转型升级的关键时期,产业结构和劳动力结构将发生深刻变化,这对技能人才的培养将提出更高的要求,迫切需要一批适应性强、质量高、内容新颖的职业技能培训鉴定教材,以满足企业和社会培训鉴定机构加快培养技能人才的需求。面对新形势,浙江省劳动和社会保障厅题库教材开发领导小组以国家职业标准为基础,结合我省经济发展和产业升级的实际,依托职业院校、企业和行业的力量,组织编写了"职业资格培训鉴定教材"和"职业技能鉴定考试指南"两套教材。我相信,这两套教材的出版发行,对于进一步完善我省技能人才的评价工作,加快培养一支结构合理、企业需要、社会认可的技能人才队伍必将发挥重要作用。

当今科技日新月异,新职业、新工种、新技能层出不穷,编写职业技能培训鉴定教材是加快培养技能人才的重要环节。希望编写人员以这两套教材的编写为新的起点,贴近实际,勇于创新,进一步加强职业技能培训鉴定教材的编写工作,为推动我省技能人才队伍建设作出努力。

浙江省劳动和社会保障厅厅长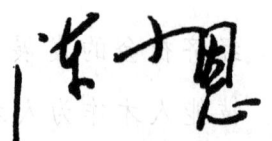

2009 年 3 月

前 言

为了贯彻《浙江省人民政府关于大力推进职业教育改革与发展的意见》(浙政发[2006]41号)精神,加强技能人才队伍建设,实施"浙江省职业教育六项行动计划",浙江省劳动和社会保障厅根据行动计划中提出的"提升劳动力素质行动计划"要求,组织开发20个职业的题库和教材(《职业技能鉴定考试指南》丛书)。维修电工被列入20个职业开发目录之一。依据国家职业标准及相关教材,我们组织专家编写了该职业技能鉴定考试指南。

《维修电工(技师、高级技师)》有较强的针对性。它由"命题思路与鉴定考核要点"、"理论知识鉴定复习指导"、"操作技能鉴定复习指导"、"理论知识试题精选"、"操作技能试题精选"和"模拟试卷"等几个部分组成。书中说明了统一试卷的命题依据、试卷结构、题型题量,公布了近期考核的重点内容,对操作技能考核的准备要领提出了明确和详细的要求,同时按考核鉴定要求从题库中抽取试题组成模拟试卷,便于考生熟悉职业技能鉴定考核的内容、范围、考核方式、试题题型和试卷结构,使考生在复习和应考时能够做到有的放矢、心中有数。

本书提供了技术准备的方向和范围,考生应系统地学习。它对广大参加职业技能鉴定考核的考生有着重要的参考价值,是每一位考生必备的复习用书。

本系列指南由浙江机电职业技术学院国家职业技能鉴定所、浙江省维修电工职业技能鉴定专家委员会组织编写。本册由丁宏亮任主编,刘同文任副主编,王建林、韩遗主审,曹李民、丁宏卫、吴国良审稿,葛惠民、章彩涛、吴兴等参与编写,许金福参与校对。

由于笔者时间和水平有限,所编、所做的难免有不足之处,恳请各使用单位和个人提出宝贵意见和建议。

浙江省职业技能鉴定考试指南编委会

2009年3月

目 录

第一部分 维修电工技师

第一章 命题思路与鉴定考核要点 ························· 3
  第一节 命题思路 ·· 3
  第二节 鉴定考核要点 ···································· 6
第二章 维修电工技师理论知识鉴定复习指导 ············· 16
  第一节 职业道德 ······································· 16
  第二节 读图与分析 ····································· 17
  第三节 电气故障检修及配线安装知识 ················· 18
  第四节 测 绘 ·· 29
  第五节 调 试 ·· 30
  第六节 新技术的应用 ·································· 30
  第七节 工艺的编制 ···································· 33
  第八节 设 计 ·· 36
  第九节 培训指导 ······································ 38
  第十节 管 理 ·· 40
第三章 维修电工技师操作技能鉴定复习指导 ············· 43
第四章 理论知识试题精选与参考答案 ···················· 46
  第一节 试题精选 ······································ 46
  第二节 参考答案 ······································ 81
第五章 操作技能试题精选 ································ 96
  第一节 设计、安装与调试(模块一) ··················· 96
  第二节 系统检修(模块二) ··························· 117

第三节　读图分析(模块三) ·· 125
　　第四节　培训指导(模块四) ·· 136
第六章　模拟试卷 ··· 138
　　第一节　理论知识模拟试卷 ·· 138
　　第二节　理论知识模拟试卷参考答案 ······························ 142
　　第三节　操作技能模拟试卷 ·· 144

第二部分　维修电工高级技师

第七章　命题思路与鉴定考核要点 ····································· 163
　　第一节　命题思路 ··· 163
　　第二节　鉴定考核要点 ·· 166
第八章　维修电工高级技师理论知识鉴定复习指导 ················· 177
　　第一节　工作前准备(读图与分析) ································ 177
　　第二节　电气故障检修 ·· 177
　　第三节　测　绘 ··· 178
　　第四节　调　试 ··· 178
　　第五节　新技术的应用 ·· 185
　　第六节　工艺的编制 ·· 187
　　第七节　设　计 ··· 191
　　第八节　培训指导 ··· 194
第九章　维修电工高级技师操作技能鉴定复习指导 ················· 196
第十章　理论知识试题精选与参考答案 ······························ 200
　　第一节　试题精选 ··· 200
　　第二节　参考答案 ··· 239
第十一章　操作技能试题精选 ··· 267
　　第一节　设计、安装与调试(模块一) ····························· 267
　　第二节　系统检修(模块二) ······································· 288
　　第三节　工艺与测绘(模块三) ···································· 292
　　第四节　培训指导(模块四) ······································· 295

第十二章　模拟试卷 …………………………………………………… 298
　　第一节　理论知识模拟试卷 ………………………………………… 298
　　第二节　理论知识模拟试卷参考答案 ……………………………… 302
　　第三节　操作技能模拟试卷 ………………………………………… 303
附图　MGB1420型高精度半自动万能磨床直流调速装置电路原理图 …… 318

第一部分 维修电工技师

第一章　命题思路与鉴定考核要点
第二章　维修电工技师理论知识鉴定复习指导
第三章　维修电工技师操作技能鉴定复习指导
第四章　理论知识试题精选与参考答案
第五章　操作技能试题精选
第六章　模拟试卷

第一章　命题思路与鉴定考核要点

第一节　命　题　思　路

一、试卷命题依据

职业技能鉴定依据《维修电工国家职业标准》(以下简称《标准》)要求,参考国家职业资格培训教程《维修电工(技师技能　高级技师技能)》,结合当前社会生产和技术发展水平及对从业人员的各方面要求命题。在命题内容上,力求体现"以职业活动为导向,以职业技能为核心"的指导思想;在结构上,针对维修电工职业活动的领域,按照模块化项目组合的方式进行命题,确定多个考核项目和内容,较准确、有效地反映了当前社会经济水平下《标准》对从业人员的技能和素质的要求,保证了鉴定试题的内在质量和可操作性。

二、试卷命题原则

1. 命题的总体原则

(1) 注重对本等级基本知识和基本技能的理解和掌握,不出偏题和难题。

(2) 根据本工种职业特点和目前整体技术的发展水平与现状,对考核内容进行适当调整。

2. 理论知识命题原则

(1) 实事求是地反映《标准》要求。

(2) 注重理论知识对操作技能的支撑作用,强调实际工作必备的知识,避免纯理论化或学科化倾向。

(3) 坚持一致性、通用性的原则。

3. 技能操作命题原则

(1) 强调实际操作技能与生产实践的内在联系,注重所考内容在实际工作中的基础性和关键性作用。

（2）以模块项目组合的形式组织试题，尽可能做到鉴定实施的可行、高效、低成本。

（3）兼顾不同地区或不同企业的特点，允许对试题某些考试项目进行适当调整。

三、鉴定方式与试卷结构

鉴定方式分为理论知识考试、技能操作考核和论文答辩三项。理论知识考试采用闭卷笔试方式，技能操作考核采用现场实际操作方式。理论知识考试和技能操作考核均实行百分制，成绩皆达60分以上者为合格。同时，技师鉴定还须进行综合评审。

关于试卷组成的特点，以下分为理论、技能两方面来介绍。

（一）理论试卷结构

技师理论知识成绩满分100分，内容分为"基本要求"与"相关知识"两部分，分别占23%和77%。理论知识部分的考试时间为120min，其题型、题量、比例和配分参见表1-1。

表1-1 非标准化理论知识试卷的题型、题量与配分方案

题 型	题 量	分 数
填空题	20题（1分/题）	20分
判断题	10题（1分/题）	10分
单项选择题	10题（2分/题）	20分
简答题	4题（5分/题）	20分
论述题	2题（15分/题）	30分
总 分	100分（46题）	

（二）技能试卷结构

维修电工技师技能操作考核内容层次结构如表1-2所示，技能操作考核的全部内容由操作技能和综合工作能力两部分构成。

表 1-2 维修电工技师技能操作考核内容层次结构表

鉴定要求\鉴定范围	操作技能			综合工作能力		合计
	设计、安装与调试	故障检修	安全文明生产	培训指导	读图分析、工艺计划或测绘	
选考方式	必考项（题目内容见细目表）	必考项（题目内容见细目表）	必考项（为倒扣分）	任选一（见细目表）		4项
鉴定比重(%)	50	35	(10)	15		100
考试时间(min)	180～240	40～60	—	10～45		约330min
考核形式	实际操作及笔试	实际操作及口试（笔试）	实际操作	讲课或笔试		—
否定项	无	有否定项的内容	有否定项的内容	无	无	
考核项目组合及方式	选一项	选一项	必考项	选一项	选一项	

全套技能操作试卷由"准备通知单"、"试卷正文"和"评分记录表"三部分构成，分别供考场、考生和考评员使用。

1. 准备通知单

(1) 考场准备：明确具体承担职业技能鉴定的实施机构在组织本次职业技能鉴定时应准备设备、工具、材料（名称、数量、规格、标准）的要求。

(2) 电气设备准备：需要有比较明确的方向及定位，既要有适当的场地、规模，又要有时间、周期的限制，同时还要有一定的资金支持。承担考核鉴定的机构和单位可参照第三章、第五章内容，作为本次鉴定先行规划准备的标的。

(3) 考生准备：考生需自备的用品见表 1-3。

表 1-3 考生自备用品一览表

序号	名称	型号与规格	单位	数量	备注
1	万用表	自定	只	1	
2	电工通用工具	验电笔、钢丝钳、螺丝刀（包括十字口螺丝刀、一字口螺丝刀）、电工刀、尖嘴钳、活扳手等	套	1	
3	圆珠笔	自定	支	1	
4	绘图工具	自定	套	1	
5	参考书	维修电工（基础知识）	本	1	

续表

序号	名称	型号与规格	单位	数量	备注
6	劳动保护用品	绝缘鞋、工作服等	套	1	

2. 试卷正文

技师技能操作考核有4个题目。每个题目针对一个具体模块,配有其考评用的考核要求与评分标准。每个模块对应一个操作考核项目。在每个考核项目囊括的若干鉴定点中,选中一个作为本项目的具体考核内容,这样这个选定项目的考核内容就成为考核试题,相应地就有具体考核实施的操作内容、任务,即试题卷面的"考核要求"。

维修电工技师操作技能考核试卷的题型、要求和配分比例见表1-4。

表1-4 维修电工技师操作技能试卷的题型、要求、配分比例

题号	名称	考核要点	鉴定比重(%)	时间(min)
1	含PLC电气控制系统的设计、安装、调试	控制系统设计,画梯形图、指令表,安装接线,键盘操作,调试	50	210
2	检修晶闸管—直流调速系统(或其他较复杂电气控制系统)	根据题目图示进行接线、调试(部件或单元晶闸管电路,开、闭环),维修和答辩等	35	60
3	读图与分析	电力电子电路,晶闸管相控整流电路,触发电路,直流电动机调速系统	15	20
4	培训指导	根据指定教学内容编写教案、讲授、答辩		30
	合计		100	320

注:表中考题3和考题4由考评员考核现场指定。

3. 评分记录表

评分记录表包含针对具体鉴定点的评分标准和评分记录。

第二节 鉴定考核要点

鉴定考核要点是题库抽题组卷的基本范围,它反映了当前本职业(工种)对从业人员知识和技能要求的主要内容。鉴定考核要点是根据《标准》的相关要求制定的。

鉴定考核要点采用《鉴定要素细目表》的格式编制,以鉴定范围和鉴定点的

形式加以组织,列出了本等级下应考核的内容。考核分为理论知识和操作技能两个部分。其中,理论知识部分的核心是以知识点表示的鉴定点,操作技能部分的主要内容是以考核项目表示的鉴定点。

在鉴定要素细目表中,每个鉴定点都有其重要程度指标,即表内鉴定点后标以"X"、"Y"、"Z"的内容。重要程度反映了该鉴定点在本职业(工种)中对从业人员所要求内容中的相对重要性水平,当然,重要的内容被选取为考核试题的可能性也就较大。其中,"X"表示"核心要素",是考核中最重要、出现频率最高的内容;"Y"表示"一般要素",是考核中出现频率一般的内容;"Z"表示"辅助要素",在考核中出现的概率较小。在鉴定要素细目表中,每个鉴定范围都有其鉴定比重指标,它表示在一份试卷中该鉴定范围所占的分数比例。

一、理论部分

理论知识的基本要求在《标准》中已经明确界定。在理论知识方面,《标准》中的"基本要求"和"相关知识",既是指导鉴定工作、编制鉴定试题的重要依据,也是技术理论培训和考生进修复习的参考大纲。为了考生在考前复习时有一定系统性,我们把维修电工技师理论知识鉴定要素细目列于表1-5中。

表1-5 维修电工技师理论知识鉴定要素细目表

鉴定范围						鉴定点		
一级		二级		三级				
代码	名称	鉴定比重	代码	名称	鉴定比重	代码	名称	鉴定比重	代码	名称	重要程度
A	基本要求 (44:20:00)	23	A	职业道德 (11:02:00)	5	A	职业道德 (11:02:00)	5	001	职业道德的基本内涵	X
									002	市场经济条件下,职业道德的功能	X
									003	企业文化的功能	X
									004	职业道德对增强企业凝聚力、竞争力的作用	X
									005	职业道德是人生事业成功的保证	Y
									006	文明礼貌的具体要求	X
									007	爱岗敬业的具体要求	X

续表

鉴定范围						鉴定点		
一级		二级		三级				
代码	名称	鉴定比重	代码	名称	鉴定比重	代码	名称	鉴定比重	代码	名称	重要程度
A	基本要求 (44:20:00)	23	A	职业道德 (11:02:00)	5	A	职业道德 (11:02:00)	5	008	对诚实守信基本内涵的理解	X
									009	办事公道的具体要求	X
									010	勤劳节俭的现代意义	X
									011	企业员工遵纪守法的要求	X
									012	团结互助的基本要求	X
									013	创新的道德要求	Y
			B	基础知识 (33:18:00)	18	A	电工基础知识 (23:02:00)	18	001	供电和节约用电的一般知识	Y
									002	电磁感应	X
									003	控制变压器和整流变压器的选用	X
									004	变压器短路试验	X
									005	交流电磁铁	Y
									006	LC谐振电路	X
									007	品质因数	X
									008	线性叠加原理	X
									009	三相交流电路	X
									010	基本放大电路	X
									011	基本振荡电路	X
									012	差动放大电路	X
									013	共模抑制比	X
									014	电路反馈	X
									015	集成运放电路	X
									016	集成运放比较器电路	X
									017	集成逻辑门电路	X
									018	组合逻辑电路	X

续表

鉴定范围						鉴定点		
一级		二级		三级				
代码	名称 鉴定比重	代码	名称 鉴定比重	代码	名称 鉴定比重	代码	名称	重要程度
A	基本要求 23 (44:20:00)	B	基础知识 18 (33:18:00)	A	电工基础知识 (23:02:00)	019	时序逻辑电路	X
						020	二进制数码	X
						021	电动机维护	X
						022	电动机机械特性	X
						023	晶闸管及其整流电路	X
						024	直流电动机的启动、调速	X
						025	直流伺服电动机	X
				B	机械基础知识 (01:7:00) 18	001	联轴器与离合器的基础知识	Y
						002	常用机构的基础知识	X
						003	联接的基础知识	Y
						004	带传动的基础知识	Y
						005	链传动的基础知识	Y
						006	齿轮传动的基础知识	Y
						007	轮系的基础知识	Y
						008	轴与轴承的基础知识	Y
				C	安全生产、环境保护 (04:0:0)	001	触电的概念	X
						002	常见的触电形式	X
						003	安全用电技术措施	X
						004	安全生产规章制度	X
				D	质量及生产管理知识 (04:04:00)	001	质量管理的内容	Y
						002	岗位质量的要求	Y
						003	ISO9000 标准及 GB/T 1900 质量体系	X
						004	ISO14000 系列标准	X

续表

鉴定范围							鉴定点		
一级			二级			三级			
代码	名称	鉴定比重	代码	名称	鉴定比重	代码	名称	鉴定比重	
代码	名称		代码	名称		代码	名称		重要程度
A	基本要求 (44:20:00)	23	B	基础知识 (33:18:00)	18	D	质量及生产管理知识 (04:04:00)	18	
							005 维修电工班组管理		Y
							006 提高劳动生产率的知识		Y
							007 现代管理知识		X
							008 计算机集成制造系统		X
						E	相关法律、法规知识 (01:05:00)		
							001 劳动法与合同法基本知识		X
							002 劳动者的义务		Y
							003 劳动者的权利		Y
							004 劳动合同的解除		Y
							005 劳动安全卫生制度		Y
							006 劳动保护知识		Y
B	相关知识 (90:13:00)	77	A	工作前准备 (21:02:00)	19	A	工具、量具及仪器 (04:02:00)	4	
							001 晶体管图示仪的使用		Y
							002 双踪示波器的基本原理		Y
							003 双踪示波器的使用		X
							004 数字示波器的基本原理		X
							005 数字示波器的使用		X
							006 高频信号发生器		X
						B	读图与分析 (17:00:00)	15	
							001 三相半波可控整流电路		X
							002 三相桥式可控整流电路		X
							003 数控系统控制方式及开环控制		X
							004 半闭环与闭环控制系统		X
							005 感性负载时的主回路		X
							006 逆变电路		X
							007 逆变失败和逆变角的限制		X
							008 变频电路		X
							009 对触发电路的要求		X
							010 锯齿波同步的晶闸管触发电路		X

续表

鉴定范围						鉴定点		
一级			二级		三级			
代码	名称	鉴定比重	代码	名称	鉴定比重	代码	名称	重要程度
代码	名称	鉴定比重						
B	相关知识 (90:13:00)	77	A	工作前准备 (21:02:00)	19	B	读图与分析 (17:00:00)	15

代码	名称	重要程度
011	交流侧过电压及其保护	X
012	直流侧过电压及其保护	X
013	过电流及其保护	X
014	电气原理图的读图方法	X
015	电气原理图的读图步骤	X
016	进口设备的常用电气词汇	X
017	电气原理图的绘制	X

B 装调与维修 (65:11:00) 56 — A 电气故障检修 (16:05:00) 18

代码	名称	重要程度
001	数控设备的组成	X
002	数控设备的原理	Y
003	数控装置	X
004	数控设备的一般应用	X
005	数控机床中 J50M 系统的基本操作方法	X
006	数控机床电气故障的诊断	X
007	调节电动机磁场的调速系统	X
008	PLC 及其所控制设备的故障检修	X
009	可编程序控制器的检查	X
010	可编程序控制器更换电池的方法	X
011	可编程序控制器故障自检功能	X
012	光栅测量装置	X
013	光电脉冲编码器	X
014	感应同步器	Y
015	旋转变压器	Y
016	龙门刨床 V5 系统常见故障的分析方法	X
017	液压控制的原理及组成	Y

续表

鉴定范围							鉴定点		
一级			二级			三级			
代码	名称	鉴定比重	代码	名称	鉴定比重	代码	名称	鉴定比重	
代码	名称		代码	名称		代码	名称		重要程度
B	相关知识 (90:13:00)	77	B	装调与维修 (65:11:00)	56	A	电气故障检修 (16:05:00)	18	
						018	常用液压元件		Y
						019	气动控制的基本原理		X
						020	液压系统电气故障分析		X
						021	液压系统电气故障排除		X
						B	配线与安装 (9:01:00)	8	
						001	晶闸管调速电路的主回路		X
						002	晶闸管调速电路的电压负反馈环节		X
						003	晶闸管调速电路的电流截止反馈环节		X
						004	可编程序控制器电源干扰的抑制		X
						005	F系列可编程序控制器系统构成		Y
						006	变频器的基本结构		X
						007	变频器的外部接口		X
						008	变频器的安装要求		X
						009	变频器的键盘配置		X
						010	变频器的预置流程		X
						C	设计调试 (19:00:00)	15	
						001	电路设计的原则		X
						002	电路设计的内容		X
						003	电路设计的步骤、方法		X
						004	可编程序控制器的特点		X
						005	可编程序控制器工作过程和信息处理		X
						006	FX系列可编程序控制器内部继电器及移位寄存器		X
						007	FX系列可编程序控制器的定时器和计数器		X
						008	FX系列可编程序控制器的梯形图及指令		X

续表

鉴定范围						鉴定点		
一级			二级			三级		
代码	名称	鉴定比重	代码	名称	鉴定比重	代码	名称	鉴定比重
代码	名称	重要程度						

一级			二级			三级			代码	名称	重要程度
代码	名称	鉴定比重	代码	名称	鉴定比重	代码	名称	鉴定比重			
B	相关知识 (90:13:00)	77	B	装调与维修 (65:11:00)	56	C	设计调试 (19:00:00)	15	009	可编程序控制器的设计方法	X
									010	FX系列可编程序控制器的基本指令	X
									011	FX系列可编程序控制器的一般应用范围	X
									012	计算机接口电路的功能	X
									013	常用传感器的性能和分类	X
									014	B2012A型龙门刨床V5系统的调试	X
									015	SIMOREG—V5系列晶闸管直流主轴调速装置的技术指标	X
									016	较复杂机械电气设备控制线路调试前准备	X
									017	较复杂机械电气设备控制线路调试原则	X
									018	电气设备控制线路的开环调试	X
									019	电气设备控制线路的闭环调试	X
						D	测绘 (07:00:00)	15	001	测绘电气安装接线图的方法	X
									002	测绘前的准备	X
									003	电气测绘的一般要求	X
									004	电气测绘的注意事项	X
									005	常用集成运算放大器及其功能	X
									006	常用集成电路手册的查阅方法	X
									007	测绘数控系统与步进驱动装置和可编程序控制器等的接线图	X

续表

鉴定范围						鉴定点		
一级		二级		三级				
代码	名称	鉴定比重	代码	名称	鉴定比重	代码	名称	鉴定比重	代码	名称	重要程度

一级			二级			三级			代码	名称	重要程度
代码	名称	鉴定比重	代码	名称	鉴定比重	代码	名称	鉴定比重			
B	相关知识 (90:13:00)	77	B	装修与维修 (65:11:00)	56	E	新技术应用 (07:05:00)	15	001	电力电子器件的分类	X
									002	不可控电力电子器件	X
									003	半控型电力电子器件	X
									004	全控型电力电子器件	X
									005	电力电子缓冲电路	X
									006	电力电子驱动电路	X
									007	高频逆变技术知识	X
									008	无速度传感器的交流电动机变频调速技术	Y
									009	高性能的高压变频调速装置	Y
									010	机电一体化	Y
									011	计算机的用途和基本结构	Y
									012	计算机软件及数控系统	Y
						F	工艺的编制 (07:00:00)		001	一般机械设备的电气大修工艺知识	X
									002	一般机械设备编制电气大修工艺的原则	X
									003	外观及外部配线质量标准	X
									004	电气柜电器、仪表维修的标准	X
									005	制定工艺文件的原则	X
									006	一般机械设备电气大修工艺应包含的内容	X
									007	一般机械设备电气大修工艺的编制步骤	X
					C	培训指导 (04:00:00)	2	A	操作培训 (02:00:00)	2	001	指导操作的目的	X
									002	指导操作的方法	X
								B	理论培训 (02:00:00)		001	理论培训的方法	X
									002	理论培训讲义的编写	X

二、技能部分

对维修电工技师(国家二级)的技能要求,在《国家职业标准》中有明确而全面的规定。为达此标准要求,国家职业资格培训教程《维修电工(技师技能 高级技师技能)》以模块化的方式,紧贴标准分门别类地作了较详尽的阐述,适合于系统化、规范化的培训和学习。

根据《国家职业标准》和国家职业资格培训教程,表1-6列出了维修电工技师操作技能鉴定要素细目。

表1-6 维修电工技师操作技能鉴定要素细目表

鉴定范围			鉴定点		重要程度
代码	名称	鉴定比重	代码	名　称	
A	设计、安装与调试	50	001	用PLC进行控制线路(或工艺过程)的设计及模拟调试	X
			002	PLC、变频器控制线路的设计、安装与调试	X
			003	工业组态软件+PLC进行控制线路的设计及模拟调试	X
			004	生产过程PLC多站式控制的设计及联调	Y
			005	复杂电子线路的设计、安装与调试	X
B	故障检修	35	001	检修继电—接触式控制的大型设备电气线路	X
			002	检修中型晶闸管直流调速系统	X
			003	检修PLC控制设备的电气线路	X
			004	检修PLC+变频器控制设备的电气线路	X
			005	电子设备的检修	Y
C	读图分析		001	小容量晶闸管直流调速系统读图分析	X
			002	集成触发直流调速系统读图分析	X
			003	中、大容量晶闸管直流调速系统框图分析	X
			004	机械设备的复杂电气线路读图分析	X
D	培训指导	15	001	仪器使用培训(示波器的基本原理和使用方法)	X
			002	功率元件知识培训(场效应管的分类与特点)	Y
			003	电工仪表工作原理培训(电度表中的阻尼原理)	X
			004	PLC开发应用于工业控制的步骤	X
			005	电路基本知识培训	X

第二章　维修电工技师理论知识鉴定复习指导

第一节　职业道德

一、职业道德基本知识

● 鉴定要求

(1) 掌握职业道德的基本概念。

(2) 了解职业道德的基本表现形式。

(3) 了解维修电工职业道德的基本要求。

● 复习重点

(1) 职业道德是人们在职业活动中所遵守的行为规范的总和。

(2) 职业道德行为是指从业者在一定的职业道德知识、情感、意志、信念支配下所采取的自觉活动。

(3) 职业道德基本规范把公众利益、社会效益摆在第一位。

(4) 各行业的工作性质、社会责任、服务对象和服务手段不同,决定了它对职业道德规范有不同的要求。

(5) 职业道德基本规范是爱岗敬业、诚实守信、办事公道、服务群众、奉献社会。

(6) 职业道德基本规范中诚实守信要做到诚信无欺、讲究质量、信守合同。

二、职业操守

● 鉴定要求

了解维修电工职业操守的基本内容。

● 复习重点

(1) 严格遵守中华人民共和国与职业相关的法律、法规和规定。

(2) 开展技术交流,相互学习,共同提高,促进维修电工职业的技术进步与发展。

(3) 注重合作,发扬团结协作精神,与相关专业共同完成所承担的工作任务。

第二节　读图与分析

● 鉴定要求
(1) 掌握半闭环数控系统的概念。
(2) 了解 J50 数控系统的组成及工作过程。
(3) 掌握本职业工种所涉及的外语单词。
● 复习重点
(1) 掌握半闭环数控系统的概念。
(2) 掌握数控系统的读图方法。
(3) 掌握教程所叙述内容中的英语单词。

一、J50 数控系统的读图

(1) 半闭环数控系统的概念。
(2) J50 数控系统的组成。
(3) J50 数控系统的工作过程。
(4) 外文水平要求。借助词典读懂进口设备相关外文,包括常用电气词汇(标牌)及使用规范的主要内容。英文常用电气(标牌)词汇见国家职业资格培训教程《维修电工(技师技能　高级技师技能)》中的表 1-1。

二、数控机床读图方法

在仔细阅读数控机床技术说明书,了解其控制系统的总体结构后,再阅读、分析电气原理图。其读图方法和步骤如下:

1. 分析数控装置

数控装置由硬件和软件组成。

2. 分析伺服驱动装置

数控系统的控制对象是伺服驱动装置,目前常用的有直流伺服驱动和交流伺服驱动两种。

3. 分析测量反馈装置

对机床采用的测量元件和反馈信号的性质（速度、位移等）进行分析。

4. 分析输入、输出装置

对各种外围设备及相应的接口控制部件进行分析，包括键盘、显示器、可编程序控制器等。

5. 分析联锁与保护环节

生产机械对于安全性、可靠性的要求很高，因此须设置一系列的电气保护和必要的电气联锁。

6. 总体检查

从整体的角度进一步检查和了解各控制环节之间的联系，达到充分理解原理图中每一部分的作用、工作过程及主要参数的目的。

第三节 电气故障检修及配线安装知识

● 鉴定要求

（1）了解龙门刨床 V5 系统常见电气故障及排除方法。

（2）掌握数控机床电气维修项目及故障检修方法。

（3）掌握数控设备的结构原理，了解数控设备的编程。

（4）掌握数控设备故障的一般诊断步骤和常用的诊断方法。

（5）了解 B2010 龙门刨床变频调速系统的配线与安装。

● 复习重点

（1）掌握数控设备的结构原理。

（2）掌握数控设备故障的一般诊断步骤。

（3）掌握数控设备常用的诊断方法。

（4）掌握液压控制工作原理、常用液压元件及其应用。

（5）掌握液压系统排除电气故障的步骤。

（6）掌握变频器基本知识。

一、龙门刨床 V5 系统常见电气故障及排除

（1）步进、步退不正常故障。

（2）工作台速度不正常故障。

（3）换向或停车时冲击电流大故障。

二、数控机床电气维修项目及故障检修

1. 数控系统的日常电气维修知识

（1）数控系统控制部分的检修包括以下内容：

①检查各有关的电压是否在规定范围内。

②检查系统内各电气元件连接是否松动。

③检查各功能模块的风扇运转是否正常，清除风扇及滤尘网上的灰尘。

④检查伺服放大器和主轴放大器使用的外接式再生放电单元的连接是否可靠，并清除灰尘。

⑤检查各功能模块存储器的后备电池电压是否正常，一般应根据厂家要求定期更换。

（2）伺服电动机和主轴电动机的检查与保养。

（3）测量反馈元件的检查与保养。

（4）电气部分的维护保养步骤。

2. 数控系统的现场电气维修

（1）数控系统的自诊断功能及报警处理方法。

①开机自检。

②实时自诊断。

（2）数控系统的参数故障及软件故障。

①参数故障的产生原因。

a. 后备电池失效将导致全部参数丢失。

b. 由于操作者的误操作，可能将个别或全部参数清除。

c. 数控系统在DNC状态下运行或进行数据通讯时电网瞬间停电。

②数控系统参数的恢复。常用的参数恢复方法有以下几种：

a. 对照随机资料参数表逐个检查，发现有不一致的参数就用手动输入恢复。

b. 利用生产厂家提供的专用数据输入、输出设备。参数输入的操作步骤可参照数控系统的操作说明书进行。

c. 利用计算机或数控系统的DNC功能，通过DNC软件进行参数输入。这

种方式操作简单,输入效率高,出错率极低。

③软件故障发生的原因。软件故障是由软件变化或丢失,或者软件运行中断引起的。

a. 在调试用户程序或修改机床参数时删除或更改了软件内容或参数,造成软件故障(某些参数的改变也可引起软件故障)。

b. 后备电池电压不足,引起软件及参数丢失。

c. 电源的波动及干扰脉冲窜入数控系统,引起时序错误或程序执行错误。

d. 软件编制不完善,当运行复杂程序或进行大量计算时,有时会造成系统死循环而引起系统中断。

e. 用户程序出错,在运行或输入过程中出现故障报警。

④软件故障的排除方法。

a. 对于软件丢失或参数改变引起的软件故障,可通过对参数、程序进行更改或清除后重新输入的方法来恢复。

b. 对于程序运行发生中断造成的故障,可采取关机再重新启动的方法恢复。开关数控系统电源是清除软件故障常用的方法,但在关机之前应将报警信息记录下来,以便于排除故障。

(3) 数控系统硬件故障的检查与分析。

①常规检查。

a. 系统发生故障后,首先要进行外观检查。

b. 针对故障有关部分,检查连接电缆、连接线、接线端子、接触件等连接是否良好,检查有无断线、绝缘破坏、松动、发热等现象,检查应定期保养的部件或元器件。

c. 检查电源电压是非常重要的环节,一定要仔细检查。

②故障现象分析法。

③面板显示与指示灯显示分析法。

④系统分析法。

⑤信号追踪法。信号追踪法包括:

a. 硬接线系统信号追踪法。

b. NC、PLC 系统状态显示法。

c. 硬接线系统的强制。

d. NC、PLC 控制变量的强制。

⑥静态测量法。

⑦动态测量法。

（4）伺服系统的故障及诊断。

①伺服系统的故障分析。包括超程、过载、窜动、爬行、振动、伺服电动机不转、位置误差和漂移。

②伺服系统故障定位方法。

a. 模块交换法。

b. 外接参考电压法。

（5）位置检测装置的维护及故障诊断。

①位置检测元件的维护。

a. 光栅尺在使用和维修中要特别注意防污和防振。

b. 光电脉冲编码器的使用环境和拆装与光栅一样，要注意防振和防污问题。同时，还应注意连接松动问题，防止因转轴连接松动影响位置控制精度。

c. 感应同步器的使用和维修中，应注意不要损坏定尺表面耐切削涂层和滑尺表面带绝缘层的铝箔。接线时要分清滑尺的正弦、余弦绕组，不得接错。

d. 旋转变压器接线时应注意各个绕组的接线不要接错。经常检查其电刷，当电刷磨损到一定程度时要更换。

②位置检测装置故障的诊断。当出现位置环开环报警时，应用示波器测量位置检测装置与CNC的连接端口，判断故障部位是在测量装置，还是在CNC系统的接口板上。

（6）数控机床运动质量特性故障。

①位置偏差过大的原因有以下几种：

a. 进给伺服电动机转速不够。

b. 负载过大或其他作用在电动机上的力过大，使电动机丢转较多。

c. 伺服驱动器中速度调节器或相关电路出现故障，有条件可用替换法来判断。

d. 位置反馈信号不正常，可用示波器进行检查。

e. 检查各接线端子是否松动。

②零件的加工精度差。

③机床运动时超调引起加工精度不好。

④两轴联动时的圆度超差。

a. 圆的轴向变形。

b. 斜椭圆误差(45°方向上的椭圆)。

三、相关知识(电气故障排除方法)

(一) 龙门刨床 V5 系统常见电气故障的分析方法

龙门刨床 V5 系统常见电气故障的分析参考国家职业资格培训教程《维修电工(技师技能　高级技师技能)》。

(二) 数控设备的结构原理、编程、故障诊断及一般应用

数控设备主要由数控装置、伺服驱动装置、测量反馈装置和设备本体四个主要部分和程序的输入设备、输出设备、可编程序控制器(PLC 或称 PMC)等组成。

1. 数控装置

数控装置是数控系统的核心,由硬件和软件两部分组成。它接受从输入装置(键盘、软盘、纸带阅读机、磁带机等)输入的控制信号代码,经过输入、缓存、译码、寄存、运算、存储等转变成控制指令,直接或通过可编程序控制器对伺服驱动系统进行控制。

(1) 硬件部分。FANUC 7M 数控系统包括三部分:

第一部分是 CPU 和存储器。CPU 包括 16 位字长的微处理器或现代数控常采用的 32 位微处理器,存储器包括 ROM 和 RAM。这一部分与总线相连,有一个驱动能力很大的缓冲器。

第二部分是挂在总线上的输入和输出接口、操作面板、CRT、机床开关、信号灯及显示、位置编码器、纸带阅读机以及外部面板等,都是通过这些接口与总线相连的。

第三部分是位置控制器,也挂在总线上,外部与伺服系统相连。

(2) 软件部分。数控装置的软件包括三部分:

第一部分是由数控装置生产厂家开发的系统程序,写在 EPROM 中,包括启动程序、基本系统程序、加工循环程序、测量循环程序等。

第二部分包括 NC 机床数据、PLC 机床数据、PLC 报警文本、PLC 用户程序等,由数控设备生产厂针对具体设备而编制,出厂前分别写入 RAM 和 EPROM 中,并提供技术资料予以说明。

第三部分是由设备用户编制的加工程序、刀具补偿参数、零点偏置参数、R参数等与具体加工密切相关的程序,存储在 RAM 中。

2. 伺服驱动装置

伺服驱动装置是数控装置与机床主机之间的连接环节。它接收数控装置输出的控制信号与检测反馈信号进行比较后,经调节、处理、放大,驱动设备的执行机构实现运动。

数控系统的伺服一般都采用三环结构。其外环为位置环,由计算机给定的位置指令和位置检测器反馈的位置信号,经比较、调节、处理后产生速度给定信号。中环为速度环,速度给定信号与由电动机带动的测速元件经反馈电路处理后的速度反馈信号相比较,经速度调节器后生成电流给定信号。内环为电流环,电流给定信号与电动机电枢电流反馈信号相比较,经调节、处理后,控制 PWM 电路产生相应的占空比信号,经功率变换单元电路,使电动机获得满足计算机指令要求的运行状态。

在三环结构中,位置环的比较、调节、控制一般在数控装置内。伺服驱动装置则包括速度环和电流环的调节、处理电路,以及 PWM 电路、功率变换电路和相应的保护电路。目前,常用的有直流伺服系统和交流伺服系统,而直流伺服系统正逐渐被交流伺服系统所取代,全数字化伺服控制系统的应用日益广泛。

3. 测量反馈装置

测量反馈装置通过脉冲编码器、旋转变压器、光栅尺、感应同步器等测量元件,将执行元件或工作台等的速度和位移检测出来,经相应的电路处理后反馈给数控装置或伺服驱动装置,构成闭环或半闭环以补偿误差。

光栅测量装置的光栅有长光栅和圆光栅两种。

(1) 光栅尺。包括标尺光栅和指示光栅。

①光栅读数——莫尔条纹。光栅读数依据莫尔条纹的形成原理,如图 2-1 所示。指示光栅和标尺光栅叠合在一起,保持 0.01~0.1mm 的间隙,并相互交叉,形成很小的夹角。当光源照射光栅时,两块光栅线纹彼此重合,形成横向透光亮带和不透光的暗带彼此错开排列,这些横向明暗相间的条纹就是莫尔条纹。从光电元件读出移动的莫尔条纹数,就可知道运动部件的准确位移量。

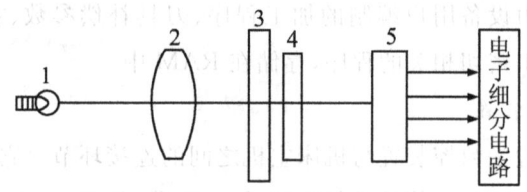

1—光源；2—聚光镜；3—主光栅；
4—指示光栅；5—光敏元件

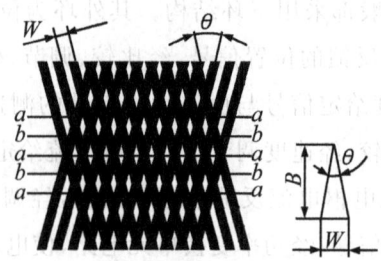

a—亮带；b—暗带；W—光栅的栅距；
θ—主光栅和指示光栅线的夹角；B—相邻两莫尔条纹间距

图 2-1 光栅读数头及莫尔条纹形成原理

②光栅测量系统。光栅移动一个栅距，莫尔条纹即移动一个间距，由硅光电池组成的光敏元件，将一个周期的近似于正弦波变化的光强信号转换成电压信号。这样，莫尔条纹的栅距变成了电脉冲，通过对脉冲计数便可得到工作台的移动距离。鉴相倍频电路的作用还包括辨别工作台移动的方向和对电脉冲进行细分，以得到更高的检测分辨率。

（2）光电脉冲编码器。光电脉冲编码器是一种旋转式脉冲发生器，其作用是把机械转角变成电脉冲。

（3）感应同步器。

（4）旋转变压器。旋转变压器可分成有刷或无刷两种。数控设备中，大多采用无刷旋转变压器。

旋转变压器的工作原理与普通变压器相似，不过能改变相当于普通变压器一次、二次侧绕组的励磁绕组（定子绕组）和转子绕组（输出绕组）之间的相对位置，使其输出电压随转子转角的改变而变化。

4. 数控系统的基本操作

在对数控机床进行维护、修理时，常需进行手动调整机床位置的操作，因此对数控机床中的数控系统的简单操作应有所了解。

5. 数控机床的程序编制

在数控机床使用过程中,常常由于程序编制的错误使机床不能正常工作,维修人员也应具备程序编制方面的知识,协助操作人员或工艺人员查找问题。

(1) 世界上通行两套指令代码标准:ISO 代码和 EIA 代码。我国现在已制定出 GB/T 8870—1988 代码标准与 ISO840 标准通用。

(2) 机床的坐标系及正方向的确定:X、Y、Z 三个轴满足笛卡儿坐标系的规定,即右手法则。坐标系的正方向就是机床的正方向。若在 X、Y、Z 右上方打一个"′",表示与正方向相反的方向。

(3) 程序的结构与格式。

(4) 程序的编写。

(5) 刀具补偿指令。

(6) 数控车床与数控铣床程序编制的特点。

①数控车床编程特点。

②数控铣床的程序编制。

6. 数控系统电气故障的诊断

(1) 数控系统电气故障的诊断步骤为:

①首先采用各种手段(包括维修人员的直观检查和对数控系统的各种指示和信息的检查,以及采用各种仪器、仪表等)对数控系统进行检查和测试,判断是否存在故障。

②然后对故障现象进行分析,对故障的性质进行判断,结合进一步的检测,确定有故障的部位或装置。

③最后采用各种检查、测量、试验、分析方法,将故障定位到可以更换的模块、线路板上,甚至定位到有缺陷的集成电路、元器件上等。

(2) 数控系统电气故障常用的诊断方法:

①观察检查法。

②数控系统的自诊断功能。数控系统一般都有较强的通电自诊断和实时自诊断功能。当数控系统通电时发现故障,或在运行中出现故障时,显示器上会显示报警号或报警信息,有关的线路板或装置上相应的 LED 指示灯会有指示。根据这些信息查阅有关维修手册,可找出引起故障的原因及排除方法。需要注意的是,有时自诊断信息反应的并不是故障的真正原因。

③数据和状态检查。

a. 数控系统的机床数据是数控系统与机床配合的重要参数,在机床设计和调整时确定。通过显示器,可检查这些参数有无因外部干扰等原因发生混乱或丢失,从而引起数控机床不能正常工作。

b. 通过显示器可显示 CNC 与 PLC、PLC 与机床之间的各输入、输出信息状态。利用状态显示可以检查、判断出故障是出在数控系统侧,还是在机床侧,或是在 PLC 内部,从而可进一步检查出故障。

④替换法。常用于线路板、功能模块等部件的诊断。如果数控系统中有功能相同的部件,也可将相同的部件互相交换,观察故障转移的情况,就能快速确定故障部位。本方法常用于伺服驱动进给装置的故障检查。也可将两台相同数控系统间相同的部件进行互换,这种方法对于偶发性故障的诊断可能有特别的效果。

使用替换法时需要特别注意的是,必须保证替换部分的电源是正常的,不能因电源异常损坏替换上去的部件。

⑤敲击法。

⑥测量比较法。

7. 数控设备的一般应用

(1) 金属切削加工方面。应用在车、铣、镗、铰、钻、刨、磨等各种切削工艺的机床上,包括普通型数控机床、加工中心、数控专用加工机床等。

(2) 金属成型方面。应用在挤、冲、压、拉等成型工艺的机床,包括数控冲剪机、数控压力机、数控折弯机、数控弯管机、数控旋压机等。

(3) 特种加工方面。常用的有数控电火花切割机、数控电火花成型机、数控火焰切割机、数控激光加工机等。

(4) 测量、绘图方面。应用的有三坐标测量机、数控专用测量机、数控对刀仪、数控绘图仪等。

数控设备在应用中,除了标准型数控以外,还有一些价格便宜、功能简单、档次较低的数控设备,称为经济型数控。

(三) 液压、气动控制的基本工作原理与常用液压、气动元件及应用

1. 常用液压、气动元件图形符号

常用液压、气动元件图形符号内容参考国家职业资格培训教程《维修电工

《技师技能 高级技师技能》》。

2. 液压控制工作原理、常用液压元件及其应用

(1) 液压传动的基本原理。液压传动是以液体(通常是油液)作为工作介质,利用液体压力来传递动力和进行控制的一种传动方式。

(2) 液压传动系统的工作原理。机床工作台往复运动液压传动原理图如图2-2所示。电动机启动后带动液压泵工作,油箱中的油液经过滤器进入液压泵。液压泵输出的压力油经管道至换向阀,由a流至b,再经管道至液压缸的右腔。由于液压缸的缸体固定,压力油推动活塞连同与活塞杆固连的工作台向左移动。同时,液压缸左腔的油液经c、换向阀4至d,通过节流阀回到油箱。当推动换向阀4的阀芯右移时,就改变了油液的流动方向,即a与c通、b与d通,工作台向右运动。根据需要改变换向阀阀芯的左、右位置,即可控制工作台按要求往复运动。

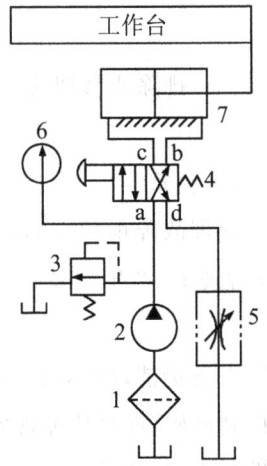

图2-2 工作台往复运动液压传动原理图

1-过滤器;2-液压泵;3-溢流阀;4-换向阀;
5-节流阀;6-压力表;7-液压缸

工作台的运动速度靠节流阀来调节。将节流阀的节流口通流面积调大,工作台移动速度加快;通流面积调小,则工作台移动速度减慢。要使工作台移动,必须克服背压力、切削力、摩擦力和所有的阻力,所以液压系统要有足够的压力。但压力过大,又可能对液压元件和系统造成损坏。溢流阀是用以调节系统压力的元件,将根据系统正常工作的最大压力来调整。当系统压力低于所调节压力时,溢流阀关闭;当阻力过大、系统压力升高到超过调节压力时,溢流阀打开,油

液经溢流阀回到油箱,起到对液压系统的过载保护作用。

(3) 基本液压传动系统的组成。包括驱动元件、控制元件、执行元件、辅助元件。

3. 气动控制工作原理、常用气动元件及其应用

详细内容参考国家职业资格培训教程《维修电工(技师技能 高级技师技能)》。

(四) 液压系统电气故障分析方法及排除步骤

1. 液压系统电气故障的分析方法

(1) 应根据实际情况,本着"先外后内、先调后拆、先洗后修"的原则,制订出修理工作的具体措施和步骤,有条不紊地进行修理。

(2) 故障排除后,总结有益的经验和方法,找出防止故障发生的改进措施,总结经验。

(3) 将本次故障的发生、判断、排除或修理的全过程详细记录后归入设备技术档案备查。

2. 液压系统排除电气故障的步骤

(1) 全面了解故障状况。处理故障前应深入现场,向操作人员询问设备出现故障前、后的工作状况和异常现象、产生故障的部位,了解过去是否发生过类似情况及处理经过。

(2) 现场试车观察。如果设备仍能动作,并且带病动作不会使故障范围扩大,应当启动设备,操纵有关控制机构,观察故障现象及各参数状态的变化,与操作人员提供的情况联系起来进行比较、分析。

(3) 查阅技术资料。对照本次故障现象,查阅《液压系统工作原理图》以及《电气控制原理图》,弄清液压系统的构成、故障所在的部位、相关部分的工作原理,元件的结构、性能、在系统中的作用以及安装位置。同时,查阅设备技术档案,看过去是否发生过同类或类似现象的故障,是否发生过与本次故障可能相关联的故障以及处理的情况,以帮助故障判断。

(4) 确诊故障。根据工作原理,结合调查了解和自己观察到的现象,做出一个初步的故障判断,然后根据这个判断进行进一步的检查、试验,肯定或修正这个判断,直至最后将故障确诊。

第四节 测 绘

● 鉴定要求

(1) 学会数控铣床电气安装接线图和电气控制原理图的测绘方法。

(2) 掌握常用集成电路结构及其功能。

(3) 了解机械传动基础知识。

● 复习重点

掌握常用集成电路运算放大器、555精密定时器的结构、特点及其功能。

一、操作技能

1. 测绘数控铣床的电气安装接线图和电气控制原理图

(1) 测绘电气安装接线图。

(2) 测绘主线路图。

(3) 测绘数控系统(ECU)与步进驱动装置和可编程序控制器的接线框图。

2. 测绘焊有完整电子元件的双面印制电路板,并绘出其电气原理图

(1) 测绘草图。

(2) 绘制原理图。

二、相关知识

1. 常用集成电路及其功能

(1) 运算放大器的内部结构、特点及应用电路。

(2) 555精密定时器集成电路的内部结构及应用电路。

(3) 常用集成电路手册的查阅方法。

2. 机械传动基础知识

机械传动主要分为摩擦传动、啮合传动,或者分为定传动比传动、变传动比传动。

第五节 调 试

● 鉴定要求

(1) 了解 B2012A 型龙门刨床的调试。

(2) 理解并掌握常用传感器基本知识。

● 复习重点

传感器的概念及作用,常用传感器及工业电视检测特点。

一、调试 B2012A 型龙门刨床

B2012A 型龙门刨床的调试参考国家职业资格培训教程《维修电工(技师技能 高级技师技能)》。

二、常用传感器基本知识

(1) 传感器的概念及作用。

(2) 传感器的分类及性能。重点掌握电阻应变传感器、热电阻传感器、涡流传感器、压磁传感器、光传感器、压电传感器、霍尔传感器。

(3) 常用的检测方法。

①红外辐射检测。

②激光检测。

③超声波检测。

④核辐射检测。

⑤工业电视检测。

第六节 新技术的应用

● 鉴定要求

(1) 掌握数控技术等新技术在机床改造更新中的应用。

(2) 掌握电力电子器件等相关知识。

● 复习重点

(1) 掌握数控技术等新技术在机床改造更新中的应用步骤。

（2）掌握各种电力电子器件特点、功能及其缓冲电路。

（3）了解电力电子器件的发展。

（4）理解微机快速钢水测温仪原理，熟悉生产信息自动检测与自动处理系统结构。

一、数控技术等新技术在机床改造更新中的应用步骤

（1）分析被改造机床，制订改造方案。

（2）绘制机床改造电路图。

（3）机床改造后的调试。

①通电前的检查。

②通电试车。

③控制精度的检验。

④加工精度的检测。

二、相关知识

1. 电力电子器件

电力电子器件又称为电力半导体器件，也称为功率半导体器件。按照开关特性，可分为不可控制器件、半控制型器件和全控制型器件；按照控制信号的性质，又可分为电流控制型和电压控制型。

（1）不可控制器件。这种器件通常为两端器件，它具有整流的作用而无可控的功能。如普通整流二极管、肖特基二极管（SBD）、快速恢复二极管（FRD）等。

①普通整流二极管由于反向恢复时间长，不适合在高频开关电路中应用。

②肖特基二极管（SBD）与普通整流二极管相比，具有以下特点：

a. 反向恢复时间短，工作频率高。

b. 正向压降小，开启电压低，正向导通损耗小。

c. 开关时间短，开关损耗远小于普通二极管。

d. 耐压较低，反向漏电流较大，温度特性较差。

因此，SBD 适用于工作电压不高且要求快速、高效的电路中。

③快速恢复二极管（FRD）具有以下特点：

a. 开通初期呈现明显的电感效应，不能立即响应正向电流的变化。

b. 反向阻断在未恢复阻断能力之前，FRD 相当于短路状态。

(2) 半控制型器件。能在控制信号的作用下导通,但不能被控关断,如普通晶闸管(SCR)及其大部分派生器件。

(3) 全控制型器件。既能在控制信号的作用下导通,又能在控制信号的作用下关断,如可关断晶闸管(GTO)、电力晶体管(GTR)等。

①可关断晶闸管(GTO)。可关断晶闸管(GTO)是电流注入型器件,利用门极正脉冲信号使其触发导通,导通以后门极就失去了控制作用。要使GTO关断,必须在门极上施加一个反向的大脉冲电流及反向电压。

②电力晶体管(GTR)。GTR是一种双极型大功率高反压晶体管,其发展方向是大电流、高电压、快速、大电流增益以及集成化和模块化。

应注意的是:GTR作为开关器件使用时,要避免在线性区工作,至少要迅速越过线性区,以减少器件的功率损耗。同时,应控制正向基极电流的大小,使GTR工作处于临界饱和状态,一旦施加反向基极电流,GTR可以迅速进入截止状态。应特别注意GTR在应用中的二次击穿问题。

③功率场效应晶体管(功率MOSFET)。功率MOSFET与GTR和GTO相比,其明显的特点是栅极的静态内阻高,驱动功率小,撤除栅极信号后能自行关断,同时不存在二次击穿,安全工作区宽。

④绝缘栅双极晶体管(IGBT)。IGBT的本质是一个场效应晶体管,它具有速度快、输入阻抗高、通态电压低、耐压高、电流容量大的特点。IGBT的主要特性如下:

a. IGBT的静态特性包括输出特性和转移特性。

b. 开关特性。IGBT的开关特性与功率MOSFET类似,其区别在于关断波形存在电流拖尾现象。

2. 电力电子器件电路

(1) 缓冲电路。缓冲电路也称为吸收电路,它是为避免器件过电流和在器件上产生过高电压,以及为了避免电压、电流的峰值区同时出现而设置的电路。

(2) 驱动电路。

3. 电力电子技术的最新发展

(1) 高频逆变技术的最新发展。

(2) 感应加热电源分工频(400 Hz以下)、中频(0.4~8kHz)、超音频(大约20kHz)和高频(80~400kHz)四大类。工频和中频感应加热多用于金属熔炼和透热,超音频和高频多用于热处理、焊接等。随着科学技术的发展,功率元件将使用IGBT。

（3）无速度传感器的交流电动机变频调速。交流电动机的调速是基于矢量控制技术的，而常规矢量控制系统中，通常需要检测速度信号，因此速度传感器必不可少。无速度传感器调节系统的速度调节精度和范围现在还低于有速度传感器的矢量控制系统。

（4）高性能的高压变频调速装置。高压变频调速方案可选择保留输入变压器、去掉输出变压器或把输入、输出变压器都去掉两种方案。

（5）高频逆变—整流式焊接电源。高频逆变—整流式焊接电源是一种重量轻、高效节能的设备。

4. 检测技术应用实例

（1）微机快速钢水测温仪。微机快速钢水测温仪采用铂铑30—铂铑6热电偶，可对各种炼钢炉、化铁炉、钢包的钢水、铁水熔融金属液温度进行快速测量。其工作原理如下：

①系统的硬件结构及各部分功能。微机快速钢水测温仪分为两部分，即探头部分及主机部分。探头部分由传感器和调理放大电路组成。主机部分由A/D转换器、MCS—51系列单片机最小系统及人机对话通道组成。人机对话通道包括按键、拨码盘、LED显示器、打印机和声音报警系统。

②系统软件配置。该系统软件由三部分组成：温度测量程序、温度前向通道标定程序、温度多点采样打印程序。

（2）生产信息自动检测与自动处理系统。

第七节　工艺的编制

● 鉴定要求
掌握电气大修工艺文件的编制。

● 复习重点
编制电气大修工艺卡。

一、操作技能

以编制某厂铸钢车间一台1.5t电弧炉的电气大修工艺为例说明。

1. 编制大修工艺前的技术准备

(1) 查阅资料。

(2) 现场了解。

(3) 制订方案。

2. 编制大修工艺的分析

本设备包含电弧炉变压器,高、低压控制柜,KSD电动机自动升降调节控制柜等电器。对电弧炉变压器、电动机、高压柜等特殊电器,可参照比较成熟、完整的大修工艺和大修质量标准执行或通用电气设备、成套机床电气柜的大修工艺。在此只编写整个设备的总体工艺,以供参考。

二、制订工艺文件

1.5t电弧炉大修工艺步骤、技术要求要填写标准的电气大修工艺卡,其格式见表2-1。对于线路比较简单的电气设备,修理工艺内容可适当简化。

表2-1 电气大修工艺卡

设备名称	型号	制造厂名	出厂年月	使用单位	大修编号	复杂系数	总工时	设备进场日期	技术人员	主修人员
1.5t电弧炉		××电炉厂		铸钢车间	99-04	FD/47				
序号	工艺步骤、技术要求					使用仪器、仪表	本工序定额	备注		
1	切断总电源,做好预防性安全措施									
2	拆线(包括高、低压母排),做好相应记录;所有零部件整理归类,妥善保管,以备使用									
3	电弧炉变压器大修准备(包括取油样试验、备品备件和测试仪表准备)									
4	电弧炉变压器大修,按大修工艺及大修质量标准执行									
5	高压配电屏保养及检修,按高压配电屏大修工艺及大修质量完好标准执行									
6	电弧炉变压器及高压配电屏的测试及参数整定,做好相应记录,内容及标准按试验规范执行									
7	拆除低压控制柜及端子箱,移交设备库处理									
8	对电极自动升降控制柜(KSD柜)进行一级保养,按照技术说明书要求对系统所有参数进行重新整定									

续表

设备名称	型号	制造厂名	出厂年月	使用单位	大修编号	复杂系数	总工时	设备进场日期	技术人员	主修人员
1.5t电弧炉		××电炉厂		铸钢车间	99-04	FD/47				

序号	工艺步骤、技术要求	使用仪器、仪表	本工序定额	备注
9	交流双电动机检修保养达到完好标准,注意轴承应使用高温润滑脂,冷却水管必须畅通			
10	新的低压控制柜及端子箱重新安装就位并固定好			
11	电弧炉变压器一、二次母排制作安装,要求接触面平整,间隙≤0.05mm,接触面之间涂导电膏			
12	按图样要求在管内重新穿线并进行绝缘检测,注意管内不允许有导线接头			
13	按图对号接线,并检查接线的正确性			
14	检查接地电阻,保证接地系统处于完好状态			
15	在接线无误情况下进行系统调试			
16	配合机械做负载试验			
17	电气整改			
18	所有电气设备重新刷漆			
19	调试合格后,办理设备移交手续			
20	资料移交,包括改图样、新柜合格证书、安装技术记录、调整试验记录、绝缘油化验报告等			

1. 制订工艺文件的原则

其原则是在一定的生产条件下,能以最快的速度、最少的劳动量、最低的生产费用,安全、可靠地生产出符合用户要求的产品。应注意以下三方面的问题:

(1) 技术上的先进性。在编制工艺文件时,应从本企业的实际条件出发,参照国际、国内同行业的先进水平,充分利用现有生产条件,尽量采用先进的工艺方法和工艺装备。

(2) 经济上的合理性。在一定的生产条件下,可制订出多种工艺方案。这时应全面考虑运用价值工程的原理,通过经济核算和对比,选择经济上合理的方案。

(3) 良好的劳动条件。在现有的生产条件下,应尽量采用机械和自动化的操作方法,尽量减轻操作者的繁重体力劳动。同时,应充分注意在工艺过程中要有可靠的安全措施,给操作者创造良好而安全的劳动条件。

2. 一般机械设备电气大修工艺编制的步骤

（1）阅读设备使用说明书，熟悉电气系统的原理及结构。

（2）查阅档案，包括设备安装验收记录、故障修理记录，全面了解电气系统的技术状况。

（3）现场了解设备状况、存在的问题及生产、工艺对电器的要求。其中，包括操作系统的可靠性；各仪器、仪表、安全联锁装置、限位保护是否齐全可靠；各器件的老化和破损程度以及线路的缺损情况。

（4）针对现场了解摸底及预检情况，提出大修方案、主要电器的修理工艺以及主要更换件的名称、型号、规格和数量，填写电气修理技术任务书，与机械修理技术任务书汇总一起报送主管部门审查、批准，以便做好生产技术准备工作。

所修设备的复杂系数可从《机械动力设备修理复杂系数手册》中查得。

3. 一般机械设备电气大修工艺应包括的内容

（1）整机及部件的拆卸程序及拆卸过程中应检测的数据和注意事项。

（2）主要电气设备、电气元件的检查、修理工艺以及应达到的质量标准。

（3）电气装置的安装程序及应达到的技术要求。

（4）系统的调试工艺和应达到的性能指标。

（5）需要的仪器、仪表和专用工具应另行注明。

（6）试车程序及需要特别说明的事项。

（7）施工中的安全措施。

第八节　设　计

● 鉴定要求

（1）能根据生产工艺要求，设计电气控制原理图、配电盘元件安装布置图及配电盘电气元件接线图。

（2）基本掌握电力拖动控制系统的设计。

● 复习重点

（1）掌握电力拖动控制电路设计的原则、内容、步骤，以及基本电气元件的选择。

（2）根据控制要求，能设计基本电力拖动控制线路。

一、操作技能

根据生产工艺要求,设计电气控制原理图、配电盘元件安装布置图及配电盘电气元件接线图。

(1) 生产工艺要求的设计。

(2) 控制线路的设计。

(3) 电气元件配置及配电盘接线图设计。

二、电力拖动控制系统设计

对电力拖动控制系统的设计,一般有两部分内容:一是确定拖动方案和选择电动机,前者主要确定拖动方案是直流拖动还是交流拖动,后者是选择电动机容量;二是在此基础上进行电气控制电路的设计,并由此来选择电器和设计安装接线图。

1. 电路设计的原则

(1) 电气控制电路应最大限度地满足机械设备加工工艺的要求。

(2) 控制电路应能安全、可靠地工作。

(3) 控制电路应简单、可靠、造价低。

(4) 控制电路应便于操作和维修。

2. 电路设计的内容

(1) 确定控制电路的电流种类和电压数值。

(2) 主电路设计主要是电动机的启动、正反转运转、制动、变速等控制方式及其保护环节的电路设计。

(3) 辅助电路设计主要有控制电路、执行电路、联锁保护环节、信号显示及安全照明等环节的设计。

3. 电路设计的步骤

电气控制系统采用继电—接触器控制系统,其通常的设计步骤如下:

(1) 设计各控制单元环节中拖动电动机的启动、正反转运转、制动、调速、停机的主电路和执行元件的电路。

(2) 设计满足各电动机运转功能和与工作状态相对应的控制电路。

(3) 连接各单元环节,构成满足整机生产工艺要求,实现加工过程自动、半自动和调整的控制电路。

(4) 设计保护、联锁、检测、信号和照明等环节的控制电路。

(5) 全面检查所设计的电路。特别要注意电气控制系统在工作过程中不会因误动作和突然失电等异常情况而发生事故,力求完善整个电气控制电路。

总之,设计电气控制电路时,应反复全面地检查。有条件的情况下,应进行模拟试验,进一步完善设计的电气控制电路。

4. 电气元件的选择

电气元件的选择包括以下内容：

(1) 电源进线控制开关的选用。

①刀开关的选用。

②组合开关的选用。

③断路器的选用。

(2) 熔断器的选用。

(3) 接触器的选用。

(4) 继电器的选用。

(5) 主令电器的选用。

(6) 制动电磁铁的选用。

(7) 控制变压器和整流变压器的选用。

(8) 其他电器的选用。

①机床工作灯和信号灯的选用。

②接线板的选用。

③导线的选用。

第九节　培训指导

● 鉴定要求

掌握指导操作的目的、一般方法,掌握理论培训的目的、方法、注意事项及讲义的编写。

● 复习重点

复习重点同鉴定要求。

一、指导操作

1. 指导操作的目的

指导操作就是通过具体示范操作和现场技术指导训练,使学员的动手操作能力不断增强和提高,熟练掌握操作技能。

2. 指导操作的一般方法及内容

指导操作的一般方法及内容如下:

(1) 现场讲授法。

(2) 示范操作法。

(3) 指导操作和独立操作训练法。

(4) 重视操作中的安全教育。维修电工在操作中,特别要注意安全事故的防范问题,必须经常对学员加强安全教育,工作时一定要穿戴安全防护用品,遵守安全操作规程。

(5) 总结。

二、理论培训

1. 理论培训的目的

理论培训的目的是通过课堂教学方式,使学员学习维修电工本等级技术理论知识,以促进操作技能的提高。

2. 理论培训的方法及注意事项

(1) 理论培训一般采用课堂讲授的方法进行。

(2) 以《维修电工国家职业标准》和《维修电工国家职业资格培训教程》为教材,并按其编制出相应的教学计划,确定培训等级、内容、期限、场地等。

(3) 动员学员做好学习的物质和心理准备,认真做好学员考勤记录,维持良好的教学环境和秩序,做好管理工作。

(4) 授课者应认真备课,不要脱离教程内容随意引申和发挥。

(5) 教学应有条理性和系统性,做到深入浅出、循序渐进,注意理论联系实际。

(6) 做好定期复习、课堂提问、问题解答、成绩考核等工作。

3. 编写培训讲义的注意事项

(1) 培训讲义的内容应由浅入深,并有条理性和系统性。

（2）应结合本企业、本职业在生产技术、质量方面存在的问题进行分析，并提出解决的方法。

（3）应结合本职业介绍一些新技术、新工艺、新材料、新设备应用方面的内容。

（4）对于没有定论或者没有根据的内容不要写进培训讲义。

（5）培训讲义的语言要生动，能吸引学员的注意力。

第十节　管　理

● 鉴定要求

（1）掌握质量管理内容。

（2）掌握生产管理基本知识。

（3）掌握现代管理知识基本内容。

● 复习重点

（1）掌握质量管理体系。

（2）掌握提高劳动生产率的知识。

（3）掌握精益生产管理知识。

（4）掌握制造资源计划 MRP Ⅱ 及计算机集成制造系统（CIMS）概念。

一、质量管理

（1）理解 ISO 9000 族标准及 GB/T 19000 族质量体系。

（2）理解 ISO 14000 系列标准。

（3）掌握维修电工班组质量管理主要内容。

二、生产管理

（一）提高劳动生产率的知识

任何提高劳动生产率的措施，都必须以保证产品质量为前提，同时要减轻工人的劳动强度，以提高经济效益为中心，做到安全、优质、高效、低耗。

1. 工时定额的组成

生产工人工作班制度工时消耗可分为定额时间和非定额时间两类。定额时间是指生产工人在生产班内完成生产任务所需的直接和间接的全部工时消耗。非定额时间是指停工时间和非生产时间。

2. 缩短基本时间的措施

(1) 要求操作者做好设备的日常维护工作。

(2) 维修电工要做好日常巡视检查工作，帮助操作者处理日常维护中存在的问题。

(3) 必须贯彻以预防为主的方针，对电气设备进行预防性检修和电气试验，把故障消灭于萌芽中，保证电气设备处于完好状态。

(4) 加强管理，充分利用电气设备容量和配电线路能力，减少线路上的电力损耗。

(5) 缩短安装时间。

3. 缩短辅助时间的措施

(1) 缩短维修和故障处理时间，认真执行设备维修管理制度，提高设备的完好率。做好设备原始资料的管理工作，积累设备发生故障的原始资料和数据，为制订维修和防范措施提供依据。备品、配件的管理要满足设备的维修要求，准备好设备修理需用的各类工具、器械。做好人员技术培训和技术考核，不断提高运行操作人员和维修人员的技术水平，缩短修理时间，减少停机时间。

(2) 要认真按设计图的各项要求，严格把好设备和安装材料的质量关，严格遵照工程施工的安装规范，精心施工安装。修理工作中，要按设备的原始数据和精度要求进行修复，严格把住修理的质量关，不得降低原有设备的性能。要维护保养好设备，运行中要正确执行操作规程，保证设备处于完好状态，以延长设备的使用寿命。

(二) 现代管理知识

1. 精益生产管理

(1) 精益生产管理的内涵。精益生产(简称 LP)是适用于现代制造企业的组织管理方法。它以整体优化的观点，科学、合理地组织与配置企业拥有的生产要素，清除生产过程中一切不产生附加价值的劳动和资源，以"人"为中心，以"简化"为手段，以"尽善尽美"为最终目标，增强企业适应市场的应变能力。

(2) 精益生产的基本特征和思维特点。

①精益生产的基本特征：

a. 以市场需求为依据，最大限度地满足市场多元化的需要。

b. 产品开发采用并行工程方法，确保质量、成本和用户要求，缩短产品开发周期。

c. 按销售合同组织多品种、小批量生产。

d. 生产过程中，将"上道工序推动下道工序"的生产模式变为"下道工序要求拉动上道工序"的生产模式。

e. 以"人"为中心，充分调动人的积极性，普遍推行多机操作、多工序管理，提高劳动生产率。

f. 追求无废品、零库存，降低生产成本。

g. 消除一切影响工作的"松弛点"，以最佳工作环境、条件和最佳工作态度从事最佳工作。

②精益生产的思维特点：精益生产方式是在丰田生产方式的基础上发展起来的，它把丰田生产方式的思维从制造领域扩展到产品开发、协作配套、销售服务、财务管理等各个领域，贯穿于企业生产经营活动的全过程，使其内涵更全面、更丰富，对现代机械、汽车工业生产方式的变革有重要的指导意义。

(3) 精益生产的主要做法。精益生产的主要做法是准时化生产方式(JIT)。其基本思路是：只在需要时生产需要的数量和完美质量的产品和零部件，以杜绝超量生产，消除无效劳动和浪费。

①JIT生产方式的目标及其基本方法。JIT生产方式力图通过"彻底排除浪费"来达到这一目标。JIT的基本方法是适时、适量生产，弹性配置作业人数，保证质量。为此，具体方法有：生产同步化；生产均衡化；采用"看板"这种极其重要的管理工具。

②看板管理。看板管理是一种生产现场物流控制系统。

2. 制造资源计划 MRP Ⅱ

制造资源计划 MRP Ⅱ 的基本思想是围绕物料转化组织制造资源，实现按需要准时生产。它通过对企业的制造资源进行科学、周密的计划和严格的控制，以保证其得到最充分、更有效的利用，达到企业生产经营最佳效益。

3. 计算机集成制造系统(CIMS)

本书对计算机集成制造系统不作详述。

第三章　维修电工技师操作技能鉴定复习指导

操作技能鉴定考核分成四个模块,现分别对各模块作一说明。

模块一　设计、调试

设计、安装与调试模块包含五大项目,考生按实际试卷所述内容完成本项目的考核。该项目单项成绩占技能考核成绩总分的50%,考核时间为180~240min。

一、用PLC进行控制电路的设计、安装、调试

(1) 根据所给的电气控制电路或工艺过程的控制要求,用PLC进行电气控制电路的设计或改造。内容相当于中上难度的电动机拖动控制线路。

(2) 设计内容。根据所给控制任务要求,设计用PLC的主、控电路图(或控制系统方案),列出控制电路元器件材料申购单、I/O地址分配表,绘出PLC(输入、输出)接线图,设计PLC梯形图,列出指令表。

对于可编程序控制器(PLC)装置与编程设备,是由考场所在的鉴定所(站)自定的。其厂家品种、型号规格及与其相应的外部设备、软件系统、使用方法,虽然大同小异,但又有所区别,考生需在培训期间予以熟悉。

(3) 安装与调试。能正确地将所编程序输入PLC;在接线板上正确安装外部连接件并进行配线;按照被控设备的动作要求进行调试,达到设计要求。

二、用PLC、变频器对控制对象(工作台的往复运动、运行速度等)进行控制,并进行模拟安装调试

(1) 设计内容。根据所给控制任务要求,设计用PLC、变频器的主、控电路图(或控制系统方案),列出控制电路元器件材料申购单、I/O地址分配表、变频器参数设置表,绘出PLC(输入、输出)、变频器接线图,设计PLC梯形图,列出指令表。

对于变频器、PLC等具体考核设备,考生需在培训期间予以熟悉。

(2) 安装与调试。

①对 PLC 的要求同上题。

②熟练操作变频器键盘,并能正确输入参数。

③按照被控制设备要求进行正确的调试。

三、工业组态软件＋PLC 进行控制的线路设计及模拟调试

(1) 根据所给电气控制任务要求,设计用工业组态软件、PLC 进行控制的主、控电路图(或控制系统方案),列出控制电路元器件材料申购单、动画组态的设置参数、I/O 地址分配表,绘出 PLC(输入、输出)接线图,设计 PLC 梯形图,列出指令表。

(2) 在规定时间内完成安装与调试任务。

①完成 PLC 的参数设置及梯形图输入。

②按照电气控制要求完成动画组态连接。

③按照被控制设备要求进行正确的调试,动画动作正确。

对于组态软件、PLC 等具体考核设备,考生需在培训期间予以熟悉[组态动画由鉴定所(站)提供]。

四、生产过程多站式 PLC 控制的设计及联调

(1) 根据所给多站式生产过程控制任务要求,设计用 PLC 进行控制的系统方案(或功能表图),列出控制电路元器件材料申购单和 PLC 主、从机通信的主要参数,列出 I/O 地址分配表、信息数据交换特殊寄存器和映像寄存器区域,绘出 PLC(输入、输出)接线图,设计 PLC 梯形图,列出指令表。

(2) 在规定时间内完成安装与调试任务。

①完成 PLC 的参数设置及梯形图输入。

②按照电气控制要求完成通信及电器连接。

③按照电气控制要求,进行正确的调试,动作正确。

对于 PLC 通信及具体考核设备,考生需在培训期间予以熟悉。

五、较复杂电子线路的安装调试

(1) 按照原理图改进并完成电子线路安装调试(如小容量直流调速系统电路、给定积分电路等),正确使用工具和仪表,焊接质量可靠,焊接技术符合工艺要求。

（2）在规定时间内，完成电路的静态检查、测量，然后进行通电试验，利用仪器、仪表完成电路各测试点波形测试并绘制信号波形，说明电路工作原理和调试步骤等任务。

对于考核中用的仪器设备（示波器、稳压电源、信号发生器等），考生需在培训期间予以熟悉。

模块二 系统检修

系统检修包括直流调速系统联调或 PLC、变频器控制较复杂设备的故障排除等。

本模块的单项成绩占技能考核成绩总分的 35%，考核时间为 40～60min。本项目同时是技能鉴定的否定项，即项目考核成绩不足 18 分，本次技能鉴定考核成绩评为不合格。

考核的主要内容：接线、调试、故障排除及仪器、仪表使用和安全文明生产。

考题所给的图纸一般为系统图或方框图，考生能够根据此图进行接线，并进行主电路、触发电路、开环、闭环等单元控制电路和系统的调试与故障的检修。

对于使用其他故障排除装置实施电气线路故障检修的项目进行鉴定考核的，由于涉及面太广，这里不再介绍。

模块三 读图分析

本模块的单项成绩占技能考核成绩总分的 15%。

考核所给的电路图一般为比较复杂的弱电和以电力电子为主的控制电路图，考核要求在 30min 内阅读图纸并在演草纸上回答几个问题，或采用答辩等其他形式。

模块四 培训指导

本模块单项成绩同模块三，考核时间为 45min。其中，演示教学过程用时为 10～15min，编写教案用时为 30min。内容简述如下：

根据给定的考题，首先参阅教科书，现场编写教案，然后演示教学过程（讲授、板书并答辩）。考核要求参见第五章。

说明：以上模块三与模块四考核项目，由考评员现场选定一项来实施职业技能综合工作能力鉴定。

第四章 理论知识试题精选与参考答案

第一节 试题精选

一、填空题（请将正确答案填入题内空白处。）

1. 半闭环数控系统具有较高的_____,是目前数控机床普遍采用的一种系统。
2. 数控系统的控制对象是_____,它通过驱动主轴和进给来实现机床运动。
3. 分析数控系统操作单元可以更好地实现_____。
4. 数控伺服驱动系统通过驱动机床的_____来实现机械运动。
5. 在控制装置的接口位置,注有"input、output"字样的,指的是_____部分。
6. stepping 代表_____。
7. 对系统输出量产生反作用的信号称为_____。
8. 在转速负反馈系统中,闭环系统由理想空载增至满载时的转速降,仅为开环系统转速降的_____倍。
9. SIMOREG—V5 系列调速装置是一个_____系统。
10. 龙门刨床 V5 系统出现工作台速度过快故障,应首先检查_____反馈信号是否正常,是否有断线、虚焊等现象。
11. 龙门刨床 V5 系统,如果工作台电动机的端电压与速度给定电压之间不成正比关系,在排除了反馈系统的原因之后,问题多出在_____和电流调节器电路中。
12. 龙门刨床 V5 系统出现工作台速度快慢不均故障,应首先判断是_____问题还是电气部分问题。
13. 龙门刨床 V5 系统出现工作台速度快慢不均故障,机械部分可检查_____是否牢固、机械传动部分是否有松动。

14. 龙门刨床 V5 系统出现工作台速度升不高或升高时间太长故障,首先应检查_____是否伴有异常的声音。
15. 龙门刨床 V5 系统出现工作台速度升不高或升高时间太长故障,如果是声音异常,同时电动机火花增大,极有可能是_____输出不平衡。
16. 龙门刨床 V5 系统出现工作台速度升不高或升高时间太长故障,如果声音正常,可检查_____电压能否调高、速度调节器和电流调节器是否正常、速度负反馈是否调得太强等。
17. 龙门刨床 V5 系统,当_____调得过低,或加速度调节器和励磁控制部分没有调整好时,也会出现工作台速度升不高,或虽能升高但升得太慢的现象。
18. 伺服电动机和主轴电动机的检查与保养,应重点检查_____。
19. 炭粉末是_____,如果积累过多,造成电刷架对地放电,可烧毁伺服模块。
20. 炭粉末吹到测速发电机中可造成速度不稳、机床爬行或测速发电机绕组_____的现象。
21. 测量反馈元件应根据使用环境情况定期进行检查与保养,检查检测元件_____,是否被油液或灰尘污染。
22. 光栅尺的维护保养首先应保证_____的完好。
23. 伺服系统过载故障大部分情况是由负载过大、频繁正反向运动以及_____状态不良等原因引起的。
24. 伺服系统超程故障也可能是限位开关本身的故障所引起的_____信息。
25. 伺服系统窜动故障,当发生在运动方向改变的瞬间时,往往是由于机械传动链的反向间隙或_____过大所致。
26. 伺服系统爬行故障发生在启动加速段或低速进给时,一般是由于_____的润滑不良、外加负载过大、伺服系统增益过低等原因造成的。
27. 伺服系统爬行故障,也可能是由于伺服电动机与滚珠丝杠之间的_____松动等原因,产生忽快忽慢的爬行现象。
28. 伺服系统振动故障如果与速度有关,则是由于_____过高或速度反馈有故障。

29. 伺服系统振动故障若与速度无关,则是由于位置环增益过高或_____ 有故障。
30. 伺服系统振动故障如果在加、减速过程中产生,则是系统_____设定过小所致。
31. 伺服电动机不转,首先应检查_____是否正常,使能信号是否接通。
32. 带电磁制动的伺服电动机不转,应检查电磁制动_____。
33. 当指令值为零时,伺服电动机仍转动,从而造成位置误差,可通过_____和驱动单元上的零速调整来消除。
34. 光栅尺在使用和维修中要特别注意_____。
35. 光电脉冲编码器的使用环境和拆装与光栅一样,要注意防振和防污问题。同时还应注意连接松动问题,防止因转轴连接松动影响_____精度。
36. 感应同步器使用和维修中,应注意不要损坏定尺表面_____和滑尺表面带绝缘层的铝箔。
37. 光栅拆装时要用力平稳适当,不能用_____。
38. 光栅上的污物可用脱脂棉蘸_____轻轻擦除。
39. 光栅尺的安装应严格按_____要求进行,否则可能无法正常地检测,甚至可能将光栅磨坏。
40. 在数控机床中,机床直线运动的坐标轴 X、Y、Z 的正方向规定为_____坐标系。
41. 数控装置是数控系统的_____,由硬件和软件两部分组成。
42. 数控装置接受从输入装置输入的_____代码,经过输入、缓存、译码、寄存、运算、存储等转变成控制指令。
43. 伺服驱动装置是数控装置与机床主机之间的_____。
44. 数控系统的伺服一般都采用三环结构,外环为_____,中环为速度环,内环为电流环。
45. 数控系统三环结构中,位置环的比较、调节、控制一般在_____内。
46. 数控系统三环结构中,伺服驱动装置包括速度环和电流环的_____电路,以及PWM电路、功率变换电路和相应的保护电路。
47. 数控系统三环结构中,伺服驱动装置包括速度环和电流环的调节、处理电路,以及PWM电路、功率变换电路和相应的_____。
48. 光电脉冲编码器是一种旋转式脉冲发生器,其作用是把_____变成电脉冲。

49. 数控机床开机工作前必须先回机床_____,以建立机床坐标系。

50. 液压传动是以液体(通常是油液)作为_____,利用液压来传递动力和进行控制的一种传动方式。

51. _____的基本作用是控制液压系统中的油液流动方向。

52. 当高压液体在几何形体内(如管道、油缸、液动机等)被迫流动时,它就将液压能转换成_____。

53. 液压系统排除故障的修理实施阶段,应根据实际情况,本着"_____、先调后拆、先洗后修"的原则,制订出修理工作的具体措施和步骤,有条不紊地进行。

54. 间接变频器主电路中间直流环节的储能元件用于直流环节和电动机间的_____交换。

55. 数字信号输入接口使变频器可以根据_____或 PLC 输出的数字信号指令来进行工作。

56. 由于变频器具有_____功能,一般情况下可以不接热继电器。

57. 变频器输出侧不允许接电容器,也不允许接_____单相电动机。

58. 变频器利用_____来和计算机或 PLC 进行联络,并按照它们的指令完成所需的动作。

59. _____接口可以使变频器根据数控设备或 PLC 输出的数字信号指令来进行工作。

60. 变频器和外部信号的连接需要通过相应的_____。

61. 变频器由_____和控制电路组成。

62. 对变频器进行功能预置时,必须在_____下进行。

63. 为了在发生故障时能够迅速地切断电源,通常在电源与变频器之间要接入_____。

64. 国产集成电路系列和品种的型号命名,由_____部分组成。

65. 采用"555 精密定时器",能够构成一种输出波形为_____的单稳多谐振荡器。

66. 运算放大器基本上是由高输入阻抗_____放大器、高增益电压放大器和低阻抗输出器组成的。

67. 运算积分放大器采用和反馈电容(C_F)并联的高值反馈电阻(R_F)来

_____,获得较小的漂移和较好的稳定性。

68. 用于将矩形波转化为尖脉冲的电路是_____电路。

69. 电气测绘时,在了解连线之间的关系后,要把所有电器的_____画出来。

70. 在开始测绘时,应首先把_____测绘出来。

71. 调定 B2010A 型龙门刨床速度调节器比例放大倍数,必须以_____为前提。

72. 传感器又叫变换器、换能器,是一种将_____形式的信号转换成便于检测的电信号的器件。

73. 传感器由_____和转换元件组成。

74. 光栅读数依据_____的形成原理。

75. 传感器能够将输入的被测非电量转换为与之成_____关系的电量输出。

76. 旋转变压器是一种输出电压随_____而变化的信号元件。

77. 霍尔传感器具有在_____状态下感受磁场的能力。

78. 转换元件的作用是把经_____预变换输出的非电量转换成电量输出。

79. 电阻应变传感器是将被测的应力(压力、荷重、扭力等)通过它所产生的_____转换成电阻变化的检测元件。

80. 用快速热电偶测温属于_____。

81. 热电偶输出的_____是从零逐渐上升的,达到相应的温度后,则不再上升而呈现一个平台值。

82. 红外辐射检测具有_____、反应速度快、灵敏度高、测温范围广等优点。

83. 利用激光的方向性、高亮度、_____和高相干性来对不同物理量进行检测的方法叫做激光检测。

84. 超声波在液体、固体中衰减很小,_____,尤其是在对光不透明的固体中,超声波能穿透几十米的长度,碰到杂质或分界面就会有显著的反射。

85. 压磁传感器是利用铁磁材料的_____,将被测力转换为电信号的传感器。

86. 光电传感器是将_____转换为电信号的一种传感器。如常用的光电耦合器和光电转速传感器。

87. 电力电子器件中的不可控两端器件，具有_____作用，而无可控功能。

88. 肖特基二极管与普通整流二极管相比，反向恢复时间_____，工作频率高。

89. 肖特基二极管的_____短，故开关损耗远小于普通二极管。

90. 肖特基二极管的耐压较低，反向漏电流较大，_____较差。

91. 肖特基二极管(SBD)适用于工作电压不高且要求_____的电路中。

92. 肖特基二极管适用于电压_____，而又要求快速、高效的电路中。

93. 肖特基二极管正向压降小，开启电压_____，正向导通损耗小。

94. IGBT的开关特性表明，关断波形存在_____的现象。

95. 功率场效应晶体管的最大功耗随着管壳的温度增高而_____。

96. 功率场效应晶体管的特点是栅极的静态内阻高，驱动功率小，撤除_____后能自行关断，同时不存在二次击穿，安全工作区范围宽。

97. 功率场效应晶体管的特点是栅极_____，驱动功率小，撤除栅极信号后能自行关断，同时不存在二次击穿，安全工作区宽。

98. 绝缘栅双极晶体管具有速度快、_____阻抗高、通态电压低、耐压高和承受电流大等优点。

99. 电力晶体管在使用时要防止_____。

100. GTR作为开关器件使用时，要避免在_____区工作，以减少器件的功率损耗。

101. 在维修直流电动机时，要对绕组之间做耐压试验，其试验电压采用的是_____电。

102. 进行大修的设备在管内重新穿线时，_____导线有接头。

103. 大修结束，还要再次核对接线予以确认，并对大修设备进行_____。合格后，才能办理检修设备移交手续。

104. 按照工艺要求进行电气大修，首先要切断总电源，做好_____性安全措施。

105. 在电气线路的维护检修中，一定要遵循电力开关设备的_____操作程序。

106. 对一般机械设备编制电气大修工艺时,应查阅有关的设备档案,包括设备的安装_____、故障修理记录,以全面了解电气系统的技术状况。

107. 制订大修工艺时,应利用现有条件,尽量采用机械化、自动化的操作方法,以减轻操作者的_____。

108. 大修中必须注意检查_____,保证接地系统处于完好状态。

109. 一般要求保护接地电阻为_____。

110. 编制大修工艺前,技术准备工作包括查阅资料、_____、制订方案。

111. 制订工艺文件的原则是在一定的生产条件下,能以最快的速度、_____、最低的生产费用,安全、可靠地生产出符合用户要求的产品。

112. 在制订检修工艺时,应注意_____、经济上的合理性、良好的劳动条件等问题。

113. 在设计电力拖动控制系统时,一般有两部分内容:一是确定_____;二是在此基础上进行电气控制电路的设计,并根据它来选择电器和设计安装接线图。

114. 为确保人身安全,机械设备的照明应采用_____。根据国际电工委员会规定,电路中最高安全交流电压不得超过 25 V(有效值)。

115. 电力拖动控制电路设计时导线的选用应根据负载的额定电流选用_____,考虑其机械强度,不能采用 0.75 mm^2 以下的导线(弱电电路除外),应采用不同颜色的导线表示不同电压及主、辅电路。

116. 维修电工理论培训,以_____和《维修电工国家职业资格培训教程》为参考大纲和指定辅导用书。

117. 指导操作是通过具体示范操作和_____指导训练来培训指导学员。

118. 指导操作是_____和现场技术指导训练来培养指导学员。

119. 通过指导操作使学员的_____能力不断增强和提高,熟练掌握操作技能。

120. 在指导学员操作中,必须经常对学员加强_____教育。

121. 在指导操作和独立操作训练法中,应注意让学员反复地进行_____操作训练。

122. ＿＿＿＿＿＿＿＿＿＿是培养和提高学员独立操作技能极为重要的方式和手段。

123. ＿＿＿＿＿＿＿＿＿＿的目的是通过课堂教学方式，使学员掌握维修电工本等级技术理论知识。

124. 理论培训的一般方法是＿＿＿＿＿＿＿＿＿＿。

125. 理论培训教学中应有条理性和系统性，注意理论联系实际，培养学员＿＿＿＿＿＿＿＿＿＿的能力。

126. 进行理论培训时应结合本企业、＿＿＿＿＿＿＿＿＿＿在生产技术、质量方面存在的问题进行分析，并提出解决的方法。

127. 理论培训时，结合本职业向学员介绍一些新技术、＿＿＿＿＿＿＿＿＿＿、新材料、新设备应用方面的内容也是十分必要的。

128. ＿＿＿＿＿＿＿＿＿＿标准是质量管理和质量体系要素指南。

129. 我国发布的GB/T 19000—ISO 9000《质量管理和质量保证》双编号国家标准中，"质量体系，质量管理和质量体系要素"的第一部分，指南的代号为＿＿＿＿＿＿＿＿＿＿。

130. ＿＿＿＿＿＿＿＿＿＿系列标准，是国际标准化组织发布的有关环境管理的系列标准。

131. ISO 14000系列标准是＿＿＿＿＿＿＿＿＿＿发布的有关环境管理的系列标准。

132. 为了更好地实施ISO 9000系列标准，我国于1994年成立了中国质量体系认证机构：＿＿＿＿＿＿＿＿＿＿委员会。

133. ISO 9000族标准包括＿＿＿＿＿＿＿＿＿＿(ISO 8402)、质量技术标准（指南ISO 10000）及ISO 9000系列标准（ISO 9000～ISO 9004）。

134. ISO 9000系列标准中，ISO 9000—1是一个＿＿＿＿＿＿＿＿＿＿，起牵头作用，它阐述了ISO 9000族标准的基本概念，规定了选择和使用质量管理、质量保证标准的原则、程序和方法。

135. ISO 9001—ISO 9003是质量保证模式标准，用于＿＿＿＿＿＿＿＿＿＿，为供需双方签订含有质量保证要求的合同提供了可供选择的三种不同模式。

136. ISO 9001—ISO 9003是质量保证模式标准，选定的模式可作为＿＿＿＿＿＿＿＿＿＿的依据，并可作为需方或经供需双方同意的第三方对供方质量体系进行评价的依据。

137. ISO 9004—1 是质量管理和_____要素指南,它用于指导所有组织的质量管理,是组织、建立、健全质量体系要素的指南,是组织实施质量体系的一个基础性标准。

138. 选择与应用 ISO 9000 族标准,必须建立一个有效的质量体系,根据不同情况恰当选择和应用 ISO 9000 族标准,并按_____实施。

139. 在选择质量保证模式时,应考虑设计过程的复杂性、_____、_____、制造的复杂性、产品或服务的特性和安全性、经济性。

140. ISO 14000 系列标准是国际标准化组织于 1996 年 7 月公布的有关_____的系列标准,是继 ISO 9000 族标准之后的又一个重大的国际标准。

141. 工人在班内完成生产任务所需的直接和间接的全部工时,为工时定额中的_____。

142. 提高劳动生产率的目的是_____,积累资金,加速国民经济的发展和实现社会主义现代化。

143. 任何提高劳动生产率的措施,都必须以保证_____为前提,以提高经济效益为中心,同时要减轻工人的劳动强度,做到安全、优质、高效、低耗。

144. 精益生产方式中,产品开发采用的是_____方法。

145. CIMS 主要包括经营管理功能、工程设计自动化、生产制造自动化、_____。

146. 精益生产具有在生产过程中将"上道工序推动下道工序"的生产模式变为_____的生产模式的特点。

147. 看板管理就是在木板或卡片上标明零件名称、数量和前后工序等事项,用以指挥生产、控制加工件的数量和流向。看板管理是一种生产现场_____。

148. 准时化生产方式企业的经营目标是_____。

149. MPS 是将生产计划大纲规定的产品系列转换为_____的计划,依此来编制物料需求、生产进度与能力需求等计划。MPS 对 MRP(物料需求计划)起主导控制。

150. CIMS 是_____的缩写。

二、选择题(下列每题的 4 个选项中只有 1 个是正确的,请选择一个正确答案,将相应字母填入题中括号内。)

1. 交流电磁铁动作过于频繁,将使线圈过热以至烧坏的原因是( )。
   A. 消耗的动能增大　　　　　B. 自感电动势变化过大
   C. 穿过线圈中的磁通变化　　D. 衔铁吸合前后磁路总磁阻相差很大

2. 若加在差动放大器两输入端的信号 U_{i1} 和 U_{i2}( ),则称为共模输入信号。
   A. 幅值相同且极性相同　　　B. 幅值相同而极性相反
   C. 幅值不同且极性相反　　　D. 幅值不同而极性相同

3. 共模抑制比 K_{CMRR} 是( )之比。
   A. 差模输入信号与共模输入信号
   B. 输出量中差模成分与共模成分
   C. 差模放大倍数与共模放大倍数(绝对值)
   D. 交流放大倍数与直流放大倍数(绝对值)

4. 共模抑制比 K_{CMRR} 越大,表明电路( )。
   A. 放大倍数越稳定　　　　　B. 交流放大倍数越大
   C. 抑制温漂能力越强　　　　D. 输入信号中差模成分越大

5. 衡量一个集成运算放大器内部电路对称程度高低,是用( )来进行判断的。
   A. 输入失调电压　　　　　　B. 输入电阻
   C. 最大差模输入电压 U_{idmax}　　D. 最大共模输入电压 U_{icmax}

6. 集成运算放大器工作于非线性区时,其电路主要特点是( )。
   A. 具有负反馈　　　　　　　B. 具有正反馈或无反馈
   C. 具有正反馈或负反馈　　　D. 无反馈或负反馈

7. 比较器的阈值电压是指( )。
   A. 使输出电压翻转的输入电压
   B. 使输出达到最大幅值的基准电压
   C. 输出达到的最大幅值电压
   D. 使输出达到最大幅值电压时的输入电压

8. 正弦波振荡电路的类型很多,对不同的振荡频率,所采用振荡电路类型不同。若要求振荡频率较高,且要求振荡频率稳定,应采用( )。
   A. RC 振荡电路　　　　　　 B. 电感三点式振荡电路
   C. 电容三点式振荡电路　　　D. 石英晶体振荡电路

9. 电容三点式正弦振荡器属于（　　）振荡电路。
   A. RC　　　　B. RL　　　　C. LC　　　　D. 石英晶体
10. CMOS 集成电路的输入端（　　）。
    A. 不允许悬空　B. 允许悬空　C. 必须悬空　D. 与门必须接地
11. TTL 集成逻辑门电路内部是以（　　）为基本元件构成的。
    A. 二极管　　B. 晶体管　　C. 场效应晶体管　D. 晶闸管
12. 组合逻辑门电路在任意时刻的输出状态,只取决于该时刻的（　　）。
    A. 电压高低　B. 电流大小　C. 输入状态　D. 电路状态
13. 若欲对 160 个符号进行二进制编码,则至少需要（　　）位二进制数。
    A. 7　　　　B. 8　　　　C. 9　　　　D. 10
14. 下列集成电路中具有记忆功能的是（　　）。
    A. 与非门电路　B. 或非门电路　C. RS 触发器　D. 编码电路
15. 若将一个频率为 10kHz 的矩形波变换成一个 1kHz 的矩形波,应采用（　　）电路。
    A. 二进制计数器　B. 译码器　C. 十进制计数器　D. 数据选择器
16. 多谐振荡器主要用来产生（　　）信号。
    A. 正弦波　　B. 矩形波　　C. 三角波　　D. 锯齿波
17. 直流伺服电动机在自动控制系统中用作（　　）。
    A. 放大元件　B. 测量元件　C. 执行元件　D. 给定元件
18. 他励式电枢控制的直流伺服电动机,一定要防止励磁绕组断电,以免电枢电流过大而造成（　　）。
    A. 超速
    B. 低速
    C. 先超速,后低速
    D. 先低速,后超速
19. 对于积分调节器,当输出量为稳态值时,其输入量必然（　　）。
    A. 为零　　　B. 不为零　　C. 为负值　　D. 为正值
20. 调速系统的调速范围和静差率这两个指标（　　）。
    A. 互不相关　B. 相互制约　C. 相互补充　D. 相互平等
21. 无静差调速系统的调节原理是（　　）。
    A. 依靠偏差的积累　　　　B. 依靠偏差对时间的积累
    C. 依靠偏差对时间的记忆　D. 用偏差进行调节
22. 自动调速系统中,当系统负载增加后转速下降时,可通过负反馈环节的调节作用使转速有所回升。系统调节前后,电动机电枢电压将( )。

　　A. 减小　　　B. 增大　　　C. 不变　　　D. 不能确定

23. 自动调速系统中,当系统负载增大后转速降增大时,可通过负反馈环节的调节作用使转速有所回升。系统调节前后,主电路电流将( )。

　　A. 增大　　　B. 不变　　　C. 减小　　　D. 不能确定

24. 在调速系统中,电压微分负反馈及电流微分负反馈属于( )环节。

　　A. 反馈环节　　B. 稳定环节　　C. 放大环节　　D. 保护环节

25. 转速负反馈有静差调速系统中,当负载增加后转速要下降,系统自动调速后可以使电动机的转速( )。

　　A. 等于原来的转速　　　　B. 低于但接近于原来的转速
　　C. 高于原来的转速　　　　D. 以恒转速旋转

26. 在转速负反馈调速系统中,当负载变化时,电动机的转速也跟着变化,其原因是( )。

　　A. 整流电压的变化　　　　B. 电枢回路电压降的变化
　　C. 控制角的变化　　　　　D. 温度的变化

27. 在自动调速系统中,电压负反馈主要补偿( )上电压的损耗。

　　A. 电枢接触电阻　　　　　B. 电源内阻
　　C. 电枢电阻　　　　　　　D. 电抗器电阻

28. 在自动调速系统中,电流正反馈主要补偿( )上电压的损耗。

　　A. 电枢接触电阻　　　　　B. 电源内阻
　　C. 电枢电阻　　　　　　　D. 电抗器电阻

29. 带有电流截止负反馈环节的调速系统,为使电流截止负反馈参与调节后机械特性曲线下垂段更陡一些,应把反馈取样电阻的阻值选得( )。

　　A. 大一些　　B. 小一些　　C. 接近无穷大　　D. 0

30. 转速、电流双闭环调速系统中不加电流截止负反馈,是因为其主电路电流的限流( )。

　　A. 由比例积分器保证　　　B. 由转速环保证
　　C. 由电流环保证　　　　　D. 由速度调节器的限幅保证

31. 转速、电流双闭环调速系统,在负载变化时出现转速偏差,消除此偏差主要靠( )。

　　A. 电流调节器　　　　　　B. 转速、电流两个调节器

C. 转速调节器 D. 转速、电流调节器先后起作用

32. 根据反应式步进电动机的工作原理,它应属于(　　)。
    A. 直流电动机 B. 鼠笼型异步电动机
    C. 同步电动机 D. 绕线转子异步电动机

33. 三相六拍通电方式的步进电动机,若转子齿数为40,则步距角 θ_s =(　　)。
    A. 3° B. 1.5° C. 1° D. 0.5°

34. 三相反应式步进电动机要在通电连续改变的状态下获得连续不断的步进运动,在设计时必须做到在不同相的磁极下,定、转子齿的相对位置依次错开(　　)齿距。
    A. 1/3 B. 1/4 C. 1/6 D. 1/5

35. 当步进电动机通电相的定、转子齿中心线间的夹角 θ =(　　)时,该定子齿对转子齿的磁拉力为最大。
    A. 0° B. 90° C. 180° D. 120°

36. 在检修或更换主电路电流表时,将电流互感器二次回路(　　),即可拆下电流表。
    A. 断开 B. 短路 C. 不用处理 D. 切掉熔断器

37. 电流互感器正常工作时二次侧回路可以(　　)。
    A. 开路 B. 短路 C. 装熔断器 D. 接无穷大电阻

38. 在过滤变压器油时,应先检查滤油机是否完好,并(　　),滤油现场严禁烟火。
    A. 接好电源 B. 接好地线 C. 做好绝缘防护 D. 断电操作

39. 重复接地的作用是降低漏电设备外壳的对地电压,减轻(　　)断线时的危险。
    A. 地线 B. 相线 C. 零线 D. 设备

40. 电气设备外壳接地属于(　　)。
    A. 工作接地 B. 防雷接地 C. 保护接地 D. 保护接零

41. 维修电工在操作中,特别要注意(　　)问题。
    A. 戴好安全防护用品 B. 安全事故的防范
    C. 带电作业 D. 安全文明生产行为

42. 触电者(　　)时,应用胸外挤压法进行救护。
    A. 有心跳无呼吸 B. 有呼吸无心跳

C. 既无心跳又无呼吸　　　　　D. 既有心跳又有呼吸

43. 触电者( )时,应进行人工呼吸。
   A. 有心跳无呼吸　　　　　　B. 有呼吸无心跳
   C. 既无心跳又无呼吸　　　　D. 既有心跳又有呼吸

44. ( )是最危险的触电形式。
   A. 两相触电　B. 电击　C. 跨步电压触电　D. 单相触电

45. 数字式万用表一般都采用( )显示器。
   A. LED 数码　B. 荧光数码　C. 液晶数码　D. 气体放电式

46. 测量电感大小时应选用( )。
   A. 直流单臂电桥　　　　　　B. 直流双臂电桥
   C. 交流电桥　　　　　　　　D. 万用表

47. 用晶体管图示仪测量三极管时,调节( )可以改变特性曲线族之间的间距。
   A. 阶梯选择　　　　　　　　B. 功耗电阻
   C. 集电极—基极电流、电位　　D. 峰值范围

48. 若想测量 PNP 管的输出特性曲线,则集电极电源和阶梯信号的极性为( )。
   A. +、+　　B. -、-　　C. +、-　　D. -、+

49. 高频信号发生器使用时,频率调整旋钮改变的是主振荡回路的( )。
   A. 可变电容　　　　　　　　B. 电压高低
   C. 电流大小　　　　　　　　D. 可变电阻阻值

50. 无需区分表笔极性,而能用来测量直流电量的仪表是( )。
   A. 磁电系　B. 电磁系　C. 静电系　D. 电动系

51. 示波器上观察到的波形是由( )完成的。
   A. 灯丝电压　B. 偏转系统　C. 加速极电压　D. 聚焦极电压

52. 示波器面板上的"聚集"就是调节( )的电位器。
   A. 控制栅极正电压　　　　　B. 控制栅极负电压
   C. 第一阳极正电压　　　　　D. 第二阳极正电压

53. 热继电器的热元件整定电流 $I_{FRN}=($ $)I_{MN}$。
   A. 0.95~1.05　B. 3　C. $\sqrt{2}$　D. $\sqrt{3}$

54. 低压断路器中的电磁脱扣承担( )保护作用。

A. 过流　　　B. 过载　　　C. 失电压　　　D. 欠电压

55. 牵引机械（电车、机械车、电瓶车等）及大型轧钢机中，一般都采用直流电动机而不是异步电动机，原因是异步电动机的（　　）。

　　A. 功率因数较低　　　　　B. 调速性能很差

　　C. 启动转矩较小　　　　　D. 启动电流太大

56. 电气控制电路设计应最大限度地满足（　　）的要求。

　　A. 电压　　B. 电流　　C. 功率　　D. 机械设备加工工艺

57. 电气线路中采用了两地控制方式，其控制按钮连接的规律是（　　）。

　　A. 停止按钮并联，启动按钮串联　　B. 停止按钮串联，启动按钮并联

　　C. 全为并联　　　　　　　　　　　D. 全为串联

58. 在20/5t 桥式起重机电气线路中，每台电动机的制动电磁铁是（　　）时制动。

　　A. 断电　　B. 通电　　C. 电压降低　　D. 欠电流制动

59. 桥式起重机中电动机的过载保护通常采用（　　）。

　　A. 热继电器　　　　　　　B. 过电流继电器

　　C. 熔断器　　　　　　　　D. 自动空气开关

60. 修理工作中，要按设备（　　）进行修复，严格把握修理的质量关，不得降低设备原有的性能。

　　A. 原始数据和精度要求　　B. 损坏程度

　　C. 运转情况　　　　　　　D. 维修工艺要求

61. 用电设备最理想的工作电压就是它的（　　）。

　　A. 允许电压　　B. 电源电压　　C. 额定电压　　D. 最低电压

62. 测量轧钢机的轧制力时，通常选用（　　）做传感器。

　　A. 压力传感器　　　　　　B. 压磁传感器

　　C. 霍尔传感器　　　　　　D. 压电传感器

63. 旋转变压器的结构相似于（　　）。

　　A. 直流电动机　　　　　　B. 鼠笼型异步电动机

　　C. 同步电动机　　　　　　D. 绕线型异步电动机

64. 直线感应同步器的定尺绕组是（　　）。

　　A. 连续绕组　　B. 分段绕组　　C. 正弦绕组　　D. 余弦绕组

65. 莫尔条纹的移动方向与两光栅尺相对移动的方向（　　）。

A. 平行　　　　B. 垂直　　　　C. 无关　　　　D. 成45°角

66. 使用光栅时,考虑到( ),最好将尺体安装在机床的运动部件上,而读数头安装在机床的固定部件上。

　　A. 读数精度　　B. 安装方便　　C. 使用寿命　　D. 便于检修维护

67. 标准式直线感应同步器在实际中用得最广泛,其每块长度为( )。

　　A. 100mm　　B. 1cm　　C. 1m　　D. 250mm

68. 测温仪由两部分构成,即( )部分及主机部分。

　　A. 探头　　B. 热电偶　　C. 热敏电阻　　D. 传感器

69. 无速度传感器调节系统的速度调节精度和范围,目前( )有速度传感器的矢量控制系统。

　　A. 超过　　B. 相当于　　C. 低于　　D. 远远低于

70. 热电偶输出的( )从零逐渐上升,到相应的温度后不再上升而呈平台值。

　　A. 电阻　　B. 热电势　　C. 电压　　D. 阻抗

71. 测温仪的主机部分由 A/D 转换器、( )系列单片机最小系统及人机对话通道组成。

　　A. Z80　　B. MCS—51　　C. 32位　　D. 16位

72. B2010 型龙门刨床 V5 系统,当电动机低于额定转速时,采用( )方式调速。

　　A. 恒功率　　B. 恒电流　　C. 恒力矩　　D. 弱磁

73. B2012 型龙门刨床电气控制系统主要是用来控制( )的。

　　A. 交流电动机　　B. 接触器　　C. 控制台　　D. 进给

74. 变频器在故障跳闸后,要使其恢复正常状态,应按( )键。

　　A. MOD　　B. PRG　　C. RESET　　D. RUN

75. 变频器与电动机之间一般( )接入接触器。

　　A. 允许　　B. 不允许　　C. 需要　　D. 不需要

76. 变频器的输出不允许接( )。

　　A. 纯电阻　　B. 电感　　C. 电容器　　D. 电动机

77. 当阳极和阴极之间加上正向电压而门极不加任何信号时,晶闸管处于( )。

　　A. 导通状态　　B. 关断状态　　C. 不确定状态　　D. 饱和状态

78. 晶闸管整流电路中"同步"的概念是指( )。

A. 触发脉冲与主电路电源电压同时到来、同时消失

B. 触发脉冲与电源电压频率相同

C. 触发脉冲与主电路电源电压频率和相位具有相互协调配合的关系

D. 触发脉冲与电源电压幅值成比例

79. ( )的本质是一个场效应管。

  A. 肖特基二极管   B. 电力晶体管

  C. 可关断晶闸管   D. 绝缘栅双极晶体管

80. 选择三相半控桥整流电路的SCR时,管子的耐压应取变压器副边电压有效值的( )倍。

  A. $\sqrt{2}$ B. $\sqrt{3}$ C. $\sqrt{6}$ D. 1.17

81. 高性能的高压变频调速装置中,主电路的开关器件采用( )。

  A. 快速恢复二极管   B. 绝缘栅双极晶体管

  C. 电力晶体管   D. 功率场效应晶体管

82. ( )有规律地控制逆变器中主开关的通断,从而获得任意频率的三相输出。

  A. 斩波器   B. 变频器

  C. 变频器中的控制电路   D. 变频器中的逆变器

83. 双极型晶体管和场效应晶体管的驱动信号( )。

  A. 均为电压控制

  B. 均为电流控制

  C. 双极型晶体管为电压控制,场效应晶体管为电流控制

  D. 双极型晶体管为电流控制,场效应晶体管为电压控制

84. GTR的主要缺点之一是( )。

  A. 开关时间长   B. 高频特性差

  C. 通态压降大   D. 二次击穿现象

85. 下列元件中属于半控型器件的是( )。

  A. GTO   B. GTR   C. SCR   D. MOSFET

86. 晶闸管有三个引出极,它们分别是( )。

  A. 漏极、栅极、源极   B. 阳极、阴极、基极

  C. 阳极、阴极、门极   D. 集电极、发射极、门极

87. ( )为GTO符号。

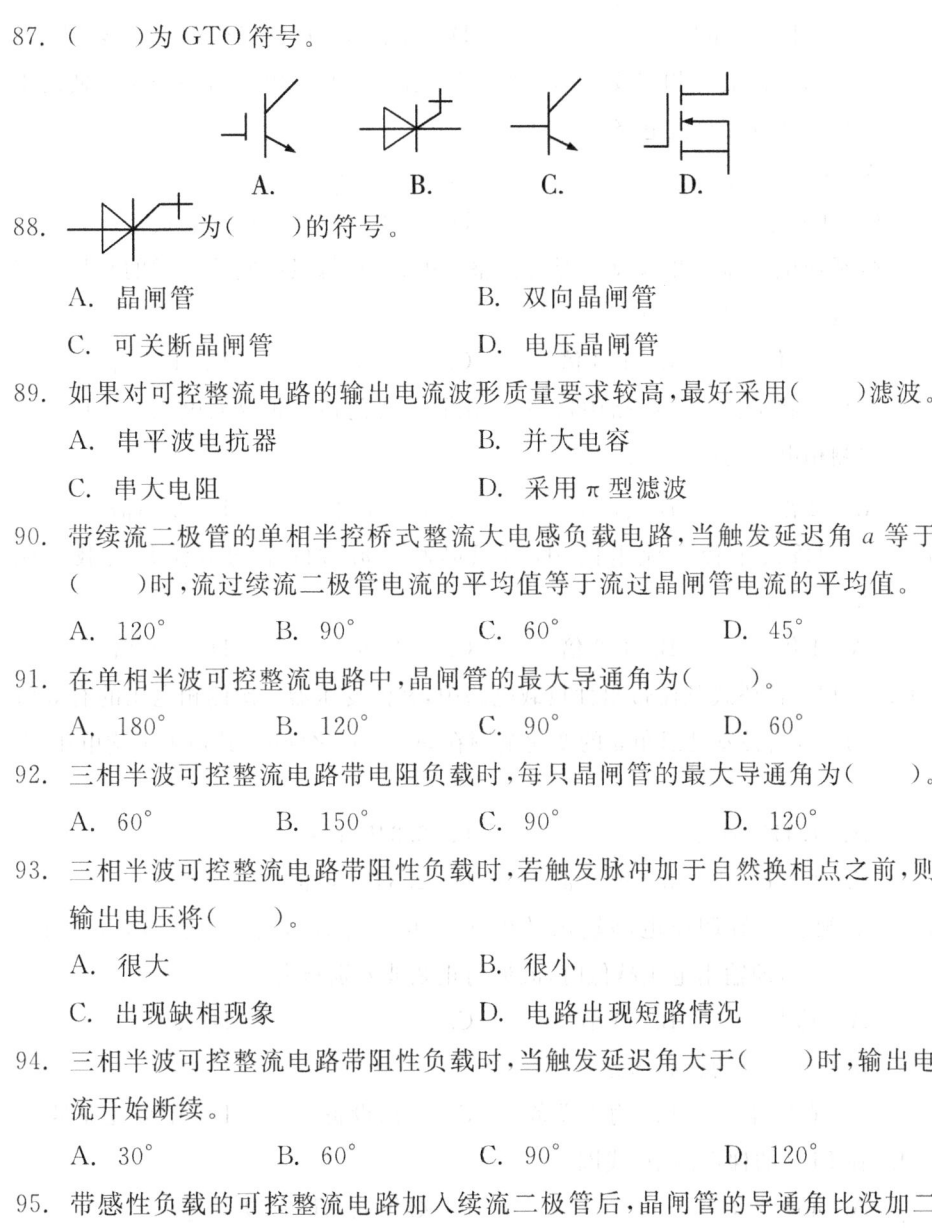

88. ![符号] 为( )的符号。

   A. 晶闸管　　　　　　　　　B. 双向晶闸管
   C. 可关断晶闸管　　　　　　D. 电压晶闸管

89. 如果对可控整流电路的输出电流波形质量要求较高,最好采用( )滤波。
   A. 串平波电抗器　　　　　　B. 并大电容
   C. 串大电阻　　　　　　　　D. 采用π型滤波

90. 带续流二极管的单相半控桥式整流大电感负载电路,当触发延迟角 a 等于( )时,流过续流二极管电流的平均值等于流过晶闸管电流的平均值。
   A. 120°　　　B. 90°　　　C. 60°　　　D. 45°

91. 在单相半波可控整流电路中,晶闸管的最大导通角为( )。
   A. 180°　　　B. 120°　　　C. 90°　　　D. 60°

92. 三相半波可控整流电路带电阻负载时,每只晶闸管的最大导通角为( )。
   A. 60°　　　B. 150°　　　C. 90°　　　D. 120°

93. 三相半波可控整流电路带阻性负载时,若触发脉冲加于自然换相点之前,则输出电压将( )。
   A. 很大　　　　　　　　　　B. 很小
   C. 出现缺相现象　　　　　　D. 电路出现短路情况

94. 三相半波可控整流电路带阻性负载时,当触发延迟角大于( )时,输出电流开始断续。
   A. 30°　　　B. 60°　　　C. 90°　　　D. 120°

95. 带感性负载的可控整流电路加入续流二极管后,晶闸管的导通角比没加二极管前减小了,此时电路的功率因数( )。
   A. 提高了　　　　　　　　　B. 减小了
   C. 并不变化　　　　　　　　D. 无法判断,随导通角的变化而变化

96. 在需要直流电压较低、电流较大的场合,宜采用( )整流电源。
   A. 单相桥式可控　　　　　　B. 三相桥式半控

C. 三相桥式全控 　　　　　　D. 带平衡电抗器三相双反星形可控

97. 带平衡电抗器三相双反星形可控整流电路中,平衡电抗器的作用是使两组三相半波可控整流电路(　　)。

   A. 相互串联 　　　　　　　B. 相互并联
   C. 单独输出 　　　　　　　D. 以180°相位差相互并联

98. 带平衡电抗器三相双反星形可控整流电路中,每只晶闸管流过的平均电流是负载电流的(　　)。

   A. 1/2倍　　B. 1/3倍　　C. 1/4倍　　D. 1/6倍

99. 三相桥式半控整流电路中,每只晶闸管承受的最高正反向电压为变压器二次侧相电压的(　　)。

   A. $\sqrt{2}$倍　　B. $\sqrt{3}$倍　　C. $\sqrt{2}\times\sqrt{3}$倍　　D. $2\sqrt{3}$倍

100. 三相桥式半控整流电路中,每只晶闸管流过的平均电流是负载电流的(　　)。

   A. 1倍　　B. 1/2倍　　C. 1/3倍　　D. 1/6倍

101. 三相全控桥式整流带阻性负载电路中,整流变压器二次侧相电压的有效值为U_2,当触发延迟角α的变化范围在30°~60°之间时,其输出平均电压U_d=(　　)。

   A. $1.17U_2\cos\alpha$ 　　　　　B. $2.34U_2\cos\alpha$
   C. $2.34U_2[1+\cos(60°+\alpha)]$　　D. $2.34U_2\sin\alpha$

102. 晶闸管交流调压电路输出的电压与电流波形都是非正弦波,导通角θ(　　),即输出电压越低时,波形与正弦波差别越大。

   A. 越大　　B. 越小　　C. 90°　　D. 60°

103. 微型计算机的核心部分是(　　)。

   A. 存储器　　B. 输入设备　　C. 输出设备　　D. 中央处理器

104. 在PLC的梯形图中,线圈(　　)。

   A. 必须放在最左边　　　　　B. 必须放在最右边
   C. 可放在任意位置　　　　　D. 可放在所需处

105. F1系列PC的LD指令表示(　　)。

   A. 取指令,取用动合触点　　B. 取指令,取用动断触点
   C. 与指令,取用动合触点　　D. 或指令,取用动合触点

106. F1系列PLC的OUT指令是驱动线圈指令,但它不能驱动(　　)。

A. 输入继电器 B. 输出继电器 C. 辅助继电器 D. 内部继电器

107. 在数控指令中，T 代码用于（　　）。

A. 主轴控制 B. 换刀 C. 辅助功能 D. 刀具补偿

108. 经济型数控系统，为降低系统制造成本和提高系统的可靠性，尽可能用（　　）来实现大部分数控功能。

A. 硬件 B. 软件 C. 可编程序控制器 D. 变频器

109. 机械传动中，传动比最不能保证的是（　　）。

A. 带传动 B. 链传动 C. 齿轮传动 D. 螺旋传动

110. 目前机械工程中所用的齿轮，最常用的齿廓曲线为（　　）。

A. 摆线 B. 圆弧 C. 渐开线 D. 抛物线

111. （　　）传动一般可做成开式、半开式及闭式。

A. 链 B. 皮带 C. 齿轮 D. 变传动比

112. 两个轴的中心距离较大时，一般选用（　　）传动方式。

A. 齿轮 B. 皮带 C. 定传动比 D. 蜗轮蜗杆

113. 要求传动比的稳定性较高的场合，宜采用（　　）传动方式。

A. 齿轮 B. 皮带 C. 链 D. 蜗轮蜗杆

114. 液压系统中，液压缸属于（　　）。

A. 动力元件 B. 执行元件 C. 控制元件 D. 辅助元件

115. 液压系统运行时，液压缸出现爬行现象是由于（　　）。

A. 系统泄漏油压降低 B. 溢流阀失效
C. 滤油器堵塞 D. 空气渗入油缸

116. 减压阀可以保持其（　　）。

A. 进油口压力恒定 B. 出油口压力恒定
C. 进、出油口压力相等 D. 按型号而定

117. 在液压控制阀中，当压力升高到阀的调定值时，阀口完全打开，该阀称为（　　）。

A. 顺序阀 B. 减压阀 C. 溢流阀 D. 单向阀

118. 液压系统中，使用流量阀必须使用（　　）。

A. 单向阀 B. 顺序阀 C. 溢流阀 D. 减压阀

119. 溢流阀可以保持其（　　）。

A. 进油口压力恒定 B. 出油口压力恒定

C. 进、出油口压力相等　　　D. 按型号而定

120. AUTOCADR14.UG 是（　　）软件。
    A. 系统软件　　B. 绘图软件　　C. 支撑软件　　D. 应用软件

121. AUTOCADR14 具有（　　）功能。
    A. 工程计算　　B. 绘图造型　　C. 自动编程　　D. 动画设计

122. 精益生产方式的要求做法是在（　　）的基础上发展起来的。
    A. 丰田生产方式　　　　　B. 福特生产方式
    C. 准时化生产方式　　　　D. 自动化生产方式

123. 精益生产方式的关键是实行（　　）。
    A. 准时化生产　B. 自动化生产　C. 全员参与　　D. 现场管理

124. （　　）是适用于现代制造企业的组织管理方法。
    A. 精益生产　　　　　　　B. 规模化生产
    C. 现代化生产　　　　　　D. 自动化生产

125. JIT 的核心是（　　）。
    A. 自动化生产　B. 全员参与　　C. 尽善尽美　　D. 适时适应生产

126. （　　）是一种生产现场物流控制系统。
    A. 生产同步化　　　　　　B. 看板管理
    C. 质量管理　　　　　　　D. 生产均衡化

127. 准时化生产方式企业的经营目标是（　　）。
    A. 安全　　　　B. 质量　　　　C. 利润　　　　D. 环保

128. MRPⅡ系统中的微观核心部分是（　　）。
    A. 主生产计划 MPS　　　　B. 物料需求计划 MRP
    C. 生产进度计划 OS　　　　D. 能力需求计划 CRP

129. （　　）功能子系统是 MRPⅡ中对生产所需能力进行合理配置。
    A. 生产计划 MPS　　　　　B. 物料需求计划 MRP
    C. 生产进度计划 OS　　　　D. 能力需求计划 CRP

130. 由主生产计划（MPS）、物料需求计划（MRP）、生产进度计划（OS）和能力需求计划（CRP）构成了（　　）。
    A. 精益生产计划　　　　　B. 制造资源计划 MRPⅡ
    C. 看板管理计划　　　　　D. 全面生产管理计划

131. CIMS 着重解决产品设计和经营管理中的（　　）。

A. 计算机网络技术 B. 系统信息集成
C. 计算机接口技术 D. 计算机辅助制造系统

132. CIMS 系统中控制机器的运行和处理产品制造中的数据的部分为( )。
A. CAD B. CAM C. CAPP D. MIS

133. ISO 9000 族标准中,( )是指导性标准。
A. ISO 9000—1 B. ISO 9001~ISO 9003
C. ISO 9004—1 D. ISO 10000

134. ISO 9000 族标准中,( )是基本性标准。
A. ISO 9004—1 B. ISO 9000—1
C. ISO 9001~ISO 9003 D. ISO 10000

135. ISO 9000 族标准与 TQC 的差别在于:ISO 9000 族标准是从( )立场上所规定的质量保证。
A. 设计者 B. 采购者 C. 供应者 D. 操作者

136. 制定 ISO 14000 系列标准的直接原因是( )。
A. 环境的日益恶化 B. 环境的污染
C. 产品的性能的下降 D. 国际贸易往来

137. ISO 14000 系列标准是有关( )的系列标准。
A. ISO 9000 族标准补充 B. 环境管理
C. 环保质量 D. 质量管理

138. 进行理论教学培训时,除了依据教材之外,还应结合本职业介绍一些( )方面的内容。
A. "四新"应用 B. 案例
C. 学员感兴趣 D. 科技动态

139. 理论培训一般采用( )的方法进行。
A. 直观教学 B. 启发式教学
C. 形象教学 D. 课堂讲授

140. 通过( ),能使学员的动手能力不断增强和提高,从而熟练掌握操作技能。
A. 示范操作 B. 安全教育 C. 现场技术指导 D. 指导操作

三、判断题(请将判断结果填入括号内,对的打"√",错的打"×"。)

(　　)1. 线圈自感电动势的大小,正比于线圈中电流的变化率,与线圈中电流的大小无关。

(　　)2. 当 RLC 串联电路发生谐振时,电路中的电流将达到其最大值。

(　　)3. 磁路欧姆定律适用于只有一种媒介质的磁路。

(　　)4. 变压器的铁心必须一点接地。

(　　)5. 画放大电路的交流通道时,电容可看作开路,直流电源可视为短路。

(　　)6. 单极型器件是仅依靠单一的多数载流子导电的半导体器件。

(　　)7. 晶体三极管作为开关使用时,应工作在放大状态。

(　　)8. 场效应管的低频跨导是描述栅极电压对漏极电流控制作用的重要参数,其值越大,场效应管的控制能力越强。

(　　)9. 对于线性放大电路,当输入信号幅度减小后,其电压放大倍数也随之减小。

(　　)10. 放大电路引入负反馈,能够减小非线性失真,但不能消除失真。

(　　)11. 放大电路中的负反馈,对于在前向通路中产生的干扰、噪声和失真有抑制作用,但对输入信号中含有的干扰信号等没有抑制能力。

(　　)12. 差动放大器在理想对称的情况下,可以完全消除零点漂移现象。

(　　)13. 集成运算放大器的输入级一般采用差动放大电路,其目的是要获得很高的电压放大倍数。

(　　)14. 集成运算放大器的内部电路一般采用直接耦合方式,因此它只能放大直流信号,而不能放大交流信号。

(　　)15. 只要是理想运算放大器,不论它工作在线性状态还是非线性状态,其反相输入端和同相输入端均不从信号源索取电流。

(　　)16. 实际的运算放大器在开环时,其输出很难调整到零电位,只有在闭环时才能调至零电位。

(　　)17. 基本积分运算放大电路由运算放大器、信号输入端到反相输入端的电阻和输出端到反相输入端之间的反馈电容组成。

(　　)18. 集成运算放大器的输入级采用的是基本放大电路。

(　　)19. 555 精密定时器不能应用于精密定时脉冲宽度调整。

(　　)20. 555 精密定时器可以应用于脉冲发生器。

(　　)21. 555 精密定时器可以应用于脉冲位置调整。

(   )22. 555精密定时器不可以应用于定时序列。

(   )23. 555精密定时器可以应用于延时发生器。

(   )24. 逻辑电路中的"与门"和"或门"是相对的,所谓"正与门"就是"负或门","正或门"就是"负与门"。

(   )25. 逻辑表达式 $A+ABC=A$。

(   )26. 任何一个逻辑函数的最小项表达式一定是唯一的。

(   )27. TTL 与"非门"的输入端可以接任意阻值电阻,而不会影响其输出电平。

(   )28. 普通 TTL 与"非门"的输出端不能直接并联使用。

(   )29. CMOS 集成门电路的输入阻抗比 TTL 集成门电路高。

(   )30. 在任意时刻,组合逻辑电路输出信号的状态,仅仅取决于该时刻的输入信号状态。

(   )31. 译码器、计数器、全加器和寄存器都是组合逻辑电路。

(   )32. 编码器在某一时刻只能对一种输入信号状态进行编码。

(   )33. 数字触发器在某一时刻的输出状态,不仅取决于当时输入信号的状态,还与电路的原始状态有关。

(   )34. 数字触发器进行复位后,其两个输出端均为 0。

(   )35. 双向移位寄存器既可以将数码向左移,也可以向右移。

(   )36. 与液晶数码显示器相比,LED 数码显示器具有亮度高且耗电量小的优点。

(   )37. 七段数码显示器只能用来显示十进制数字,而不能用于显示其他信息。

(   )38. 施密特触发器能把缓慢变化的模拟电压转换成阶段变化的数字信号。

(   )39. 各种电力半导体器件的额定电流,都是以平均电流表示的。

(   )40. 额定电流为 100A 的双向晶闸管与额定电流为 50A 的两只反并联的普通晶闸管,两者的电流容量是相同的。

(   )41. 对于门极关断晶闸管,当门极上加正触发脉冲时可使晶闸管导通,而当门极加上足够的负触发脉冲时又可使导通着的晶闸管关断。

(   )42. 晶闸管由正向阻断状态变为导通状态所需要的最小门极电流,称为该管的维持电流。

(   )43. 在规定条件下,不论流过晶闸管的电流波形如何,也不论晶闸管的导通角是多大,只要通过管子的电流的有效值不超过该管额定电流的有效值,管子的发热就是允许的。

(   )44. 晶闸管并联使用时,必须采取均压措施。

(   )45. 三相半控桥整流电路中晶闸管的耐压为变压器副边电压的$\sqrt{6}$倍。

(   )46. 三相半控桥整流电路中晶闸管的耐压为变压器副边电压的$\sqrt{2}$倍。

(   )47. 单相半波可控整流电路,无论其所带负载是感性还是纯阻性的,晶闸管的导通角与触发延迟角之和一定等于180°。

(   )48. 在三相桥式半控整流电路中,任何时刻都至少有两个二极管处于导通状态。

(   )49. 如果晶闸管整流电路所带的负载为纯阻性,则电路的功率因数一定为1。

(   )50. 若加到晶闸管两端电压的上升率过大,就可能造成晶闸管误导通。

(   )51. 在晶闸管单相交流调压器中,一般采用反并联的两只普通晶闸管或一只双向晶闸管作为功率开关器件。

(   )52. 逆变器是一种将直流电能变换为交流电能的装置。

(   )53. 在维修直流电动机时,对各绕组之间做耐压试验,其试验电压用交流电。

(   )54. 在维修直流电动机时,对各绕组之间做耐压试验,其试验电压用直流电。

(   )55. 电动机"带病"运行是造成电动机损坏的重要原因。

(   )56. 当电动机低于额定转速时采用恒转速方式调速。

(   )57. 交流测速发电机,在励磁电压为恒频、恒压的交流电,且输出绕组负载阻抗很大时,其输出电压的大小与转速成正比,其频率等于励磁电源的频率而与转速无关。

(   )58. 若交流测速发电机的转向改变,则其输出电压的相位将发生180°的变化。

(   )59. 旋转变压器的输出电压是其转子转角的函数。

(   )60. 由于交流伺服电动机的转子制作得轻而细长,故其转动惯量较小,控制较灵活。又因转子绕组电阻较大,机械特性很软,所以一旦控制绕组电压为零、电动机处于单相运行时,就能很快停止转动。

( )61. 交流伺服电动机在控制绕组电流作用下转动起来,如果控制绕组突然断路,则转子不会自行停转。

( )62. 直流伺服电动机一般都采用电枢控制方式,即通过改变电枢电压来对电动机进行控制。

( )63. 步进电动机是一种把电脉冲控制信号转换成角位移或直线位移的执行元件。

( )64. 步进电动机每输入一个电脉冲,其转子就转过一个齿。

( )65. 步进电动机的静态步距误差越小,电动机的精度越高。

( )66. 步进电动机的连续运行频率大于启动频率。

( )67. 步进电动机的输出转矩随其运行频率的上升而增大。

( )68. 自动控制就是应用控制装置使控制对象(如机器、设备和生产过程等)自动地按照预定的规律运行或变化。

( )69. 开环自动控制系统中出现偏差时能自动调节。

( )70. 在开环控制系统中,由于系统的输出量没有返回到输入端的任何闭合回路,因此系统的输出量对系统的控制作用没有直接影响。

( )71. 采用比例调节的自动控制系统,工作时必定存在静差。

( )72. 积分调节能够消除静差,而且调节速度快。

( )73. 比例积分调节器,其比例调节作用可以使系统动态响应速度较快,而其积分调节作用又使得系统基本上无静差。

( )74. 当积分调节器的输入电压 $\Delta U_i = 0$ 时,其输出电压也为0。

( )75. 调速系统中采用比例积分调节器,兼顾了实现无静差和快速性的要求,解决了静态和动态对放大倍数要求的矛盾。

( )76. 生产机械要求电动机在空载情况下提供的最高转速和最低转速之比叫做调速范围。

( )77. 在调速范围中规定的最高转速和最低转速,它们都必须满足静差率所允许的范围。若低速时静差率满足允许范围,则其余转速时静差率自然就一定满足。

( )78. 控制系统中采用负反馈,除了降低系统误差、提高系统精度外,还使系统对除反馈环节外的内部参数的变化不灵敏。

( )79. 在有静差调速系统中,扰动对输出量的影响能得到全部补偿。

( )80. 在有静差调速系统中,扰动对输出量的影响只能得到部分补偿。

( )81. 有静差调速系统是依靠偏差进行调节的,而无静差调速系统则是依靠偏差对时间的积累作用进行调节的。

( )82. 转速负反馈调速系统能够有效地抑制一切被包围在负反馈环内前向通路中的扰动作用。

( )83. 调速系统中,电压微分负反馈和电流微分负反馈环节在系统动态及静态中都参与调节。

( )84. 调速系统中,电流截止负反馈是一种只在调速系统主电路过电流情况下起负反馈调节作用的环节,用来限制主电路过电流,因此它属于保护环节。

( )85. 调速系统中采用电流正反馈和电压负反馈都是为提高直流电动机硬度特性,扩大调速范围。

( )86. 电压负反馈调速系统静特性优于同等放大倍数的转速负反馈调速系统。

( )87. 晶闸管直流调速系统机械特性可分为连续段和断续段。断续段特性的出现,主要是因为晶闸管控制角太小,使电流断续。

( )88. 为了限制调速系统启动时的过电流,可以采用过电流继电器或快速熔断器来保护主电路的晶闸管。

( )89. 双闭环直流自动调速系统包括电流环和转速环。电流环为外环,转速环为内环,两环是串联的,又称双环串级调速。

( )90. 由于双闭环调速系统的堵转电流与转折电流相差很小,因此系统具有比较理想的"挖土机特性"。

( )91. 在逻辑无环流调速系统中,必须由逻辑无环流装置 DLC 来控制两组脉冲的封锁和开放。当切换指令发出后,DLC 便立即封锁原导通组脉冲,同时开放另一组脉冲,实现正、反组晶闸管的切换,因而这种系统是无环流的。

( )92. 在一些交流供电的场合,可以采用斩波器来实现交流电动机的调压、调速。

( )93. 晶闸管逆变器是一种将直流电能转变为交流电能的装置。

( )94. 晶闸管逆变器是一种将交流电能转变为直流电能的装置。

( )95. 变频器与电动机之间一般需要接入接触器。

( )96. 对变频器进行功能预置时必须在运行模式(PRG)下进行。

(   )97. 变频器故障跳闸后，欲使其恢复正常状态，应按"RESET"键。

(   )98. 变频器的主电路中包括整流器、中间直流环节、逆变器、斩波器。

(   )99. 变频器的输出不允许接电感。

(   )100. 变频调速性能优异、调速范围大、平滑性好、低速特性较硬，是鼠笼型转子异步电动机的一种理想调速方法。

(   )101. 变频调速装置的功能是将电网的恒压、恒频交流电变换为变压、变频交流电，对交流电动机供电，实现交流无级调速。

(   )102. 在变频调速时，为了得到恒转矩的调速特性，应尽可能地使电动机的磁通 Φ_m 保持额定值不变。

(   )103. 变频调速时，若保持电动机定子供电电压不变，仅改变其频率进行变频调速，将引起磁通的变化，出现励磁不足或励磁过强的现象。

(   )104. 交—直—交变频器，将工频交流电经整流器变换为直流电，经中间滤波环节后，再经逆变器变换为变频、变压的交流电，故称为间接变频器。

(   )105. 在SPWM调制方式的逆变器中，只要改变参考信号正弦波的幅值，就可以调节逆变器输出交流电压的大小。

(   )106. 在SPWM调制方式的逆变器中，只要改变载波信号的频率，就可以改变逆变器输出交流电压的频率。

(   )107. 采用转速闭环矢量变换控制的变频调速系统，基本上能达到直流双闭环调速系统的动态性能，因而可以取代直流调速系统。

(   )108. 微处理器(CPU)是PC的核心，它指挥和协调PC的整个工作过程。

(   )109. 梯形图必须符合从左到右、从上到下顺序执行的原则。

(   )110. 在PLC的梯形图中，软继电器的线圈应直接与右母线相连，而不能直接与左母线相连。

(   )111. 在PLC的梯形图中，所有软触点只能接在软继电器线圈的左边，而不能与右母线直接相连。

(   )112. 梯形图中的各软继电器，必须是所用机器允许范围内的软继电器。

(   )113. 可编程序控制器的输入、输出、辅助继电器、定时器和计数器的触点是有限的。

(   )114. 由于PLC是采用周期性循环扫描方式工作的，因此对程序中各条指令的顺序没有要求。

(　　)115. 实现同一个控制任务的 PLC 应用程序是唯一的。

(　　)116. 输入继电器用于接收外部输入设备的开关信号,因此在梯形图程序中不出现其线圈和触点。

(　　)117. 辅助继电器的线圈是由程序驱动的,其触点用于直接驱动外部负载。

(　　)118. 具有掉电保持功能的软继电器能由锂电池保持其在 PLC 掉电前的状态。

(　　)119. 当 PLC 的电源掉电时,状态继电器复位。

(　　)120. "OUT"指令是驱动线圈的指令,可以用于驱动各种继电器线圈。

(　　)121. 在用"OUT"指令驱动定时器线圈时,程序中必须用紧随其后的 K 及 3 位八进制数来设定所需的定时时间。

(　　)122. FX 系列 PLC,使用"MC"主控指令后,母线的位置将随之变更。

(　　)123. FX 系列 PLC,用"NOP"指令取代已写入的指令,对原梯形图的构成没有影响。

(　　)124. FX 系列 PLC,用步进指令对状态寄存器 S 编程,很容易实现步进控制。

(　　)125. FX 系列 PLC,使用"STL"指令后,LD 点移至步进触点的右侧。与步进触点相连的起始触点要用"LD"或"LDI"指令。使用"RET"指令,可使 LD 点返回母线。

(　　)126. 利用"END"指令,可以分段调试用户程序。

(　　)127. 莫尔条纹的方向与光栅刻线方向是相同的。

(　　)128. 分析数控系统操作单元可以更好地实现人机对话。

(　　)129. 数字控制是用数字化的信息对被控对象进行控制的一门控制技术。

(　　)130. 现代数控系统大多是计算机数控系统。

(　　)131. 根据数控装置的组成,分析数控系统包括数控软件和硬件两部分。

(　　)132. 数控系统的控制对象是伺服驱动装置。

(　　)133. 数控装置是数控机床的控制核心。它根据输入的程序和数据,完成数值计算、逻辑判断、输入、输出和控制、轨迹插补等功能。

(　　)134. 伺服系统包括伺服控制线路、功率放大线路、伺服电动机、机械传动机构和执行机构等。其主要功能是将数控装置插补产生的脉冲信号转换成机床执行机构的运动。

( )135. 数控加工程序是由若干个程序段组成的,程序段是由若干个指令代码组成的,而指令代码又是由字母和数字组成的。

( )136. G 代码是使数控机床准备好某种运动方式的指令。

( )137. M 代码主要用于数控机床的开关量控制。

( )138. 在数控机床中,机床直线运动的坐标轴 X、Y、Z 规定为右手笛卡儿坐标系。

( )139. 在数控机床中,通常是以刀具移动时的正方向作为编程的正方向。

( )140. 在一个脉冲作用下,工作台移动的一个基本长度单位,称为脉冲当量。

( )141. 逐点比较法的控制精度和进给速度较低,主要适用于以步进电动机为驱动装置的开环数控系统。

( )142. 用万用表交流电压挡可以判别相线与零线。

( )143. 电视、示波器等电子显示设备的基本波形为矩形波和锯齿波。

( )144. 示波器上观察到的波形是由加速极电压完成的。

( )145. 直流电位差计在效果上等于电阻为零的电压表。

( )146. 图 4-1 所示的波形为锯齿波。

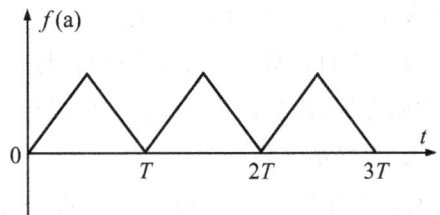

图 4-1

( )147. 示波器的外壳与被测信号电压应有公共的接地点。同时,尽量使用探头测量的目的是为了防止引入干扰。

( )148. 示波器 Y 轴放大器的通频带越宽,则输出脉冲波形的失真度越小;Y 轴放大器的灵敏度越高,则可观测的最小信号值越小。

( )149. 电流互感器的二次回路中必须加熔断器。

( )150. 电压互感器的二次回路中必须加熔断器。

( )151. 电容器的放电回路必须装熔丝。

( )152. 配电柜中一般接线端子放在最左侧和最下侧。

( )153. 突然停电将产生大量废品和减产,在经济上造成较大损失的用电负荷为二级负荷。

(　　)154. 35kV 的电缆进线段要求在电缆与架空线的连接处装设放电间隙。

(　　)155. Synchronizing 代表同步的意思。

(　　)156. 生产机械中的飞轮,常做成边缘厚、中间薄,使大部分材料分布在远离转轴的地方,以增大转动惯量,使机器的角加速度减小,运转平稳。

(　　)157. 齿轮传动可以实现无级变速,而且具有过载保护作用。

(　　)158. V 型皮带两个侧边形成的楔角都是 40°。

(　　)159. 液压系统中压力控制阀不属于顺序阀。

(　　)160. 液压系统中顺序阀属于压力控制阀。

(　　)161. 液压传动是靠密封容器内的液体压力能来进行能量转换、传递与控制的一种传动方式。

(　　)162. 液压传动不具备过载保护功能,但其效率较高。

(　　)163. 高压系统应选用黏度较高的液压油,而中低压系统则应选用黏度较低的液压油。

(　　)164. 液压泵是用来将机械能转换为液压能的装置。

(　　)165. 用于防止过载的溢流阀又称安全阀,其阀口始终是开启的。

(　　)166. 计算机输入设备有键盘、显示器、鼠标等。

(　　)167. 精益生产方式为自己确定一个有限的目标:可以容忍一定的废品率、限额的库存等,认为要求过高会超出现有条件和能力范围,要花费更多投入,在经济上划不来。

(　　)168. 我国新修订的 GB/T 19000 系列国家标准完全等同于国际 1994 年版的 ISO 9000 族标准。

(　　)169. 质量是设计和制造出来的。

(　　)170. ISO 14000 系列标准是发展趋势,将代替 ISO 9000 族标准。

四、简答题

1. 根据图 4-2 所示的逻辑电路画出逻辑符号,写出表达式,画出波形。

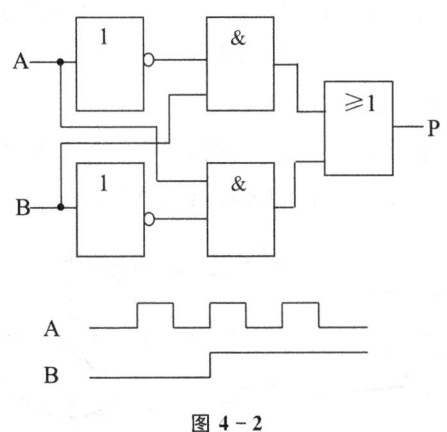

图 4－2

2. 传感器的作用。
3. 霍尔传感器及其工作原理。
4. 简述工业电视检测的特点。
5. 简述电力拖动电气控制电路设计的原则。
6. 交流电动机继电—接触器电路设计的基本内容包括哪几方面？
7. 什么是电动机爬行，B2012A 型龙门刨床电动机爬行如何进行调试？
8. 如图 4－3 所示是一种数控系统，从图中看该系统具有哪些特点？

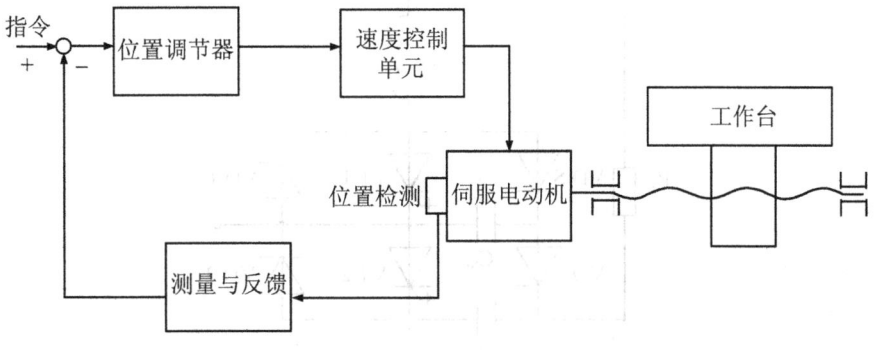

图 4－3

9. 数控机床指令代码主要有什么？
10. 数控系统参数故障产生的原因是什么？
11. 数控系统软件故障发生的原因是什么？
12. 简述数控系统软件故障的排除。
13. 简述数控装置软件包括的内容。
14. 简述变频器配线安装注意事项。

15. 在阅读数控机床技术说明书时,分析每一局部电路后还要进行哪些总体检查识图,才能了解其控制系统的总体内容?

16. 画出变频器的功能预置流程图。

17. 微机测温仪进行温度动态采样时,求平台值的具体方案是什么?

18. 如图4-4所示的机械传动装置具有哪些特点?

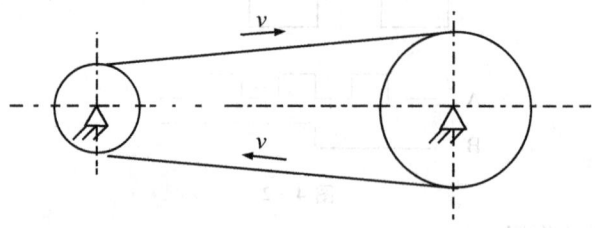

图 4-4

19. 555精密定时器集成电路具有什么特点,应用于哪些方面?

20. 鼠笼型异步电动机的 $I_{MN}=17.5A$,在单台不频繁启动和停止且长期工作时与单台频繁启动且长期工作时熔体电流应各为多大?

21. 如图4-5所示为一种什么电路,起到什么作用,是保护哪些器件的?

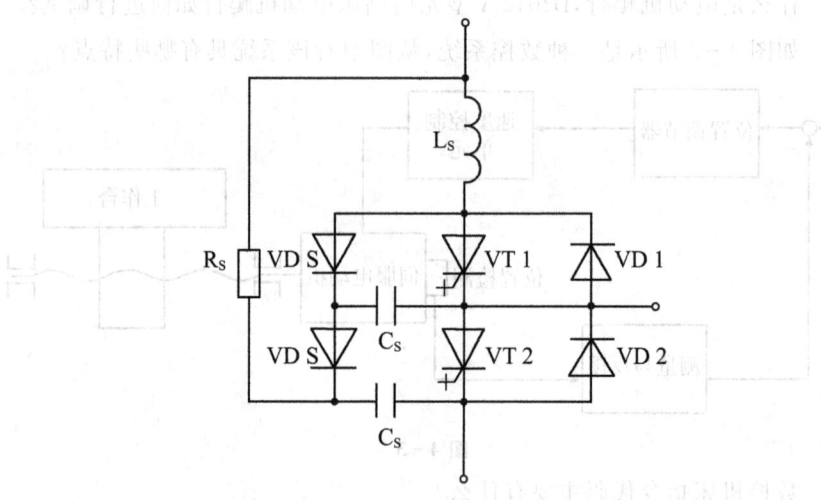

图 4-5

22. XSK5040数控机床配电柜的元件是如何进行排列的?

23. 设计电动机电磁脱扣器的瞬时脱扣整定电流。已知 $I_N=12.4A$,$I_{st}/I_N=5.5$,求整定电流的最大值和最小值。

24. 在生产信息自动检测与处理系统中,上位机主要完成哪些工作?

25. 在制订工艺文件时,应注意哪些问题?

26. 简述精益生产管理的内涵。

27. 简述精益生产的思维特点。

28. 简述准时化生产方式(JIT)的基本思路。

五、论述题

1. 试述数控系统的自诊断功能及报警处理方法。

2. 如图 4-6 所示为某装置顺序控制的梯形图,请编写其程序语句。

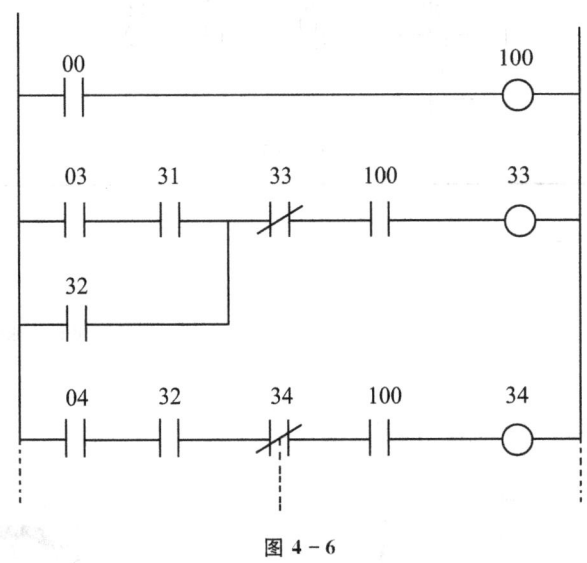

图 4-6

3. 编写一张电气设备修理的大修工艺卡内容包括哪些?

4. 试述液压系统电气故障的分析方法。

5. 三台电动机 M1、M2、M3,当 M1 启动时间 t_1 后 M2 启动,经过时间 t_2 后 M3 启动,停止时 M3 先停止,时间 t_3 后 M2 停止,时间 t_4 后 M1 停止。请设计出电气控制原理图。

6. 如图 4-7 所示,根据三菱 PLC 控制的梯形图编写其程序语句。

7. DK7705 型线切割机床改造后进行调试时,控制精度的检验和加工精度的检测如何进行?

8. 如图 4-8 所示,双面印制电路板浅色为电路板正面,深色为电路板反面,根据图中所示器件名称或参数绘制出原理图。

9. 数控机床零件的加工精度差,应从哪几方面分析和解决?

10. 试述继电—接触器控制系统设计的基本步骤。

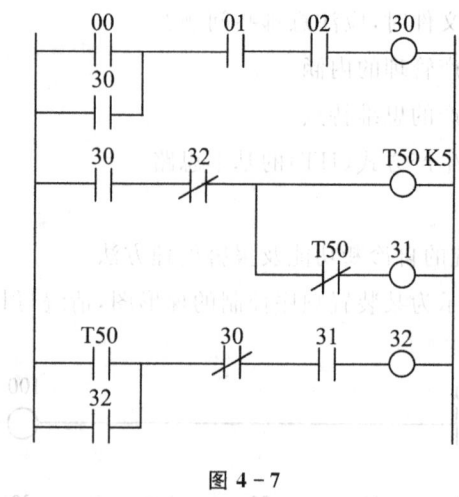

图 4-7

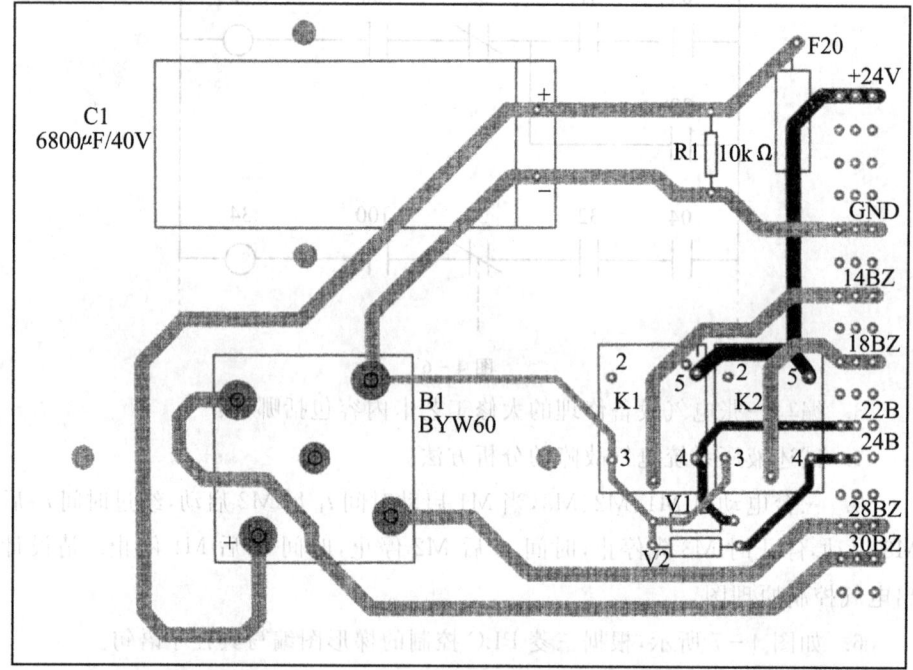

图 4-8

11. 要求三台电动机按 M1、M2、M3 顺序启动,按 M3、M2、M1 顺序停止,设计出电气控制原理图(按钮控制)。

12. 试述一般机械设备电气大修工艺编制的步骤。

13. 试述一般机械设备电气大修工艺应包括的内容。

14. 试述选择与应用 ISO 9000 族标准的具体实施步骤。
15. 试述精益生产的基本特征。

第二节　参考答案

一、填空题

1. 稳定性　2. 伺服驱动装置　3. 人机对话　4. 主轴和进给运动　5. 输入、输出　6. 步进　7. 扰动　8. $1/(1+K)$　9. 可逆逻辑无环流双闭环　10. 测速发电机　11. 速度调节器　12. 机械部分　13. 测速发电机固定　14. 电动机　15. 整流器三相　16. 速度给定　17. 电流限幅值　18. 噪声和温升　19. 导电的粉末　20. 局部短路　21. 连接是否松动　22. 防护系统　23. 机械传动链润滑　24. 虚假超程　25. 伺服系统增益　26. 机械传动链　27. 联轴器连接　28. 速度环增益　29. 位置反馈　30. 加、减速时间　31. 速度控制信号　32. 是否释放　33. 位移补偿　34. 防污和防振　35. 位置控制　36. 耐切削涂层　37. 硬物敲击　38. 无水酒精　39. 说明书　40. 右手笛卡儿　41. 核心　42. 控制信号　43. 连接环节　44. 位置环　45. 数控装置　46. 调节、处理　47. 保护电路　48. 机械转角　49. 参考点　50. 工作介质　51. 换向阀　52. 机械能　53. 先外后内　54. 无功功率　55. 数控设备　56. 电子热保护　57. 电容式　58. 通信接口　59. 数字信号输入　60. 接口　61. 主电路　62. 编程模式/PRG　63. 低压断路器与接触器　64. 五　65. 可变脉冲宽度　66. 差分(差动)　67. 降低噪声　68. 微分　69. 位置　70. 控制电源　71. 测速发电机电压稳定　72. 非电量　73. 敏感元件　74. 莫尔条纹　75. 单值（或线性）函数　76. 转子转角的改变　77. 静止　78. 敏感元件　79. 金属弹性变形　80. 动态测温　81. 热电势　82. 非接触检测　83. 高单色性　84. 穿透能力强　85. 弹性效应　86. 光信号　87. 整流　88. 短　89. 开关时间　90. 温度特性　91. 快速、高效　92. 不高　93. 低　94. 电流拖尾　95. 下降　96. 栅极信号　97. 静态内阻高　98. 输入　99. 二次击穿　100. 线性　101. 交流　102. 不允许　103. 试运行　104. 预防　105. 倒合闸　106. 验收记录　107. 繁重体力劳动　108. 接地电阻　109. 4Ω 以下　110. 现场(调研)了解　111. 最少的劳动量　112．技术先进性　113．拖动方案和选择电动机　114．安全电压　115．铜芯多股软线　116．《维修电工国家职业标准》　117．现场技术　118．通过具体示范操作　119．动手操作　120．安全　121．独立实际　122．指导操作训练　123．理论培训　124．课堂讲授　125．解决实际工作　126．本职业　127．新工艺　128．ISO 9004—1　129．GB/T 19004.1—1994　130．ISO 14000　131．国际标准化组织　132．国家认可　133．质量术语标准　134．指导性标准　135．外部的质量保证　136．供方质量保证　137．质量体系　138．科学的步骤　139．设计成熟程度　140．环境管理　141．定额时间　142．降低成本　143．产品质量　144．并行工程　145．质量保证　146．"下道工序要求拉动上道工序"　147．物流控制系统　148．利润　149．特定产品、部件　150．计算机集成制造系统

二、选择题

1．B　2．A　3．C　4．C　5．A　6．B　7．A　8．D　9．C　10．A
11．B　12．C　13．B　14．C　15．C　16．B　17．C　18．A　19．A
20．B　21．B　22．B　23．A　24．B　25．B　26．B　27．B　28．C
29．A　30．C　31．C　32．C　33．D　34．A　35．B　36．B　37．B
38．B　39．C　40．C　41．C　42．A　43．A　44．A　45．C　46．A
47．C　48．B　49．A　50．B　51．B　52．C　53．A　54．A　55．B
56．D　57．B　58．A　59．B　60．A　61．C　62．B　63．D　64．A
65．B　66．C　67．D　68．A　69．C　70．B　71．B　72．B　73．C
74．C　75．B　76．C　77．B　78．C　79．D　80．C　81．B　82．C
83．D　84．D　85．C　86．C　87．B　88．C　89．A　90．C　91．C
92．A　93．C　94．C　95．A　96．D　97．D　98．D　99．C　100．C
101．B　102．B　103．D　104．D　105．A　106．A　107．B　108．B
109．A　110．C　111．C　112．D　113．A　114．B　115．D　116．B
117．A　118．D　119．A　120．D　121．D　122．B　123．A　124．A
125．D　126．B　127．C　128．B　129．D　130．B　131．B　132．B
133．A　134．A　135．B　136．A　137．B　138．A　139．D　140．D

三、判断题

1. √ 2. √ 3. × 4. √ 5. × 6. √ 7. × 8. √ 9. × 10. √
11. √ 12. √ 13. × 14. × 15. √ 16. √ 17. √ 18. × 19. √
20. √ 21. √ 22. × 23. √ 24. √ 25. √ 26. √ 27. × 28. √
29. √ 30. √ 31. × 32. √ 33. √ 34. × 35. √ 36. √ 37. √
38. √ 39. × 40. × 41. √ 42. √ 43. √ 44. × 45. √ 46. √
47. × 48. × 49. × 50. √ 51. √ 52. √ 53. √ 54. √ 55. √
56. × 57. √ 58. √ 59. √ 60. √ 61. × 62. √ 63. √ 64. √
65. √ 66. √ 67. × 68. √ 69. √ 70. √ 71. √ 72. √ 73. √
74. × 75. √ 76. × 77. √ 78. √ 79. × 80. √ 81. √ 82. √
83. × 84. √ 85. √ 86. × 87. √ 88. × 89. × 90. √ 91. √
92. × 93. √ 94. × 95. √ 96. × 97. √ 98. × 99. × 100. √
101. √ 102. √ 103. √ 104. √ 105. √ 106. × 107. √ 108. √
109. √ 110. √ 111. √ 112. √ 113. × 114. × 115. × 116. ×
117. × 118. √ 119. × 120. × 121. × 122. √ 123. √ 124. √
125. √ 126. √ 127. × 128. √ 129. √ 130. √ 131. √ 132. √
133. √ 134. √ 135. √ 136. √ 137. √ 138. √ 139. √ 140. √
141. √ 142. √ 143. × 144. × 145. × 146. × 147. √ 148. √
149. × 150. √ 151. × 152. √ 153. √ 154. √ 155. √ 156. √
157. × 158. √ 159. √ 160. √ 161. √ 162. √ 163. √ 164. √
165. × 166. × 167. × 168. √ 169. × 170. ×

四、简答题

1. 答：见图4-9。

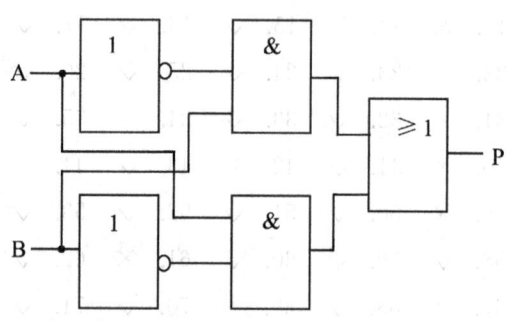

异或门：$P=\bar{A}\cdot B+A\cdot \bar{B}=A\oplus B$

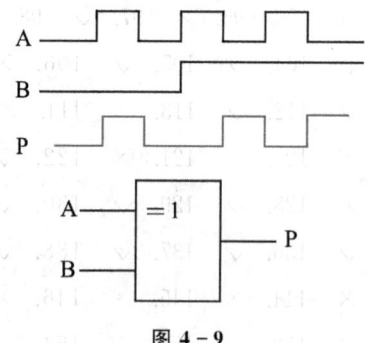

图4-9

2. 答：传感器是在感受被测非电量变化的同时,将输入的被测非电量转换为与之成单值(或线性)函数关系的电量输出,以便于用电测仪表测出被测非电量的大小。

3. 答：在一个半导体薄片相对的两侧通以控制电流,在薄片垂直方向加以磁场,则在半导体另外两侧会产生一电动势,其大小与控制电流和磁场的乘积成正比。这一现象叫做霍尔效应,所产生的电动势叫做霍尔电动势。利用这种原理制成的检测装置叫做霍尔传感器。

4. 答：

(1) 检测对象和工业摄像机之间没有机械联系,可采用多个摄像机,能够得到空间的信息。

(2) 短时间内可读出大量的信息。

(3) 可以从视频信号中取出有用的特征信号,以一定的方式转换成电信号输出,作为运算、检测、控制使用。

5. 答:

(1) 电气控制电路应最大限度地满足机械设备加工工艺的要求。

(2) 控制电路应能安全、可靠地工作。

(3) 控制电路应简单、可靠、造价低。

(4) 控制电路应便于操作和维修。

6. 答:

(1) 确定控制电路的电流种类和电压数值。

(2) 主电路设计主要是电动机的启动、正反转运转、制动、变速等工作方式及其保护环节的设计。

(3) 辅助电路设计主要有控制电路、执行电路、联锁保护环节、信号显示及安全照明等环节设计。

7. 答:给定电压为零,此时电动机转速为零。若电动机转速不为零,即电动机转速爬行,则调节 A2 板上调零电位器 R31,使电动机转速为零。然后增加给定电压,电动机转速随着增加,再改变给定电压正负,电动机转向应随着改变,这样调试工作即基本完成。

8. 答:它是一个单轴半闭环数控系统。半闭环数控系统具有较高的稳定性,是目前数控机床普遍采用的一种系统。其特点是在伺服电动机上加装编码器,通过检测伺服电动机的转角,间接检测移动部件的位移量,然后反馈到数控装置中。

9. 答:准备功能的"G"指令,进给功能的"F"指令,主轴速度"S"指令,刀具功能的"T"指令,辅助功能的"M"指令。

10. 答:

(1) 后备电池失效将导致全部参数丢失。

(2) 由于操作者的误操作,可能将个别或全部参数清除。

(3) 数控系统在 DNC 状态下运行或进行数据通讯时电网瞬间停电。

11. 答:

(1) 在调试用户程序或修改机床参数时,删除或更改了软件内容或参数,造成软件故障(某些参数的改变也可引起软件故障)。

(2) 后备电池电压不足,引起软件及参数丢失。

（3）电源的波动及干扰脉冲窜入数控系统，引起时序错误或程序执行错误。

（4）软件编制不完善，有时会造成系统死循环而引起系统中断。

（5）用户程序出错，在运行或输入过程中出现故障报警。

12. 答：

（1）对于软件丢失或参数改变引起的软件故障，可通过对参数、程序进行更改或清除后重新输入的方法来恢复。

（2）对于程序运行中发生中断而造成的故障，可采取关机再重新启动的方法恢复。

（3）开关数控系统电源是清除软件故障常用的方法，但在关机之前应将报警信息记录下来，以便于排除故障。

13. 答：

第一部分是由数控装置生产厂家开发的系统程序，写在 EPROM 中，包括启动程序、基本系统程序、加工循环程序、测量循环程序等。

第二部分包括 NC 机床数据、PLC 机床数据、PLC 报警文本、PLC 用户程序等，由数控设备生产厂针对具体设备而编制，出厂前分别写入 RAM 和 EPROM 中，并提供技术资料予以说明。

第三部分是由设备用户编制的加工程序、刀具补偿参数、零点偏置参数、R 参数等与具体加工密切相关的程序，存储在 RAM 中。

14. 答：

（1）在电源和变频器之间，通常要接入低压断路器与接触器，以便在发生故障时能迅速切断电源，同时便于安装修理。

（2）变频器与电动机之间一般不允许接入接触器。

（3）由于变频器具有电子热保护功能，一般情况下可以不接热继电器。

（4）变频器输出侧不允许接电容器，也不允许接电容式单相电动机。

15. 答：逐步分析每一局部电路之间的控制关系后，还要检查整个控制线路，看是否有遗漏。特别要从整体的角度进一步检查和了解各控制环节之间的联系，达到充分理解原理图中每一部分的作用、工作过程及主要参数的目的。

16. 答:见图 4-10。

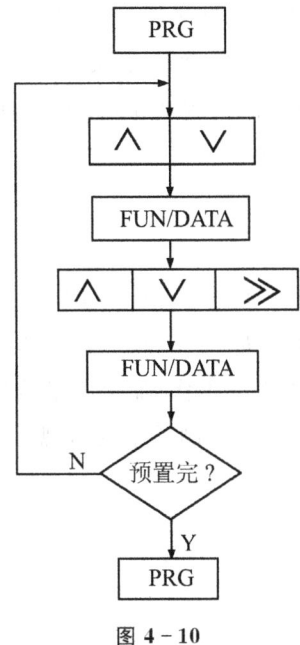

图 4-10

17. 答:求平台值的具体方案是:首先求几个采样值的平均值,接着求出每个采样值与平均值的偏差,从而求出最大偏差,判断最大偏差是否小于给定的误差范围(如 2°C),若超差则舍去最大偏差所对应的采样值,将留下的采样值取平均即为平台值。

18. 答:与其他传动相比,带传动机构简单、成本低。又由于传动带有良好的柔性和弹性,能缓冲吸振,过载后产生打滑,因而可保护薄弱零件不被损坏。带传动多用于两轴中心距离较大的传动,但它的传动比不准确,机械效率低,传动带的寿命较短。

19. 答:555 精密定时器是由端子分压器网络、两个电压比较器、双稳多谐振荡器、放电晶体管和推挽输出级组成。三个电阻器是相等的,用于设置比较器的电平。555 精密定时器可以应用于精密定时脉冲宽度调整、脉冲发生器、脉冲位置调整、定时序列、脉冲丢失检测、延时发生器。

20. 解:

不频繁工作时 $I_{FUN}=(1.5\sim 2.5)I_{MN}=(26.25\sim 43.75)\text{A}$

频繁启动时 $I_{FUN}=(3\sim 3.5)I_{MN}=(52.5\sim 61.25)\text{A}$

21. 答:缓冲电路,是为避免过电流和在器件上产生过高电压以及电压、电流的峰值区同时出现而设置的电路,用于保护 VT1 和 VT2 的。

22. 答:配电柜由上往下的元件排列为:最上面是 $X、Y、Z$ 三个坐标轴的步进驱动装置,下面是 802S 系统,再下面一排是低压断路器、接触器及继电器,最下面是控制变压器和步进驱动的电源变压器,最左面和最下面分别是两排接线端子。

23. 解:

∵ $I_{Z瞬时脱扣} \geq K \times I_{ST}$

当 $K=1$ 时,$I_{Z瞬时脱扣} = K \times I_{ST} = 1 \times I_{ST} = 12.4 \times 5.5 = 68.2A$

当 $K=7$ 时,$I_{Z瞬时脱扣} = K \times I_{ST} = 7 \times I_{ST} = 7 \times 12.4 \times 5.5 = 477.4A$

24. 答:上位机主要负责以下工作:加工质量信息的收集和储存、管理文件的形成、下级计算机动作的监视、控制质量的监视等,以数据处理和监控作为中心任务。

25. 答:

(1) 技术上的先进性。

(2) 经济上的合理性。

(3) 有良好的劳动条件。

26. 答:精益生产管理(简称 LP)是适用于现代制造企业的组织管理方法。这种生产方式是以整体优化的观点,科学、合理地组织与配置企业拥有的生产要素,清除生产过程中一切不产生附加价值的劳动和资源,以"人"为中心,以"简化"为手段,以"尽善尽美"为最终目标,增强企业适应市场的应变能力。

27. 答:精益生产方式是在丰田生产方式的基础上发展起来的,它把丰田生产方式的思维从制造领域扩展到产品开发、协作配套、销售服务、财务管理等各个领域,贯穿于企业生产经营活动的全过程,使其内涵更全面、更丰富,对现代机械、汽车工业生产方式的变革有重要的指导意义。

28. 答:准时化生产方式(JIT)的基本思路是只在需要的时刻生产需要的数量和完美质量的产品和零部件,以杜绝超量生产,消除无效劳动和浪费。

五、论述题

1. 答:

(1) 开机自检。数控系统通电时,系统内部自诊断软件对系统中关键的硬件和控制软件逐一进行检测。一旦检测通不过,就在 CRT 上显示报警信息,指出故障部位。只有开机自检项目全部正常通过,系统才能进入正常运行准备状态。开机自检一般可将故障定位到电路或模块上,有些甚至可定位到芯片上。但在不少情况下只能将故障原因定位在某一范围内,需要通过进一步的检查、判断才能找到故障原因并予以排除。

(2) 实时自诊断。数控系统在运行时,随时对系统内部、伺服系统、I/O 接口以及数控装置的其他外部装置进行自动测试检查,并显示有关状态信息。若检测有问题,则立即显示报警信号及报警内容,并根据故障性质自动决定是否停止动作或停机。检查时,维修人员可根据报警内容,结合实时显示的 NC 内部关键标志寄存器及 PLC 的操作单元状态,进一步对故障进行判断与排除。故障排除以后,报警往往不会自动消除。根据不同的报警,需要按"RESET"或"STOP"软键来消除,或者需用电源复位或关机重新启动的方法消除,以恢复系统运行。

2. 答:

语句号	指令	软元件地址
1.	LD	00
2.	OUT	100
3.	LD	03
4.	AND	31
5.	OR	32
6.	ANI	33
7.	AND	100
8.	OUT	33
9.	LD	04
10.	AND	32
11.	ANI	34
12.	AND	100
13.	OUT	34
14.	END	

3. 答:一张电气设备修理的大修工艺卡包括设备名称、型号、制造厂名、出厂年月、使用单位、大修编号、复杂系数、总工时、设备进场日期、技术人员、主修人员、序号、工艺步骤、技术要求、使用的仪器和仪表、本工序定额、备注等方面的内容,编成表格绘制成卡片。

4. 答:液压系统电气故障的分析方法是多种多样的,这些故障可能是由某一个液压元件失灵引起的,也可能是系统中多个液压元件的综合因素造成的,还可能是因为液压油被污染造成的。即使是同一个故障现象,产生故障的原因也不相同。

特别是现在的许多设备,往往是机械、液压、电气及微型计算机等部分经过一体化设计的共同组合体,产生故障的原因更为复杂。因此,在排除故障时,必须对引起故障的因素逐一分析,注意其内在联系,找出主要矛盾,才能比较容易解决。

在许多情况下,可以尝试用分析电气系统的方法来分析液压系统。例如,将液压回路比作电气回路,将液压泵比作电流源,将单向阀比作单向开关,将压力阀比作可调电压源,将流量阀比作可调电流等。维修技术的许多基本分析方法是互通的,在分析液压系统故障时,充分运用电气系统的维修和检验知识,有利于液压系统的故障维修。

不过,液压系统又有其自身的特点,它的各种元件、辅助机构以及油液大多在封闭的壳体和管道内,既不像机械系统那样可以从外部直接观察,又不像电气系统那样可方便地进行测量,要想准确地判断故障原因、确定排除方法,还需掌握有关流体力学和液压方面的知识,积累油路修理的经验和技巧。

5. 答:见图 4-11。

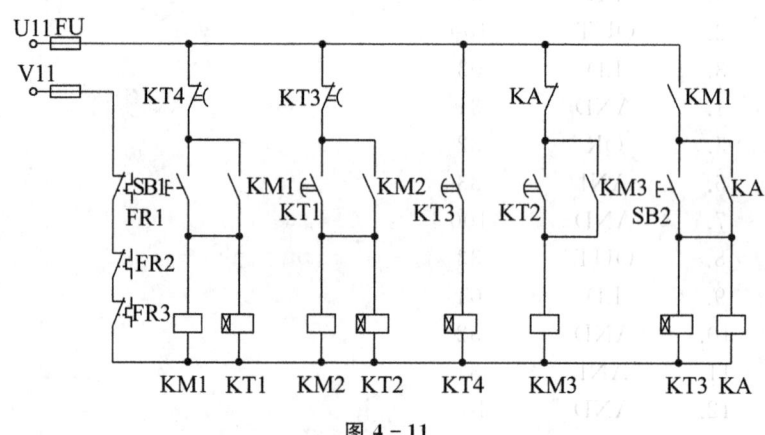

图 4-11

6. 答:

语句号	指令	软元件地址
1.	LD	00
2.	OR	30
3.	AND	01
4.	AND	02
5.	OUT	30
6.	LD	30

7.	ANI	32
8.	OUT	T50
9.	K	5
10.	ANI	T50
11.	OUT	31
12.	LD	T50
13.	OR	32
14.	ANI	30
15.	AND	31
16.	OUT	32
17.	END	

7. 答：

(1) 控制精度的检验。控制精度是指机床三个坐标轴在数控系统的控制下，运动所能达到的位置精度，并以此来判断加工零件时所能达到的精度。检测工具有光学尺、量块、千分尺等，检测等级必须比被测的精度高1~2个等级。依照国家标准 GB/T 7926—1987《电火花线切割机精度》对机床的定位精度、重复定位精度、失动量等指标进行检测。

(2) 加工精度的检测。在国家标准 GB/T 7926—1987《电火花线切割机精度》中也规定了加工精度的标准。需要强调的是，机床的工作环境应符合规定，工件选择热处理变形小、淬透性好的材料（如 Cr12、Cr12MoV），仪器及量具均在检定的有效期内，检验者应熟悉量具的使用及标准的含义。改造机床的系统故障明显减少，稳定性、加工精度、加工效率明显提高，机床的功能比过去更多。

8. 答：见图 4-12。

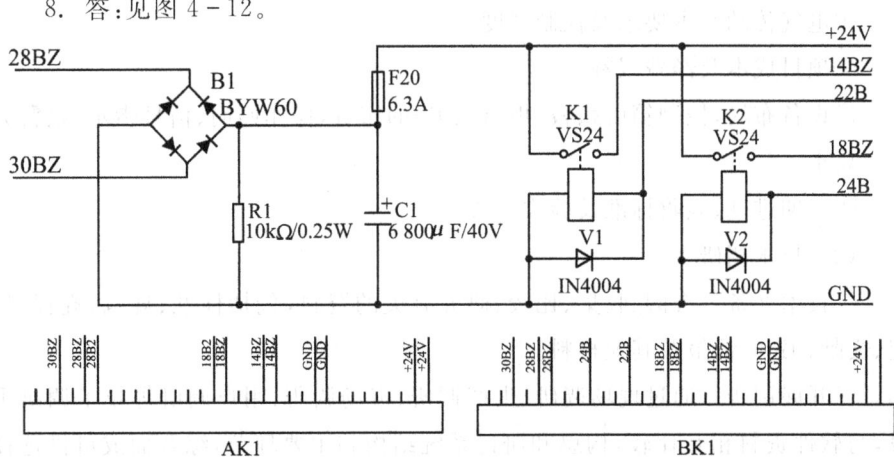

图 4-12

9. 答：

(1) 零件的加工精度差，一般是由于安装调整时，各轴之间的进给动态跟踪误差没调好，或由于使用磨损后，机床各轴传动链有变化（如丝杠间隙、螺距误差变化、轴向窜动等），可经重新调整及修改间隙补偿量来解决。当动态跟踪误差过大而报警时，可检查伺服电动机转速是否过高、位置检测元件是否良好、位置反馈电缆接插件是否接触良好，相应的模拟量输出锁存器、增益电位器是否良好，相应的伺服驱动装置是否正常。

(2) 机床运动时超调引起加工精度不良，可能是加、减速时间太短，可适当延长速度变化时间。也可能是伺服电动机与丝杠之间的连接松动或刚性太差，可适当减小位置环的增益。

(3) 两轴联动时的圆度超差。

①圆的轴向变形。这种变形可能是由于机械未调整好造成轴的定位精度不好，或是丝杠间隙补偿不当，导致过象限时产生圆度误差。

②斜椭圆误差（45°方向上的椭圆）。这时应首先检查各轴的位置偏差，如果偏差过大，可调整位置环增益来排除，然后检查旋转变压器或感应同步器的接口板是否调好，再检查机械传动副间隙是否太大、间隙补偿是否合适。

10. 答：继电—接触器控制系统，从广义和完整的角度讲，系统设计的基本步骤如下：

(1) 明确任务。通过拟订和落实设计任务书等手段，明确该控制系统的设计任务，包括系统的用途、工艺过程、动作要求、传动参数、工作条件，还要明确以下主要技术经济指标：

①电气传动基本要求及控制精度。

②项目成本及经费限额。

③设备布局，控制箱（盒、板、柜、台、屏）的布置，操作照明、信号指示、报警方式等要求。

④工期进度、验收标准及验收方式。

(2) 技术调研。

①技术准备。查阅、收集、比较、研究有关的资料，包括标准、规范、规程、规定、文献、书刊、情报及其他材料。

②开展调研。通过现场调研、生产调研、市场调研、用户调研等技术调研手段，与软件资料相互比较，构思和研讨系统结构和主要环节，综合而成可供选择

的意向方案和规划。

（3）规划初步方案。

①选定初步设计方案,确定系统的构成、电力拖动形式、控制方式,明确主要环节结构、功能及其关系。

②选择电动机的容量、类型、结构形式以及数量等。方案中应尽可能采用新技术、新器件和新的控制方式。

（4）技术设计。设计并绘制电气控制系统图、原理图、接线图;选择设备、元件,编制元器件目录清单;编写技术说明书。这一阶段是继电—接触器控制系统设计的主要阶段,通常设计步骤如下:

①设计各控制环节中拖动电动机的启动、正反转运转、制动、调速、停机的主电路和执行元件的电路。

②设计满足各电动机运转功能和与工作状态相对应的控制电路。

③连接各单元环节,构成满足整机生产工艺要求,实现加工过程所需的自动/半自动和调整功能要求的控制电路。

④设计保护、联锁、检测、信号和照明等环节的辅助电路。

⑤全面检查所设计的电路,力求完善整个控制系统。特别注意在工作过程中不应因误动作或突然失电等异常情况,致使电气控制系统产生事故。

总之,设计电气控制电路时,应反复全面地检查。在有条件的情况下,应进行模拟试验,进一步完善所设计的电气控制电路。

（5）施工设计。继电—接触器控制系统的设计任务进入到工程阶段,是面对生产制造和施工安装而解决工程实际问题的设计步骤。要绘制安装布置图、互连接线图、外部接线图、安装大样图;提出各种材料定额单,编制技术说明、试验验收方法等施工工艺文件。

（6）该控制系统进入总装、调试阶段,要进行模拟负载试验、型式或系统试验,系统试车,竣工验收。最后全面总结。

11. 答:见图 4-13。

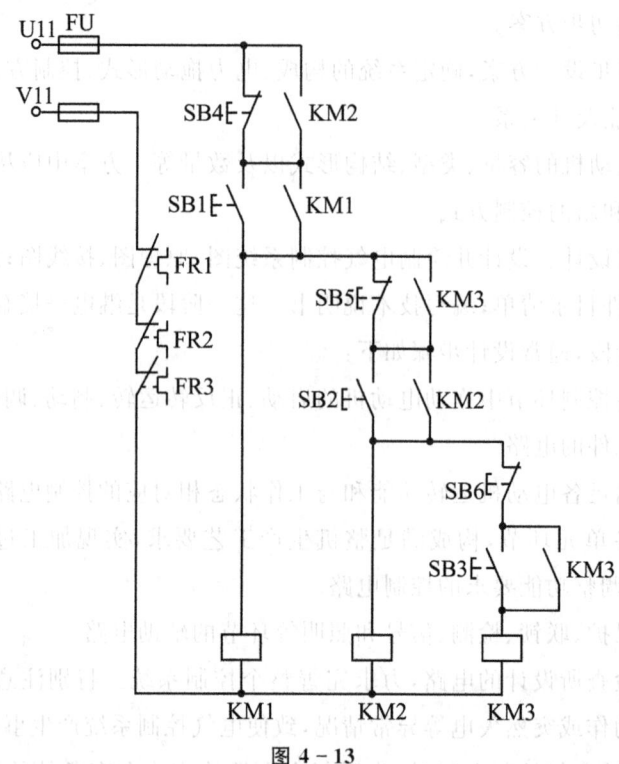

图 4-13

12. 答:

(1) 阅读设备使用说明书,熟悉电气系统的原理及结构。

(2) 查阅设备档案,包括设备安装验收记录、故障修理记录,全面了解电气系统的技术状况。

(3) 现场了解设备状况、存在的问题及生产、工艺对电气的要求。其中,包括操作系统的可靠性;各仪器、仪表、安全联锁装置、限位保护是否齐全可靠;各器件的老化和破损程度以及线路的缺损情况。

(4) 针对现场了解摸底及预检情况,提出大修方案、主要电器的修理工艺以及主要更换件的名称、型号、规格和数量,填写电气修理技术任务书,与机械修理技术任务书汇总一起报送主管部门审查、批准,以便做好生产技术准备工作。

13. 答:

(1) 整机及部件的拆卸程序及拆卸过程中应检测的数据和注意事项。

(2) 主要电气设备、电器元件的检查、修理工艺以及应达到的质量标准。

(3) 电气装置的安装程序及应达到的技术要求。

(4) 系统的调试工艺和应达到的性能指标。

(5) 需要的仪器、仪表和专用工具应另行注明。

(6) 试车程序及需要特别说明的事项。

(7) 施工中的安全措施。

14. 答：

(1) 研究 ISO 9000 族标准，深刻理解其内涵、组成、用途及应用规则。

(2) 组建质量体系机构。

(3) 确定质量体系的要素。

(4) 建立质量体系。其步骤包括选择质量保证模式，合同前的评价，签订合同，对合同草案的评审，供方建立质量体系。

(5) 质量体系的正常运行。包括编制质量体系文件、配备资源和人员、质量体系的运行等工作。

(6) 质量体系的验证。

15. 答：

(1) 以市场需求为依据，最大限度地满足市场多元化的需要。

(2) 产品开发采用并行工程方法，确保质量、成本和用户要求，缩短产品开发周期。

(3) 按销售合同组织多品种、小批量生产。

(4) 生产过程中，将"上道工序推动下道工序"的生产模式变为"下道工序要求拉动上道工序"的生产模式。

(5) 以"人"为中心，充分调动人的积极性，普遍推行多机操作、多工序管理，提高劳动生产率。

(6) 追求无废品、零库存，降低生产成本。

(7) 消除一切影响工作的"松弛点"，以最佳工作环境、条件和最佳工作态度从事最佳工作。

第五章 操作技能试题精选

第一节 设计、安装与调试(模块一)

一、用PLC进行控制线路的设计、安装与调试

试题1 用PLC改造图5-1所示的继电—接触式电气控制电路,并进行安装与调试。

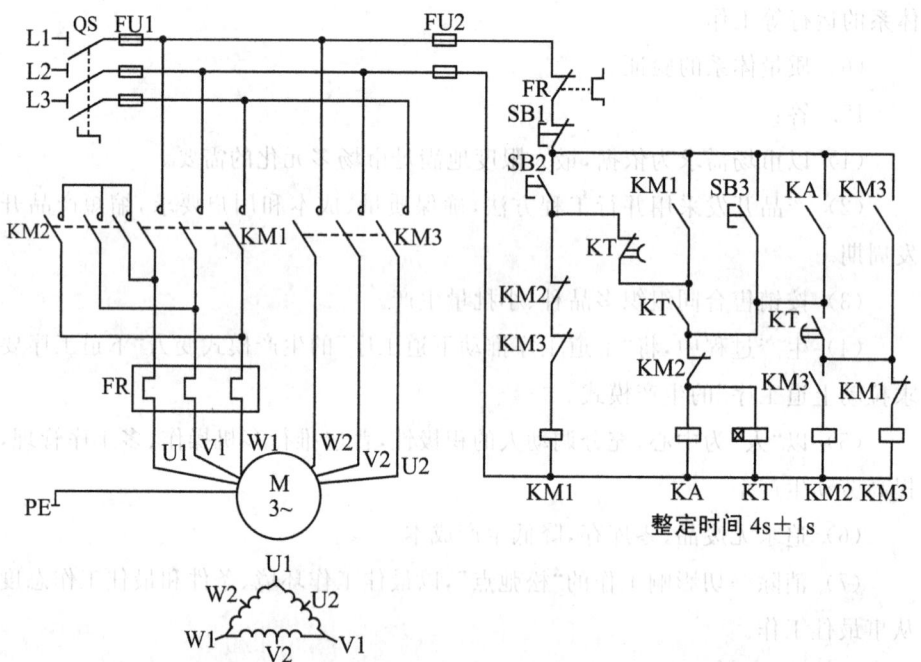

图5-1 双速三相交流异步电动机低速、高速自动变速控制电路原理图

- 本题分值:50分。
- 考核时间:210min。
- 考核形式:现场操作。

● 考核内容及要求。

(1) 用 PLC 控制图 5-1 所示电路,要求增加点动或停车电气制动功能,有电源指示、低速运行指示、高速运行指示、点动或停车制动指示,并且进行安装与调试。

(2) 电路设计。

①根据任务,设计用 PLC 控制的主/控电路图(或控制系统框图)。

②有短路、过载及必要的联锁保护功能等。

③填写《材料申领单》。

④列出 PLC 控制 I/O 接口(输入/输出)地址分配表(或现场元件信号对照表)。

⑤绘制 PLC 控制 I/O 接口(输入/输出)接线图。

⑥根据工艺要求,设计梯形图。

⑦根据梯形图,列出指令表。

(3) 安装与接线。

①按主/控电路图及 PLC 控制 I/O 接口(输入/输出)接线图,在机架或模拟配线板上安装与接线。

②如在模拟配线板上安装,将熔断器、接触器、PLC 装在主接线板上;将转换开关、按钮等外接器件装在另一块配线板上。

(4) PLC 键盘操作。

①熟练操作键盘。

②能正确地将所编程序输入 PLC。

③按照被控设备的动作要求模拟调试,达到设计要求。

(5) 通电试验。

①正确使用电工工具及万用表。

②仔细进行检查,有步骤地进行通电试验,达到项目功能要求。

③注意人身和设备安全,遵守安全操作规程。

● 考场设备、材料准备要求。"用 PLC 改造双速三相交流异步电动机低速、高速自动变速控制电路"的考场设备、材料准备要求见表 5-1。

表 5-1 设备、材料准备要求一览表

序号	名 称	型号与规格	单位	数量	备 注
1	三相四线交流电源	交流 3×380/220V、20A	处	1	
2	万用表	自定	只	1	备用
3	双速电动机	YD123M—4/2、6.5 kW/8 kW、△/2Y、13.8 A/17.1 A、1 450r/min/2 880r/min 或自定	台	1	
4	控制柜或机架（配线板）	控制柜或机架自定（配线板尺寸：600mm×600mm×20mm）	台（或块）	1	配线板安装时，用2块
5	可编程序控制器及配件（或已完成单独配线的PLC模块）	FX2N—48MR 或自定	台	1	1. PLC 可以是已完成电源配线，并带独立电源开关的模块 2. 输入、输出点已引出到端子排并加以保护
6	便携式编程器	FX2—20P 或自定	台	1	
7	热继电器	JR16—20/3，整定电流13.8A 和 17.1A 各一只	只	3	
8	组合开关	HZ10—25/3	只	1	
9	交流接触器	CJ10—10，线圈电压220V；或 CJ10—20，线圈电压220V	只	3	
10	指示灯	自定	只	6	
11	熔断器及熔芯配套	RL1—60/40A 或自定	套	3	
12	熔断器及熔芯配套	RL1—15/4A	套	3	
13	三联按钮	LA10—3H 或 LA4—3H	只	2	
14	接线端子排	JX2—1015，500V（10A、15节）	条	4	
15	木螺丝	$\phi 3 \times 20$mm、$\phi 3 \times 15$mm	只	30	
16	平垫圈	$\phi 4$mm	只	30	
17	塑料软铜线	BVR—2.5mm² 或自定	m	20	
18	塑料软铜线	BVR—1.5mm²	m	20	
19	塑料软铜线	BVR—0.75mm² 或自定	m	1	
20	别径压端子	UT2.5—4、UT1—4	只	20	

续表

序号	名　称	型号与规格	单位	数量	备　注
21	行线槽	TC3025,长自定,两边打 ϕ3.5mm 孔	m	5	
22	异型塑料管	ϕ3.5mm	m	0.2	
23	绘图纸	B4	张	6	

● 配分、评分标准。"用 PLC 改造双速三相交流异步电动机低速、高速自动变速控制电路"配分、评分标准见表 5-2。

表 5-2　配分、评分标准一览表

序号	主要内容	考核要求	评分标准	配分	扣分	得分
1	电路设计	根据任务： 1. 设计主/控电路图（或系统框图），列出 PLC 控制 I/O 接口（输入/输出）元件地址分配表 2. 根据加工工艺，设计梯形图及 PLC 控制 I/O 接口（输入/输出）接线图 3. 根据梯形图，列出指令表 4. 列元件材料申领单	1. 电气控制主/控电路图（或系统框图）设计不全或设计错误，每处扣 1 分；材料申领单有错，每处扣 1 分 2. 输入/输出地址遗漏或搞错，每处扣 1 分 3. 梯形图表达不正确或画法不规范，每处扣 1 分 4. 接线图表达不正确或画法不规范，每处扣 1 分 5. 指令有错，每条扣 1 分 注：限时 60min	20		
2	安装与接线	1. 按主/控电路图及 PLC 控制 I/O 接口（输入/输出）接线图，在机架或模拟配线板上正确安装 2. 元件在机架或配线板上布置要合理，安装要准确、紧固，配线导线要紧固、美观，导线要进行线槽，导线要有端子标号，引出端要用别径压端子	1. 元件布置不整齐、不匀称、不合理，每个扣 1 分 2. 元件安装不牢固、安装元件时漏装木螺丝，每个扣 0.5 分 3. 损坏元件扣 2 分 4. 电机运行正常，如不按电气原理图接线扣 1 分 5. 布线不进行线槽，不美观，主电路、控制电路每根扣 0.5 分 6. 接点松动、露铜过长、反圈、压绝缘层，标记线号不清楚、遗漏或误标，引出端无别径压端子，每处扣 0.5 分 7. 损伤导线绝缘或线芯，每根扣 0.5 分 8. 不按 PLC 控制 I/O（输入/输出）接线图接线，每处扣 2 分 注：限时 110min,超时酌情扣分	10		

续表

序号	主要内容	考核要求	评分标准	配分	扣分	得分
3	程序输入及调试	1. 熟练正确地将所编程序输入PLC 2. 按照被控设备的动作要求进行模拟调试,达到设计要求	1. 不会熟练操作PLC键盘输入指令扣2分 2. 不会用删除、插入、修改等命令,每项扣2分 3. 一次试车不成功扣4分;两次试车不成功扣8分;三次试车不成功扣10分 注:限时40min,超时酌情扣分	20		
4	安全文明生产	1. 劳动保护用品穿戴整齐 2. 电工工具佩带齐全 3. 遵守操作规程 4. 尊重考评员,讲文明礼貌 5. 考试结束要清理现场	1. 考试中,违反安全文明生产考核要求的任何一项扣2分,扣完为止 2. 考生在不同技能试题中,违反安全文明生产考核要求同一项内容的,要累计扣分 3. 当考评员发现考生有重大事故隐患时,要立即予以制止,并每次扣考生安全文明生产总分5～10分,情节严重的取消本次考试资格	倒扣		
		合　计		50		
评分记录			考评员签字		年　月　日	

评分人:　　年　月　日　　　核分人:　　　　　　年　月　日

试题 2　用 PLC 进行图 5-2 所示三相交流异步电动机 Y—△减压启动、停车能耗制动控制电路的设计、安装与调试。

● 本题分值:50分。

● 考核时间:210min。

● 考核形式:现场操作。

● 考核内容及要求。

(1) 用 PLC 控制图 5-2 所示电路,要求增加点动功能,有电源指示、运行指示、点动或停车制动指示,并且进行安装与调试。

(2) 电路设计、安装与接线、PLC 键盘操作、通电试验要求同试题 1。

● 考场设备、材料准备要求。"用 PLC 改造三相交流异步电动机 Y—△减压启动、停车能耗制动控制电路"考场设备、材料准备要求见表 5-3。

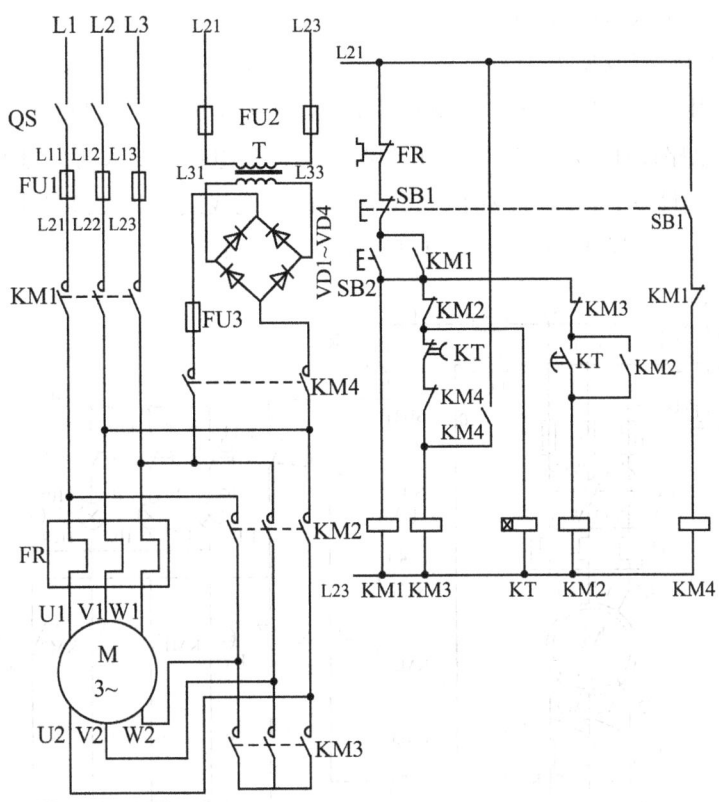

图 5-2 三相交流异步电动机 Y—△减压启动、停车能耗制动控制电路原理图

表 5-3 设备、材料准备要求一览表

序号	名 称	型号与规格	单位	数量	备注
1	三相电动机	Y112M—4,4kW,380V、△接法或自定	台	1	
2	交流接触器	CJ10—10,线圈电压 220V；或 CJ10—20,线圈电压 220V	只	4	
3	热继电器	JR16—20/3	只	1	
其他仪器设备及材料工具		同试题 1			

● 配分、评分标准。"用PLC改造三相交流异步电动机Y—△减压启动、停车能耗制动控制电路"配分、评分标准同试题 1。

试题 3 用PLC进行绕线式三相交流异步电动机三级启动控制线路的设计，并进行安装与调试（图 5-3）。

● 本题分值：50 分。

● 考核时间：240min。

● 考核形式：现场操作。

● 考核内容及要求。

（1）用PLC控制图5-3所示电路，要求增加点动功能，并且进行安装与调试。

（2）电路设计、安装与接线、PLC键盘操作、通电试验要求同试题1。

● 考场设备、材料准备要求。"用PLC改造绕线式三相交流异步电动机三级启动控制线路"考场设备、材料准备要求见表5-4。

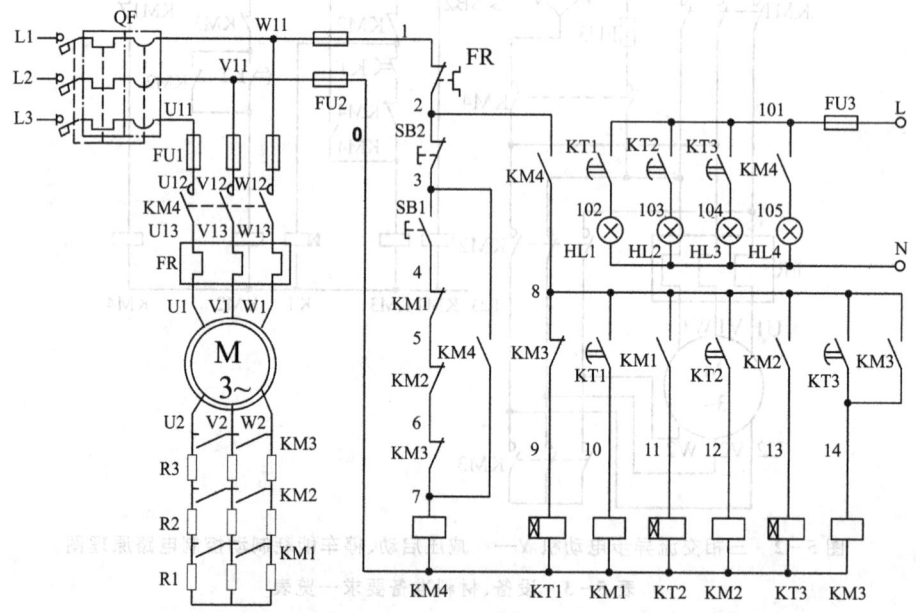

图5-3 绕线式三相交流异步电动机三级启动控制线路原理图

表5-4 设备、材料准备要求一览表

序号	名称	型号与规格	单位	数量	备注
1	绕线式三相电动机	自定	台	1	
2	交流接触器	CJ10—10,线圈电压220V；或 CJ10—20,线圈电压220V	只	4	
3	热继电器	JR16—20/3	只	1	
其他仪器设备及材料工具		同试题1			

● 配分、评分标准。"用PLC改造绕线式三相交流异步电动机三级启动控制线路"配分、评分标准同试题1（其中安装与接线时间增加30min）。

试题 4 用 PLC 设计继电—接触式电气控制系统并装接调试。

● 本题分值:50 分。
● 考核时间:240min。
● 考核形式:现场操作。
● 考核内容及要求。

(1) 用 PLC 可编程序控制器设计,以实现某机床液压及主轴电动机启、停控制,具体要求如下:

①考虑到机床工作前需要充分润滑,必须先启动油泵电动机。

②启动油泵电动机 5s 钟后,如机床液压系统压力继电器 SP 动作(压力达到标准),用闪烁的绿色指示灯(闪烁频率为 2Hz)提示操作者。可手动操作启动主轴电动机。主轴电动机启动后,闪烁的绿色指示灯应熄灭。

③由于主轴电动机功率较大,启动时负载轻,故采用 Y—△减压启动方式。

④机床停止工作时,必须先停止主轴电动机,2s 钟后再停止油泵电动机。

⑤油泵电动机启动 5s 钟后,如压力继电器 SP 不动作,30s 钟后油泵电动机停车锁死,并用红色指示灯闪烁(闪烁频率为 1Hz),指示液压系统需要维修。

⑥设置机床重新启动开关,液压系统维修结束,使闪烁的红色指示灯熄灭,同时允许液压系统维修后的机床可重新启动。

⑦要求有电源指示、油泵电动机运行指示、主轴电动机运行指示。

⑧有短路、过载及必要的联锁保护功能等。

⑨在规定时间内完成安装和调试。

(2) 电路设计、安装与接线、PLC 键盘操作、通电试验要求同试题 1。

● 考场设备、材料准备要求。"用 PLC 设计继电—接触式电气控制系统并装接调试"考场设备、材料准备要求见表 5-5。

表 5-5 设备、材料准备要求一览表

序号	名　称	型号与规格	单位	数量	备　注
1	三相电动机	Y112M—4,4 kW、380V、△接法或自定	台	2	
2	交流接触器	CJ10—10,线圈电压 220V;CJ10—20,线圈电压 220V;或 CCJ20 系列	只	5	
3	指示灯	自定	只	7	

续表

序号	名称	型号与规格	单位	数量	备注
4	热继电器	JR16—20/3，整定电流 8.8 A	只	2	
5	熔断器及熔芯配套	RL1—60/20 A	套	6	
6	熔断器及熔芯配套	RL1—15/4 A	套	2	
7	三联按钮	LA10—3H 或 LA4—3H	只	2	
其他仪器设备及材料工具		同试题 1			

● 配分、评分标准。"用 PLC 设计继电—接触式电气控制系统并装接调试"配分、评分标准同试题 1（其中电路设计 70min，安装与接线时间 130min，程序输入及调试 40min）。

试题 5 对图 5-4 所示的继电—接触式控制电路进行 PLC 改造设计，并完成安装与调试。

● 本题分值：50 分。

● 考核时间：240min。

● 考核形式：现场操作。

● 考核内容及要求。

(1) 图 5-4 所示为继电—接触式电气控制电路，M 为三相交流双速异步电动机，型号为 YD123M—4/2、6.5kW/8 kW、△/2Y、13.8A/17.1A、1 450r/min/2 880r/min，PLC 改造后具有以下要求：

①增加低速运行功能。

②当双速异步电动机已启动 5s 以上、处于低速运行状态时，按高速启动按钮，应直接转入高速运行状态。

③增加过载运行红色指示灯闪烁报警功能（闪烁频率 2Hz）。当过载消除后，红色指示灯停止闪烁。

④增加电源指示、低速运行指示、高速运行指示功能。

⑤要求在规定时间内完成安装和调试。

(2) 电路设计、安装与接线、PLC 键盘操作、通电试验要求同试题 1。

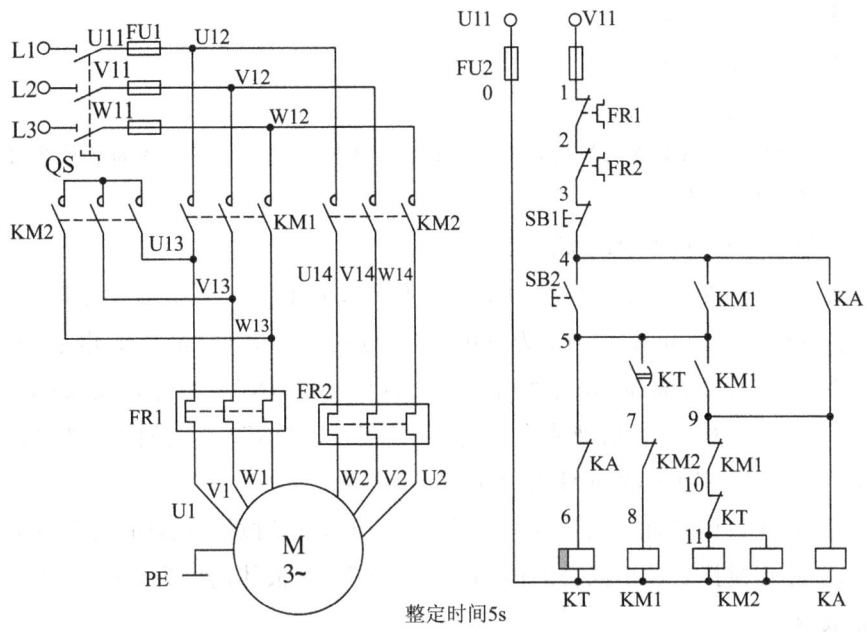

图 5-4 双速三相交流异步电动机自动变速控制电路原理图

● 考场设备、材料准备要求。"图 5-4 所示的继电—接触式控制电路进行 PLC 改造设计,并完成安装与调试"考场设备、材料准备要求见表 5-6。

表 5-6 设备、材料准备要求一览表

序号	名称	型号与规格	单位	数量	备注
1	交流接触器	CJ10—10,线圈电压 220V;或 CJ10—20,线圈电压 220V	只	4	
2	三联按钮	LA10—3H 或 LA4—3H	只	2	
3	指示灯	自定	只	6	
其他仪器设备及材料工具		同试题 1			

● 配分、评分标准。"对图 5-4 所示的继电—接触式控制电路进行 PLC 改造设计,并完成安装与调试"配分、评分标准同试题 1(其中电路设计 70min,安装与接线时间 130min,程序输入及调试 40min)。

试题 6 用 PLC 控制三种液体自动混合的设计,并进行模拟安装与调试(图 5-5)。

● 本题分值:50 分。

● 考核时间:210min。

● 考核形式：现场操作。

● 考核内容及要求。

(1) 电气控制工艺过程。

①初始状态：Y1、Y2、Y3、Y4 电磁阀和搅拌机均为"OFF"，液面传感器 L1、L2、L3 均为"OFF"。

②启动运行：按下启动按钮。

a. 电磁阀 Y1 闭合（Y1 为"ON"），开始注入液体 A，至液面高度为 L3（此时 L3 为"ON"）时，停止注入（Y1 为"OFF"）。延时 0.5s，开启液体 B 电磁阀 Y2（Y2 为"ON"）注入液体 B，当液面升至 L2（L2 为"ON"）时，停止注入（Y2 为"OFF"）。延时 0.5s，开启液体 C 电磁阀 Y3（Y3 为"ON"）注入液体 C，当液面升至 L1（L1 为"ON"）时，停止注入（Y3 为"OFF"）。

b. 停止液体 C 注入后，延时 1s，启动电动机，开始搅拌，混合时间为 10s。

c. 停止搅拌后放出混合液体（Y4 为"ON"），至液体高度为 L3 后，再经 5s 停止放液体。

(2) 电路设计、安装与接线、PLC 键盘操作、通电试验要求同试题 1。

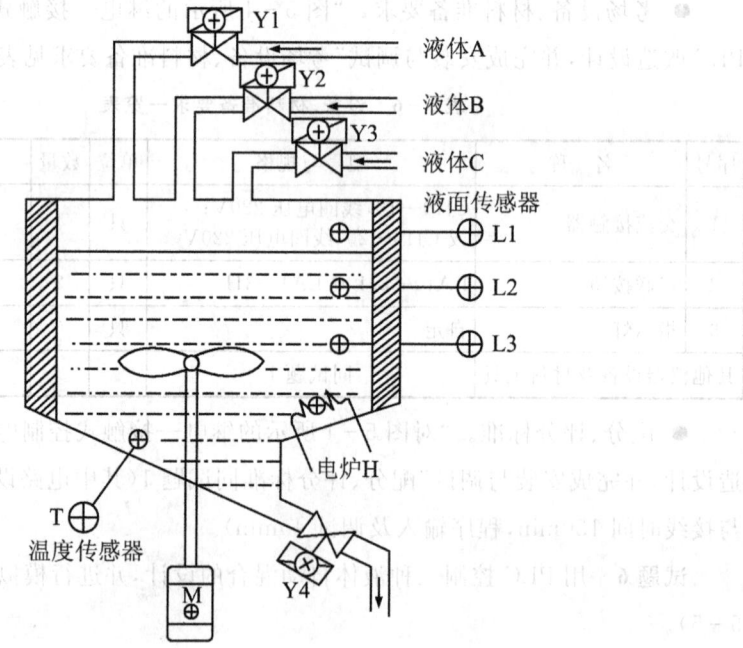

图 5-5 三种液体自动混料加工加工罐剖面示意图

● 考场设备、材料准备要求。"用 PLC 控制三种液体自动混合的设计,并进行模拟安装与调试"考场设备、材料准备要求见表 5-7。

图 5-7 设备、材料准备要求一览表

序号	名称	型号与规格	单位	数量	备注
1	三相电动机	自定	台	1	
2	模拟开关	自定(如按钮等)	只	10	
3	交流接触器	CJ10—10,线圈电压 220V;或 CJ10—20,线圈电压 220V;或 CCJ20 系列	只	5	
4	三联按钮	LA10—3H 或 LA4—3H	只	2	
其他仪器设备及材料工具		同试题 1			

● 配分、评分标准。"用 PLC 控制三种液体自动混合的设计,并进行模拟安装与调试"配分、评分标准同试题 1。

试题 7 用 PLC 设计一套三级皮带运输机的控制,并完成安装与调试。

● 本题分值:50 分。

● 考核时间:180min。

● 考核形式:现场操作。

● 考核内容及要求。

(1) 电气控制工艺流程。为了避免物料在运输途中堆积,实现正常传输,完成皮带运输的三台拖动电动机 M1、M2 和 M3 启动时要按一定时间间隔顺序启动:M1 $\xrightarrow{间隔5s}$ M2 $\xrightarrow{间隔5s}$ M3;停车时也按一定时间间隔逆序停车:M3 $\xrightarrow{间隔10s}$ M2 $\xrightarrow{间隔10s}$ M1。

(2) 电路设计、安装与接线、PLC 键盘操作、通电试验要求同试题 1。

● 考场设备、材料准备要求。"用 PLC 设计一套三级皮带运输机的控制,并完成安装与调试"考场设备、材料准备要求见表 5-8。

表 5-8 设备、材料准备要求一览表

序号	名称	型号与规格	单位	数量	备注
1	三相电动机	自定	台	3	
2	模拟开关	自定(如按钮等)	只	4	
3	交流接触器	CJ10—10,线圈电压 220V;或 CJ10—20,线圈电压 220V;或 CCJ20 系列	只	4	

续表

序号	名称	型号与规格	单位	数量	备注
4	三联按钮	LA10—3H 或 LA4—3H	只	2	
其他仪器设备及材料工具		同试题1			

● 配分、评分标准。"用 PLC 设计一套三级皮带运输机的控制,并完成安装与调试"配分、评分标准同试题1(其中电路设计 45min,安装与接线时间 100min,程序输入及调试 35min)。

二、用 PLC、变频器对控制对象(如工作台的往复运动、运行速度等)进行控制,并进行模拟安装调试

试题 8 用 PLC、变频器控制运料小车运动装置的设计,并进行安装与调试(图 5-6)。

● 本题分值:50 分。
● 考核时间:180min。
● 考核形式:现场操作。
● 考核内容及要求。

(1) 电气控制工艺过程。其中,启动按钮 SB1 用来开启运料小车,停止按钮 SB2 用来手动停止运料小车,小车运行到位用左右限位开关模拟,小车移动电动机由变频器供电,设计不考虑工频电源引入小车方法。其工艺流程如下:

按 SB1,小车从原点启动,第一次右行,要求控制小车运行电动机的转速 n 为 1 400r/min,使小车向前运行直到碰到 SQ2,开关停止,KM1 接触器吸合,使料斗开启 7s 装料。随后小车返回原点,要求控制小车运行电动机的转速为 700r/min,直到碰到 SQ1,开关停止,KM2 接触器吸合,使小车卸料 5s 后完成第一次任务。然后,小车开始第二次右行,要求控制小车运行电动机转速为 1 000r/min,使小车向前运行直到碰到 SQ2,开关停止,KM1 接触器吸合,使料斗开启 7s 装料。随后小车返回原点,要求控制小车运行电动机转速为 500r/min,直到碰到 SQ1,开关停止,KM2 接触器吸合,使小车卸料 5s 后完成第二次任务。

(2) 电路设计。

①要求按工艺流程连续运行,小车不在原位不能启动,如小车不在原位,按停止按钮可回到原点。同时要求:小车第一次向右运动时,变频器升速时间为 3s,停止时的减速时间为 2s;第二次向右运动时,升速时间为 2s,到料斗处停止,

减速时间为1s。向左运动及下料不作要求。

②根据工艺流程要求,按照国家电气绘图规范,设计绘制PLC、变频器控制的电路图。

③列出PLC控制I/O接口(输入/输出)元件地址分配表(或现场元件信号对照表)。

④绘制PLC、变频器控制I/O接口(输入/输出)接线图。

⑤填写《材料申领单》及写出变频器需要设定的参数。

⑥根据加工工艺设计梯形图,再根据梯形图列出指令表。

(3) 安装与接线。按PLC控制I/O接口(输入/输出)、变频器接线图在模拟配线板上正确安装,把元件安装在配线板上,布置要合理,安装要正确、紧固,配线导线要紧固、美观,导线要进行线槽,进、出端子排的导线要有端子标号,引出端要用别径压端子。

(4) 键盘操作。电脑编程操作熟练,能正确地将所编程序输入PLC;变频器参数的键盘设定操作熟练,能正确输入参数。按照被控设备的工艺要求进行模拟调试,达到设计要求。

(5) 通电试验。能正确使用电工工具及万用表进行仔细检查,要求通电试验一次成功,并注意人身和设备安全。

● 考场设备、材料准备要求。"用PLC、变频器控制运料小车运动装置的设计,并进行安装和调试"考场设备、材料准备要求见表5-9。

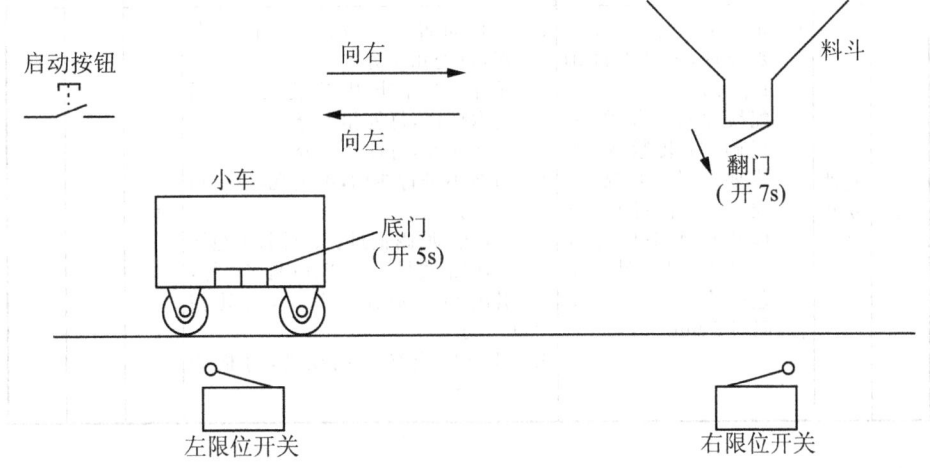

图 5-6 运料小车运行示意图

表5-9 设备、材料准备要求一览表

序号	名称	型号与规格	单位	数量	备注
1	变频器	JPC6—T6或自定	台	1	
2	运料小车模拟装置	自定(或三相异步电动机及接触器通断模拟)	台	1	
3	三相异步电动机	Y112M—4,4kW,380V,△接法或自定	台	1	
其他仪器设备及材料工具		同试题1			

● 配分、评分标准。"用PLC、变频器控制运料小车运动装置的设计,并进行安装和调试"配分、评分标准见表5-10。

表5-10 配分、评分标准一览表

序号	主要内容	考核要求	评分标准	配分	扣分	得分
1	电路设计	1. 根据运料小车运动控制要求,按国家电气绘图规范及标准,绘制PLC、变频器控制的电路图 2. 写出变频器需要设定的参数 注:限时70min	1. 绘制电路图不规范、不标准,每一处扣1分 2. 接线图表达不正确或画法不规范,每处扣1分 3. PLC输入/输出地址遗漏或搞错,每处扣1分 4. 梯形图表达不正确或画法不规范,每处扣1分 5. 指令有错,每条扣1分 6. 电路设计有错,每错一处扣1分 7. 列出变频器的设定参数时有错误或遗漏,缺一处或错一处扣1分	15		
2	元件安装接线	1. 元件在配电板上布置要合理,安装要准确紧固、美观 2. 配线要求操作熟练、正确,安装紧固,配线要平直、美观,接线要正确、可靠,整体装接水平要达到正确性、可靠性、工艺性的要求 注:限时70min	1. 元件布置不整齐、不匀称、不合理,每处扣1分 2. 元件安装不牢固、安装元件时漏装木螺钉,每处扣1分 3. 损坏元件,每件扣2分 4. 布线不进行线槽,不美观,每根扣0.5分 5. 接点松动、露铜过长、反圈、压绝缘层、标记线号不清楚、遗漏或误标、引出端无别径压端子,每处扣0.5分 6. 损伤导线绝缘或线芯,每根扣0.5分	15		

续表

序号	主要内容	考核要求	评分标准	配分	扣分	得分
3	程序输入及调试	1. 熟练、正确地将所编程序输入 PLC 2. 操作变频器参数设定的键盘,并能正确输入参数 3. 互连 PLC、变频器与外接线路板,联调达到设计要求 4. 按照被控设备的动作要求进行正确调试 注:限时 40min,超时酌情扣分	1. 不会熟练操作 PLC 键盘输入指令扣 2 分;使用变频器的操作键盘不熟练扣 3 分 2. 不会用删除、插入、修改等命令扣 2 分 3. 调试时,没有严格按照被控制设备的要求进行而达不到设计要求,每少一项功能扣 3 分 4. 一次试车不成功扣 4 分;两次试车不成功扣 8 分;三次试车不成功扣 10 分	20		
4	安全文明生产	1. 劳动保护用品穿戴整齐 2. 电工工具佩带齐全 3. 遵守各项安全操作规程 4. 尊重考评员,讲文明礼貌 5. 考试结束要清理现场	1. 违反安全文明生产考核要求的任何一项扣 2 分 2. 当考评员发现考生有重大人身事故隐患时,要立即予以制止,扣 2~10 分 3. 以上内容从本项目总分扣除,扣完为止 4. 要求遵守考场纪律,不能出现重大事故。出现严重违反考场纪律的行为或发生重大事故,本次技能考核视为不合格	倒扣		
		合　　计		50		
评分记录			考评员签字 　　　　年　月　日			

评分人:　　　年　月　日　　核分人:　　　年　月　日

试题9 用 PLC 和变频器联机实现龙门刨床床身速度控制工艺流程的设计,并完成模拟安装与调试(图 5-7)。

● 本题分值:50 分。

● 考核时间:180min。

● 考核形式:现场操作。

● 考核内容及要求。

(1) 电气控制工艺过程。

①图 5-7 所示为龙门刨床床身速度控制工艺流程图,在床身运动起始位置设位置开关 SQ1,正向运动第一次变速位置设位置开关 SQ2,正向运动第二次变

速位置设位置开关 SQ3,运动终点位置设位置开关 SQ4,并同时设终端极限开关 SQ7。

②从正向运动转变为反向运动时要求停 2s;反向运动碰到位置开关 SQ5,为反向第一次减速;碰到位置开关 SQ6,为反向第二次减速;碰到起始位置开关 SQ1,完成一次循环,并同时设终端极限开关 SQ8。

③设置启动按钮 SB1,停止按钮 SB2。

④当工作台在任何位置时,按停止按钮后必须回到运动起始点。

⑤工作台的运动用三相交流异步电动机的正反转模拟。

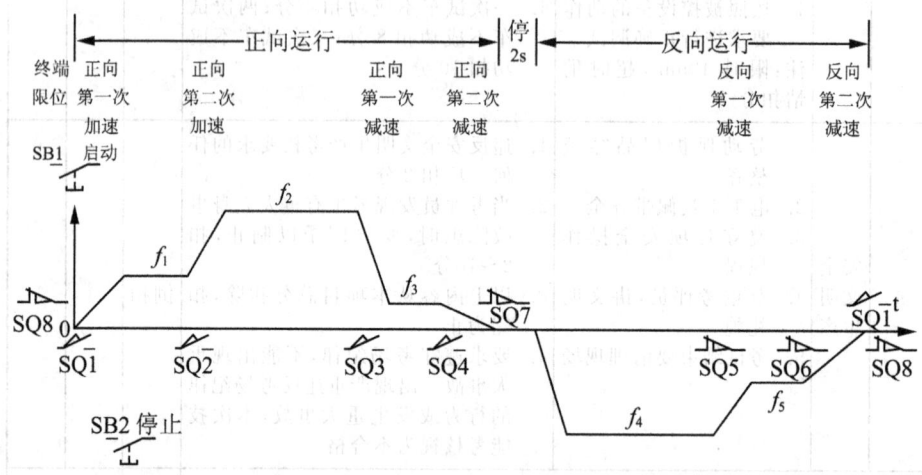

图 5-7 龙门刨床床身速度工艺流程图

(2) 电路设计。根据工艺要求,按照国家电气绘图规范,设计绘制 PLC、变频器控制的电路图,列出 PLC 控制 I/O 接口(输入/输出)元件地址分配表,写出变频器需要设定的参数。根据加工工艺设计梯形图,再根据梯形图列出指令表。

(3) 变频器频率设定。f_1:20Hz;f_2:35Hz;f_3:10Hz;f_4:45Hz;f_5:15Hz。正向运动第一升速时间 2s,第二升速时间 1s,第一减速时间 1.5s,第二减速时间 2s;反向运动升速时间 2s,第一减速时间 1.5s,第二减速时间 2s。

(4) 安装与接线。按 PLC 控制 I/O 接口(输入/输出)、变频器接线图在模拟配线板上正确安装,把元件安装在机架或配线板上,布置要合理,安装要准确、紧固,配线导线要紧固、美观,导线要进行线槽,进、出端子排的导线要有端子标号,引出端要用别径压端子。

(5) 键盘操作。电脑编程操作熟练,能正确地将所编程序输入 PLC;变频器参数的键盘设定操作熟练,能正确输入参数。按照被控设备的工艺要求进行模拟调试,达到设计要求。

(6) 通电试验。能正确使用电工工具及万用表进行仔细检查,要求通电试验一次成功,并注意人身和设备安全。

说明:考场设备、材料准备要求,配分、评分标准同试题8(其中位置开关为8个)。

三、工业组态软件+PLC进行控制线路的设计及模拟调试

工业组态软件+PLC进行控制线路的设计及模拟调试试题可参考高级技师操作技能鉴定精选试题内容。

有关生产过程多站式PLC控制的设计及联调类题目,根据各鉴定所(站)的设备条件,由各鉴定所(站)出题组织复习。

四、较复杂电子线路的安装调试

试题10 安装与调试图5-8所示的小容量直流调压电路。

- 本题分值:50分。
- 考核时间:180min。
- 考核形式:现场操作。
- 考核内容及要求。

(1) 由于图5-8所示电路的控制电压太大,考生要用提供的现成元件对电路稍做改进(提示:可用两只二极管)。当出现发光二极管VD5常亮时,也应采取相应措施改进(电路未做改进,作电路功能不全处理)。

(2) 装接前要先检查元器件的好坏,核对元件数量和规格。如在调试中发现元器件损坏,则按损坏元器件扣分。

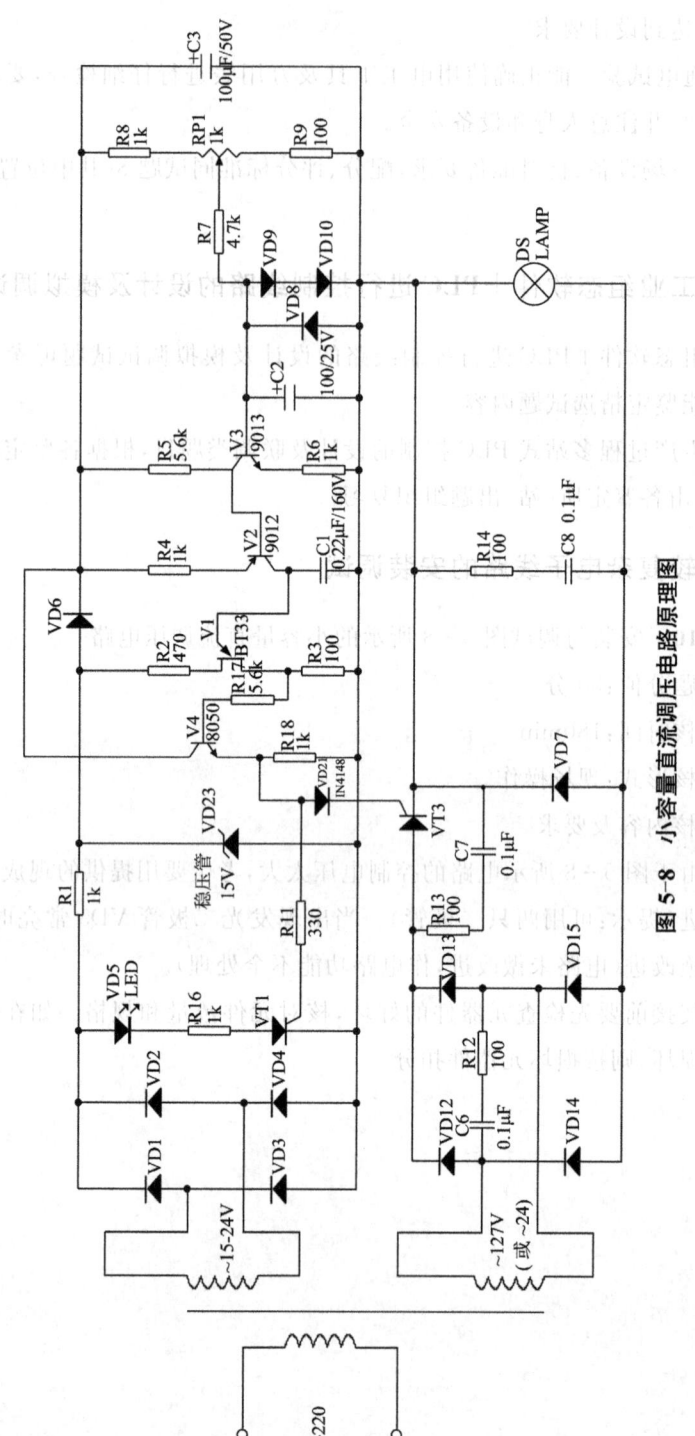

图 5-8 小容量直流调压电路原理图

(3) 在规定时间内,按图纸的要求对电路进行正确、熟练地安装,能正确连接仪器与仪表进行调试。

(4) 测量单结晶体管发射极信号波形 u_e、控制角 $\alpha=45°$ 时的负载波形及晶闸管 VT3 两端电压波形。

(5) 正确使用工具和仪表,装接质量可靠,装接技术符合工艺要求。

(6) 符合安全文明操作规范。

● 考场设备、材料准备要求。"小容量直流调压电路安装与调试"考场设备、材料准备要求见表 5-11。

表 5-11 设备、材料准备要求一览表

序号	名称	型号与规格	单位	数量	备注
1	单相双绕组变压器	220V/15V～24V 两组	只	1	一组代替交流 127V
2	二极管 VD1～VD4、VD6	1N4004	只	8	
3	二极管 VD7、VD12～VD15	1N4007	只	8	
4	二极管 VD8、VD9、VD10、VD21	1N4148	只	4	
5	晶闸管 VT1、VT3	3CT,3～5A/500V 或自定	只	2	
6	稳压二极管 VD23	15V	只	1	
7	发光二极管 VD5	HFW314001,绿	只	1	
8	单结晶体管 V1	BT33	只	1	
9	三极管 V2	9012	只	1	
10	三极管 V3	9013	只	1	
11	三极管 V4	8050	只	1	
12	电阻 R1	1kΩ、0.5W	只	5	
13	电位 R2	470Ω、0.25W	只	1	
14	电位 R3、R9	100Ω、0.25W	只	3	
15	电位 R4、R8、R18	1kΩ、0.25W	只	3	
16	电阻 R5、R17	5.6kΩ、0.25W	只	2	
17	电阻 R6	1kΩ、0.25W	只	1	
18	电阻 R7	4.7kΩ、0.25W	只	1	
19	电阻 R11	330Ω、0.25W	只	1	
20	电阻 R16	1kΩ、1W	只	1	

续表

序号	名称	型号与规格	单位	数量	备注
21	电阻 R12、R13、R14	100Ω、0.5 W	只	3	
22	可调电位器 RP1	1kΩ、0.5 W	只	1	
23	电容 C1	0.22μF/160V	只	1	
24	电容 C2、C3	100μF/50V（CD11）	只	2	
25	电容 C6、C7、C8	0.1μF/63V（CT4）	只	3	
26	小灯泡及灯座	2W、24V（或自定）	套	1	
27	电烙铁、烙铁架、焊料与焊剂	自定	套	1	
28	单股镀锌铜线（连接元器件）	AV—0.1mm²	m	1	
29	多股细铜线（连接元器件）	AVR—0.1mm²	m	1	
30	万能制电线路板（或铆钉板）	2mm×70mm×100mm（或 2mm×150mm×200mm）	块	1	
31	示波器	SB—10 型或自定	台	1	
32	万用表	自定	块	1	备用

● 配分、评分标准。"小容量直流调压电路安装与调试"配分、评分标准见表5-12。

表 5-12 配分、评分标准一览表

序号	主要内容	考核要求	评分标准	配分	扣分	得分
1	线路焊接	正确使用工具和仪表，焊接质量可靠，焊接技术符合工艺要求	1. 布局不合理扣1分 2. 焊点粗糙、拉尖、气孔、夹渣、干瘪、过饱满、虚焊，每处扣1分 3. 元件漏焊、假焊、松动、歪斜、参差、损伤、焊错规格方向，每处扣1分 4. 引线过长、焊剂残留、连线凌乱、铜箔掀起，每处扣1分 5. 元器件的标称值不直观、安装高度不合要求，每处扣1分 6. 工具、仪表使用不正确，每次扣1分 7. 焊接时损坏元件，每只扣2分	15		

续表

序号	主要内容	考核要求	评分标准	配分	扣分	得分
2	整机调试	在规定时间内,利用仪器、仪表进行通电调试	1. 通电调试不成功,一次扣5分;两次扣10分;三次扣15分 2. 调试过程中损坏元件,每只扣2分 3. 线路功能不全扣3~10分 4. 要求写出的调试方法、步骤不正确,每处扣3~5分	20		
3	测试及分析	在所焊接的电子线路板上,用双踪示波器测试并绘出指定的各点波形	1. 仪器、仪表开机准备工作不熟练扣1分 2. 测量过程中,操作步骤每错一步扣1~3分 3. 波形绘错扣3分 4. 要求写出的所测波形参数值错误扣2分	15		
4	安全文明生产	1. 劳动保护用品穿戴整齐 2. 电工工具佩带齐全 3. 遵守各项安全操作规程 4. 尊重考评员,讲文明礼貌 5. 考试结束要清理现场	1. 违反安全文明生产考核要求的任何一项扣2分 2. 当考评员发现考生有重大人身事故隐患时,要立即予以制止,扣2~10分 3. 以上内容从本项目总分扣除,扣完为止 4. 要求遵守考场纪律,不能出现重大事故。出现严重违反考场纪律的行为或发生重大事故,本次技能考核视为不合格	倒扣		
		合　计		50		
评分记录			考评员签字		年　月　日	

评分人：　　　年　月　日　　　核分人：　　　年　月　日

第二节　系统检修(模块二)

一、直流调速系统联调或 PLC、变频器控制较复杂设备的故障排除等

在表 5-13 所述的一种直流调速系统(可用模拟装置代替)上完成调试、排除故障任务(也可增加连线内容),或在一种 PLC、变频器控制较复杂设备(可用模拟装置代替)上完成故障排除任务。鉴定考核时设隐蔽故障 2~3 处。考生向考评员

询问故障现象时,考评员可以将故障现象告诉考生,但考生必须单独排除故障。

二、考场设备、材料准备要求

系统维修模块考场设备、材料准备要求见表 5-13。

表 5-13 设备、材料准备要求一览表

序号	名称(或类别)	型号与规格	单位	数量	备 注
1	晶闸管直流调速系统设备(可用模拟装置)	1. 小容量晶闸管直流调速系统 2. 非独立控制励磁的调速系统 3. 三相全控桥—直流调速系统 4. 三相半波可控整流—锯齿波触发—变压器同步直流调速系统 5. 双闭环调速系统 6. 集成电路触发器—晶闸管可控—直流调速系统 7. 自定的电气复杂系数相当的电气线路	台	选1	1. 故障检修考核在二类设备中选取一种电气控制线路实施 2. 具体内容在考评员组织下由考生现场抽签决定
2	PLC、变频器控制设备(可用模拟装置)	1. PLC 控制简易四层电梯电气线路 2. PLC 控制机械手电气线路 3. 变频器控制恒压供水系统电气线路 4. 自定的电气复杂系数相当设备的电气线路	台		
3	配套电路图	相应设备配套的电路图或自定	套	1	
4	故障排除所用材料	相应的设备或模拟设备配套	套	1	
5	单相交流电源	交流 220V 和 36V、5A	处	1	
6	三相四线交流电源	交流 3×380/220V、20A	处	1	
7	慢扫描双踪示波器	自定	台	1	
8	兆欧表	500V、0~200MΩ	台	1	
9	钳形电流表	0~50 A	只	1	
10	黑胶布	自定	卷	1	
11	透明胶布	自定	卷	1	
12	演草纸	自定	张	4	

评分人:　　年　月　日　　　　核分人:　　　　年　月　日

注:故障检修鉴定项目所用晶闸管直流调速系统设备(或其模拟装置)、PLC 变频器控制设备(或模拟装置)等,各鉴定所(站)需准备二类共 3 种及以上,具体设备台套数根据考生人数确定。

试题 11 三相全控桥—直流调速系统连线、调试及维修(图 5-9)。

- 本题分值:35 分。
- 考核时间:60min。
- 考核形式:现场操作。
- 考核内容及要求。

(1) 根据图 5-9 所示进行三相全控桥—直流调速系统的连线。

(2) 完成三相全控桥—直流调速系统的调试。

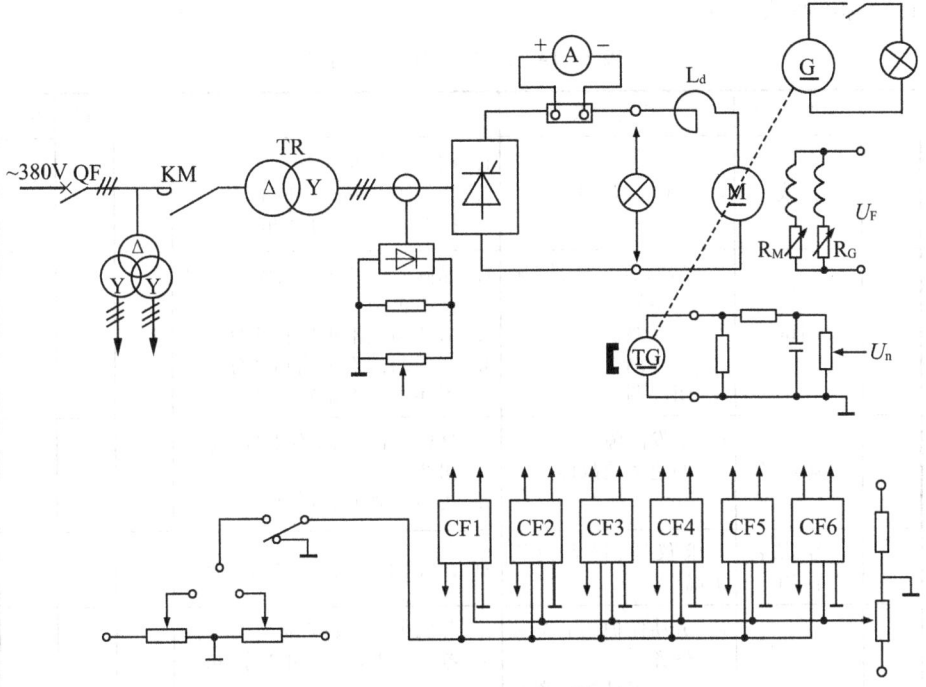

图 5-9 三相全控桥—直流调速系统

①变压器同步定相:对整流变压器和同步变压器根据触发电路的型式和负载要求进行定相。

②部件调试。

③晶闸管主电路调试。

④触发电路调试。

⑤带负载(或模拟负载)调试。

⑥开环调试。

⑦闭环调试。

（3）排除故障。由监考老师随机设置2处故障，考生进行检测并排除。

①触发电路故障。

②主电路故障。

（4）正确使用电工工具、仪器和仪表。

（5）在考核过程中带电进行检修时，注意人身和设备的安全。

（6）否定项。故障检修得分未达18分者，本次鉴定操作考核视为不通过。

● 配分、评分标准。"三相全控桥—直流调速系统连线、调试及维修"配分、评分标准见表5-14。

表5-14 配分、评分标准一览表

序号	主要内容	考核要求	评分标准	配分	扣分	得分
1	接线	接线正确、紧固	1. 损坏元件扣5分 2. 接线不正确，每处扣2分 3. 接线不紧固，每处扣1分	8		
2	调试	1. 晶闸管主电路、触发电路调试 2. 部件调试 3. 开环调试 4. 闭环调试	1. 晶闸管主电路、触发电路调试不正确扣2分 2. 部件调试不正确扣2分 3. 开环调试不正确扣2分 4. 闭环调试不正确扣2分	10		
3	故障排除	1. 触发故障 2. 调速系统故障	1. 分析故障原因不正确，每处扣2分 2. 找不出故障点，每处扣2分	15		
4	仪器、仪表使用	要求仪器、仪表使用正确	使用方法不正确，一次扣1分	2		
5	安全文明生产	1. 劳动保护用品穿戴整齐 2. 电工工具佩带齐全 3. 遵守操作规程 4. 尊重考评员，讲文明礼貌 5. 考试结束要清理现场	1. 考试中，违反安全文明生产考核要求，每项扣2分，扣完为止 2. 考生在不同技能试题中，违反安全文明生产考核要求同一项内容的，要累计扣分 3. 当考评员发现考生有重大事故隐患时，要立即予以制止，并每次扣考生安全文明生产总分5~10分，情节严重的取消考试资格	倒扣		
		合　　计		35		

续表

序号	主要内容	考核要求	评分标准	配分	扣分	得分
备注	否定项： 1. 故障检修得分少于18分,本次技能考核视为不合格 2. 要求遵守考场纪律,不能出现重大事故。出现严重违反考场纪律或发生重大事故,本次技能考核视为不合格		考评员 签字		年 月 日	

评分人：　　　年　月　日　　　　核分人：　　　　年　月　日

试题 12 双闭环直流调速系统的调试及维修(图 5-10)。

根据图 5-10 所示进行双闭环直流调速系统的调试及维修。本题分值、考核时间同试题 11,考核内容及要求除连线外与试题 11 相同。

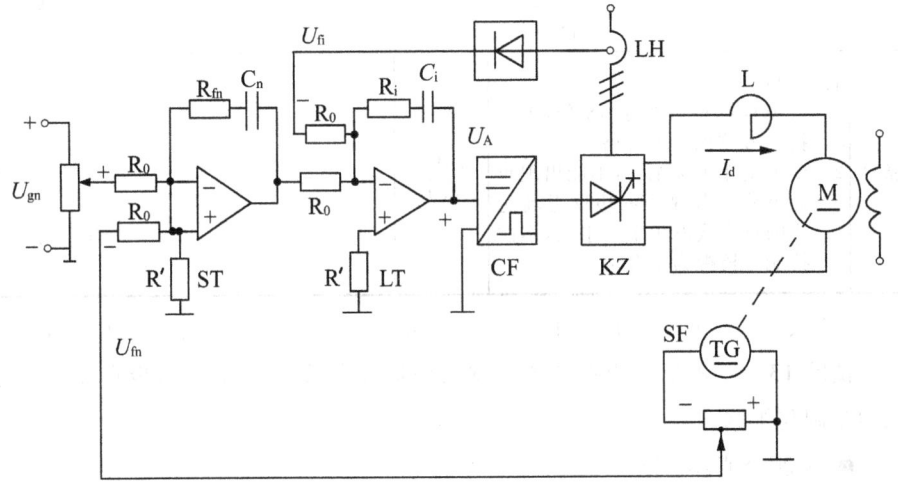

图 5-10 双闭环直流调速系统

"双闭环直流调速系统的调试及维修"配分、评分标准见表 5-15。

表 5-15 配分、评分标准一览表

序号	主要内容	考核要求	评分标准	配分	扣分	得分
1	调试	1. 晶闸管主电路、触发电路调试 2. 部件调试 3. 开环调试 4. 闭环调试	1. 晶闸管主电路、触发电路调试不正确扣2分 2. 部件调试不正确扣2分 3. 开环调试不正确扣2分 4. 闭环调试不正确扣2分	15		
2	故障排除	1. 触发故障 2. 调速系统故障	1. 分析故障原因不正确,每处扣2分 2. 找不出故障点,每处扣2分	15		

续表

序号	主要内容	考核要求	评分标准	配分	扣分	得分
3	仪器、仪表使用	要求仪器、仪表使用正确	使用方法不正确,每次扣1分	5		
4	安全文明生产	1. 劳动保护用品穿戴整齐 2. 电工工具佩带齐全 3. 遵守各项安全操作规程 4. 尊重考评员,讲文明礼貌 5. 考试结束要清理现场	1. 违反安全文明生产考核要求,每项扣2分 2. 当考评员发现考生有重大人身事故隐患时,要立即予以制止,扣2~10分 3. 以上内容从本项目总分扣除,扣完为止	倒扣		
		合 计		35		
备注	否定项: 1. 故障检修得分少于18分,本次技能考核视为不合格 2. 要求遵守考场纪律,不能出现重大事故。出现严重违反考场纪律的行为或发生重大事故,本次技能考核视为不合格		考评员签字 年 月 日			

评分人:　　　年　月　日　　　核分人:　　　年　月　日

试题13　三相半波相控整流—锯齿波同步触发—变压器同步直流调速系统的联调与维修。

● 本题分值:35分。

● 考核时间:50min。

● 考核形式:现场操作。

● 考核内容及要求。图5-11所示为三相半波可控整流—锯齿波触发—变压器同步直流调速系统,采用模拟负载。关于整流变压器的型式和接法以及触发板晶体管的类型,根据考场情况由考评员临场指定。考生按照系统方框图进行连线、理相、检测和联调。基本考核内容和考核要求同试题11。

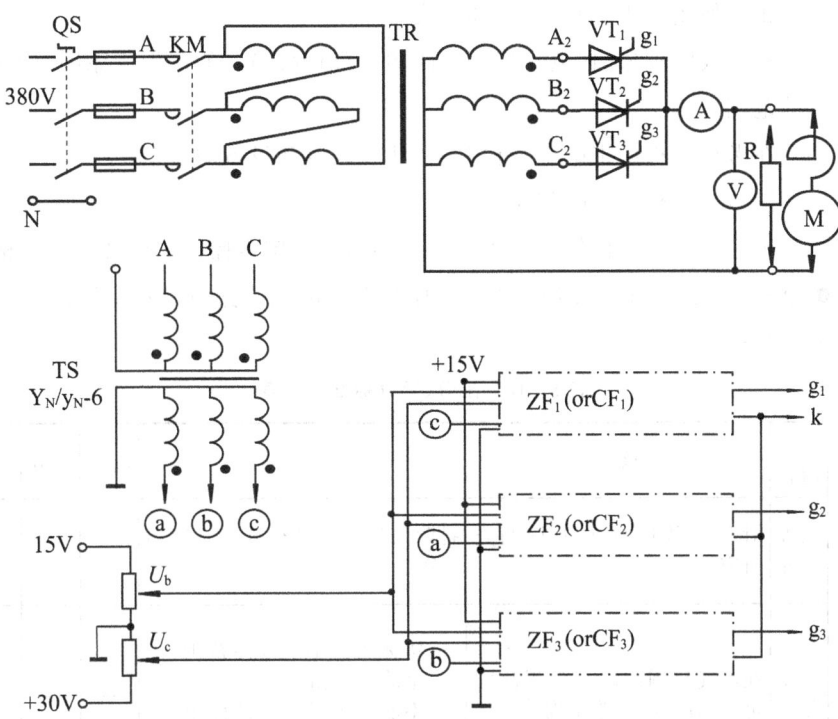

图 5-11　三相半波可控整流—锯齿波触发—变压器同步直流调速

试题 14　集成电路触发器—晶闸管相控—直流调速系统联调与维修。

● 本题分值:35 分。

● 考核时间:50min。

● 考核形式:现场操作。

● 考核内容及要求。根据鉴定所(站)给定的系统图和集成电路触发装置等设备条件,正确连线并调试。具体要求同试题 11。系统图与前面介绍的相类似,IC 可采用国产的 KC 系列。电路图此处从略。

试题 15　PLC、变频器控制设备电气线路故障排除。

● 本题分值:35 分。

● 考核时间:40min。

● 考核形式:现场操作。

● 考核内容及要求。在 PLC、变频器控制设备(或其模拟装置)上,设隐蔽故障 2～3 处。考生向考评员询问故障现象时,考评员可以将故障现象告诉考生,但考生必须单独排除故障。

(1) 正确使用电工工具、仪器和仪表。

(2) 根据故障现象,在电气控制电路图上分析故障可能产生的原因,确定故障发生的范围。

(3) 在考核过程中带电进行检修时,注意人身和设备的安全。

(4) 满分35分,考试时间40min。

(5) 否定项。故障检修得分未达18分者,本次鉴定操作考核视为不合格。

● 评分、配分标准。"PLC、变频器控制设备电气线路故障排除"配分、评分标准见表5-16。

表5-16 配分、评分标准一览表

序号	主要内容	考核要求	评分标准	配分	扣分	得分
1	调查研究	对每个故障现象进行调查研究	排除故障前不进行调查研究扣2分	2		
2	故障分析	在电气控制线路上分析故障可能的原因,思路正确	1. 错标或标不出故障范围,每个故障点扣2分 2. 不能标出最小的故障范围,每个故障点扣1分	6 3		
3	故障排除	正确使用工具和仪器,找出故障点并排除故障	1. 实际排除故障中思路不清楚,每个故障点扣2分 2. 每少查出一个故障点扣2分 3. 每少排除一个故障点扣2分 4. 排除故障方法不正确,每处扣2分	6 6 6 6		
4	其他	操作有误,要从此项总分中扣分	1. 排除故障时产生新的故障后不能自行修复,每个扣10分;已经修复,每个扣5分 2. 损坏设备扣10分			

续表

序号	主要内容	考核要求	评分标准	配分	扣分	得分
5	安全文明生产	1. 劳动保护用品穿戴整齐 2. 电工工具佩带齐全 3. 遵守各项安全操作规程 4. 尊重考评员,讲文明礼貌 5. 考试结束要清理现场	1. 违反安全文明生产考核要求,每项扣2分 2. 当考评员发现考生有重大人身事故隐患时,要立即予以制止,扣2~10分 3. 以上内容从本项目总分扣除,扣完为止	倒扣		
		合　计		35		
备注	否定项: 1. 故障检修得分少于18分,本次技能考核视为不合格 2. 要求遵守考场纪律,不能出现重大事故。出现严重违反考场纪律的行为或发生重大事故,本次技能考核视为不合格		考评员签字 　　　年　　月　　日			

评分人:　　　年　　月　　日　　　　核分人:　　　年　　月　　日

第三节　读图分析(模块三)

一、读图与分析,并回答问题

根据题卷给出的图样和围绕电路所提出的问题,阅读图纸,研究并笔答或口答问题。本题分值为15分,考核时间为30min。

二、考场准备要求

读图分析模块考场准备要求见表5-17。

表 5-17 考场准备要求一览表

序号	名 称	型号与规格	单位	数量	备 注
1	答题纸	A4	张	1	
2	电气原理图	1. 小功率晶闸管—直流电动机单闭环有差调速系统原理图 2. KCZ6 集成六脉冲触发组件原理图 3. 锯齿波、正弦波同步触发器的电路原理图 4. 三相(或单相)晶闸管—转速单闭环调速系统原理图	套	选 1	
3	场地及设施	要求准备不少于 20m² 的实训场地,其配套设施要满足讲课的要求	处	1	

试题 16 小功率晶闸管—直流电动机单闭环有差调速系统分析(以转速负反馈晶闸管—直流电动机调速系统为例)。

● 考核内容及要求。

(1) 认真阅读图 5-12 所示的转速负反馈晶闸管—直流电动机调速系统原理图。

(2) 在答题纸上回答以下问题:

①图中,放大器晶体管 V31 在零速时处于什么状态?

②图中,放大器 V31 输入端的二极管 V9 的作用是什么?

③图中,采用电压微分负反馈是为了什么?

④主电路中平波电抗器 L 及二极管 V2 的作用是什么?

说明:考评员现场考评时,也可根据电路原理图另行出题实施现场考评。

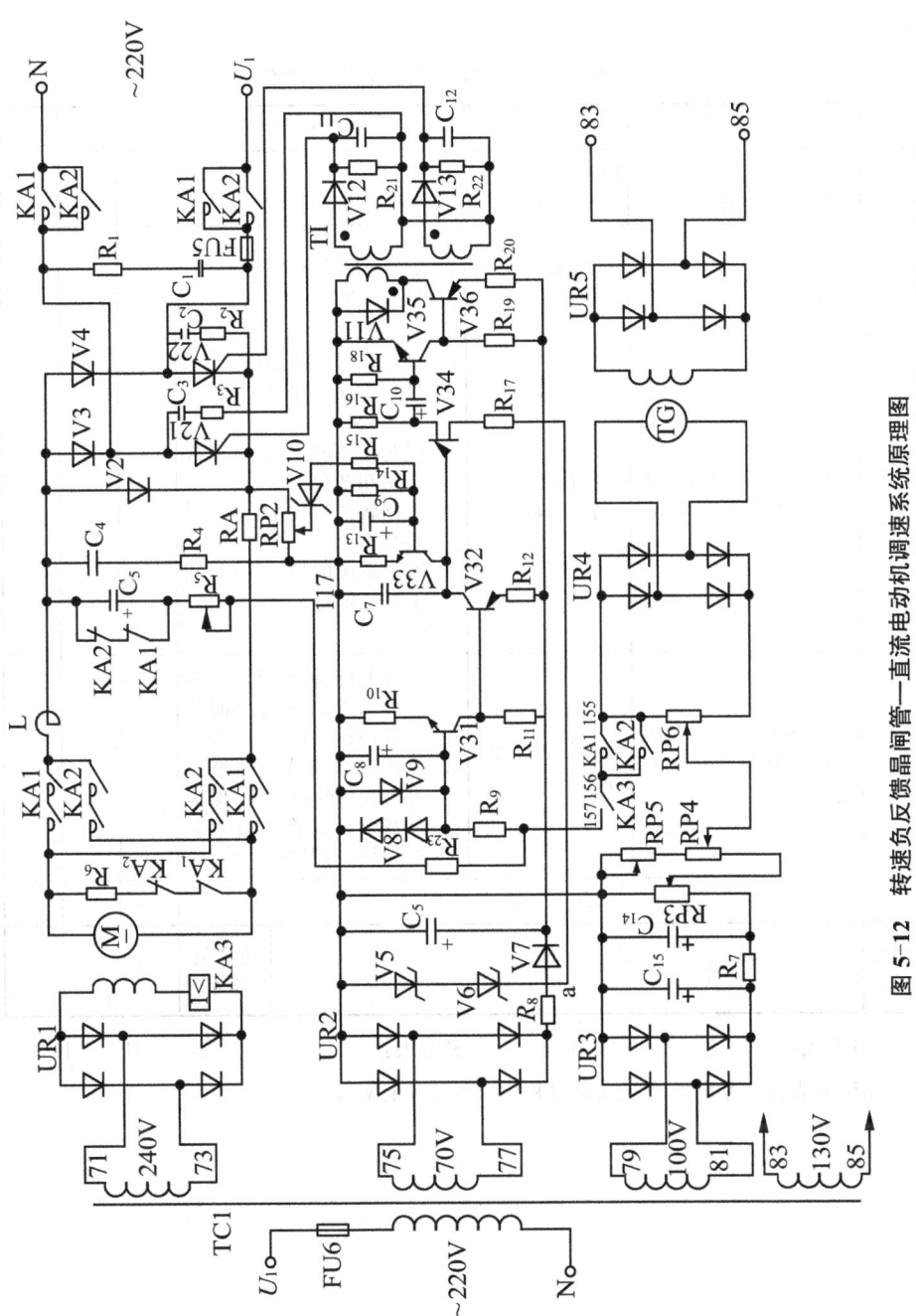

图 5-12 转速负反馈晶闸管—直流电动机调速系统原理图

● 配分、评分标准。"小功率晶闸管—直流电动机单闭环有差调速系统"配分、评分标准见表 5-18。

表 5-18　配分、评分标准一览表(含答案)

序号	主要内容	考核要求	评分标准	配分	扣分	得分
1	放大器晶体管 V31 在零速时处于什么状态	回答问题完整，分析正确	晶体管 V31 处于放大状态，回答错误扣 2 分	2		
2	放大器 V31 输入端的二极管 V9 的作用是什么	回答问题完整，分析正确	输入信号的限幅保护作用，回答错误扣 2 分	2		
3	采用电压微分负反馈是为了什么	回答问题完整，分析正确	1. 电压微分负反馈在动态过程中起作用，回答错误扣 2 分 2. 限制电压的上升率，回答错误扣 2 分 3. 限制转速变化率，回答错误扣 1 分 4. 限制系统的加速度，有利于系统的稳定，回答错误扣 1 分	5		
4	主电路中平波电抗器 L 及二极管 V2 的作用是什么	回答问题完整，分析正确	1. 平波电抗器:使整流电流连续和限制直流电的脉动率，回答错误扣 3 分 2. 续流二极管 V_2:使整流电路在感性负载下，保证晶闸管可靠换相而不失控，回答错误扣 3 分	6		
		合　　计		15		
评分记录			考评员签字		年　月　日	

评分人：　　年　月　日　　　　核分人：　　年　月　日

注:此表含参考答案，鉴定实施过程中应不与考生见面。

试题 17 小功率有静差直流调速系统电路原理分析。

● 考核内容及要求。

(1) 认真阅读图 5-13 所示的小功率有静差直流调速系统原理电路。

(2) 在答题纸上回答以下问题：

①图中，放大器晶体管 V1 在零速时处于什么状态？

②图中，放大器 V1 输入端的二极管 VD6、VD7 的作用是什么？

③图中，RP4、2CW9、V4、C2 构成什么环节，作用是什么？

④主电路中平波电抗器 L 及二极管 VD3 的作用是什么？

说明：考评员现场考评时，也可根据电路原理图另行出题实施现场考评。

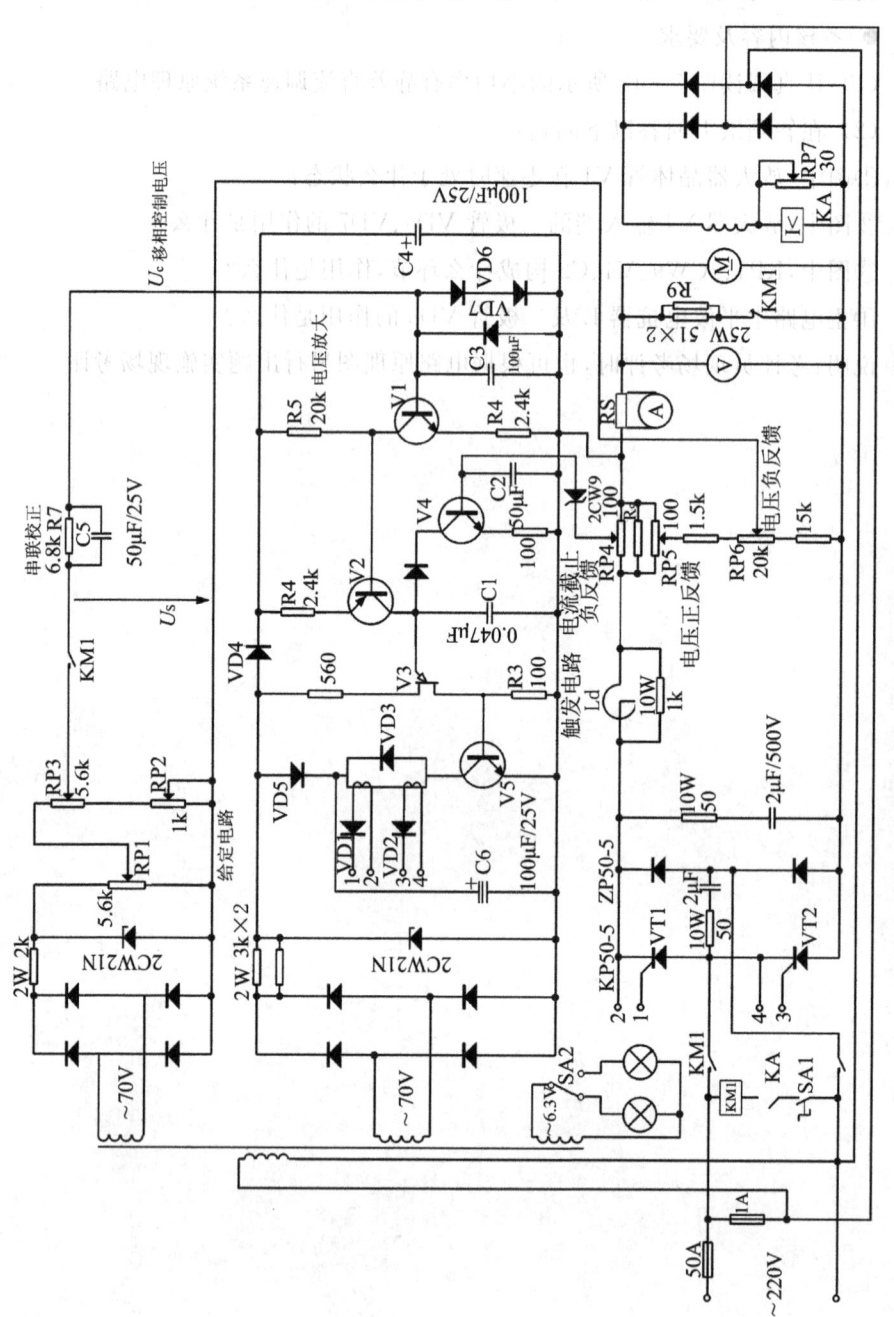

图 5-13 小功率有静差直流调速系统电路原理图（即 KDZ—Ⅱ型直流调速系统原理图）

● 配分、评分标准。"小功率有静差直流调速系统电路原理分析"配分、评分标准见表 5-19。

表 5-19　配分、评分标准一览表(含答案)

序号	主要内容	考核要求	评分标准	配分	扣分	得分
1	放大器晶体管 V1 在零速时处于什么状态	回答问题完整，分析正确	处于放大状态，回答错误扣 2 分	2		
2	放大器 V1 输入端的二极管 VD6、VD7 的作用是什么	回答问题完整，分析正确	输入信号的限幅保护作用，回答错误扣 2 分	2		
3	RP4、2CW9、V4、C2 构成什么环节，作用是什么	回答问题完整，分析正确	1. 构成电流截止负反馈环节，回答错误扣 2 分 2. 当电流超过截止电流时，电流截止负反馈起作用，使晶体管 V4 导通，延迟电容两端电压充电到单结晶体管峰值电压的时间，使脉冲延迟产生，整流输出电压减小，转速降低，回答错误扣 3 分 3. 使系统静特性呈"挖土机"机械特性，回答错误扣 1 分	6		
4	主电路中平波电抗器 L 及二极管 VD3 的作用是什么	回答问题完整，分析正确	1. 平波电抗器：使整流电流连续和限制直流电的脉动率，回答错误扣 3 分 2. 二极管 VD3 的作用：为续流二极管，在 V5 截止时，使脉冲变压器原边线圈的磁场能有释放回路，保护晶体管 V5，回答错误扣 3 分	5		
	合　　计			15		
评分记录			考评员签字		年　月　日	

评分人：　　年　月　日　　　核分人：　　年　月　日
注：此表含参考答案，鉴定实施过程中应不与考生见面。

试题 18 KCZ6 集成化六脉冲触发组件、KC04 集成触发电路原理分析(一)。

● 考核内容及要求。

(1) 认真阅读图 5-14 所示的 KC04 集成触发电路,图 5-15 所示的 KCZ6 集成化六脉冲触发组件。

(2) 在答题纸上回答以下问题:

①图 5-14 所示电路中,R6、RP1、C1、V5 晶体管的作用是什么?

②图 5-15 所示电路中,集成电路 KC42 和外围电子元件组成电路环节的作用是什么?

③图 5-15 所示电路中,电位器 RP4、RP2、RP3 的作用是什么?

④图 5-15 所示电路中,电位器 RP5、RP6、RP7 和 5.1k 电阻、1μF 电容器的作用是什么?

说明:考评员现场考评时,也可根据电路原理图另行出题实施现场考评。

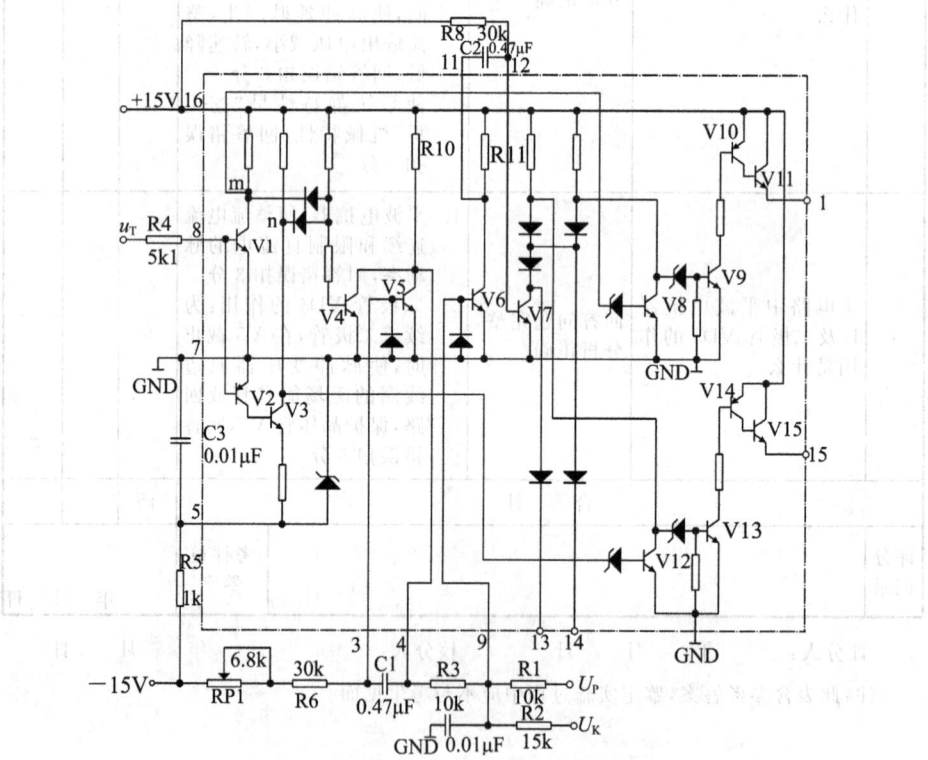

图 5-14 KC04 集成触发电路原理图

● 配分、评分标准。"KCZ6 集成六脉冲触发组件、KC04 集成触发电路原理分析(一)"配分、评分标准见表 5-20。

表 5-20 配分、评分标准一览表(含答案)

序号	主要内容	考核要求	评分标准	配分	扣分	得分
1	R6、RP1、C1、V5 晶体管的作用是什么	回答问题完整，分析正确	作用：电容负反馈的锯齿波发生器，产生锯齿波，RP1 调节锯齿波斜率，回答错误扣 4 分	4		
2	集成电路 KC42 和外围电子元件组成电路环节的作用是什么	回答问题完整，分析正确	作用：脉冲列调制形成器，外围元件 C1、C2、R1、R2 构成电路决定调制脉冲频率，回答错误扣 3 分	3		
3	电位器 RP4、RP2、RP3 的作用是什么	回答问题完整，分析正确	作用：可以改变锯齿波的斜率，回答错误扣 4 分	4		
4	电位器 RP5、RP6、RP7 和 5.1k 电阻，1μF 电容器的作用是什么	回答问题完整，分析正确	作用：微调各相同步电压的相位，保证六相脉冲间隔均匀，约移相 30°，回答错误扣 4 分	4		
	合 计			15		
评分记录			考评员签字		年 月 日	

评分人：　　　年　　月　　日　　　核分人：　　　年　　月　　日

注：此表含参考答案，鉴定实施过程中应不与考生见面。

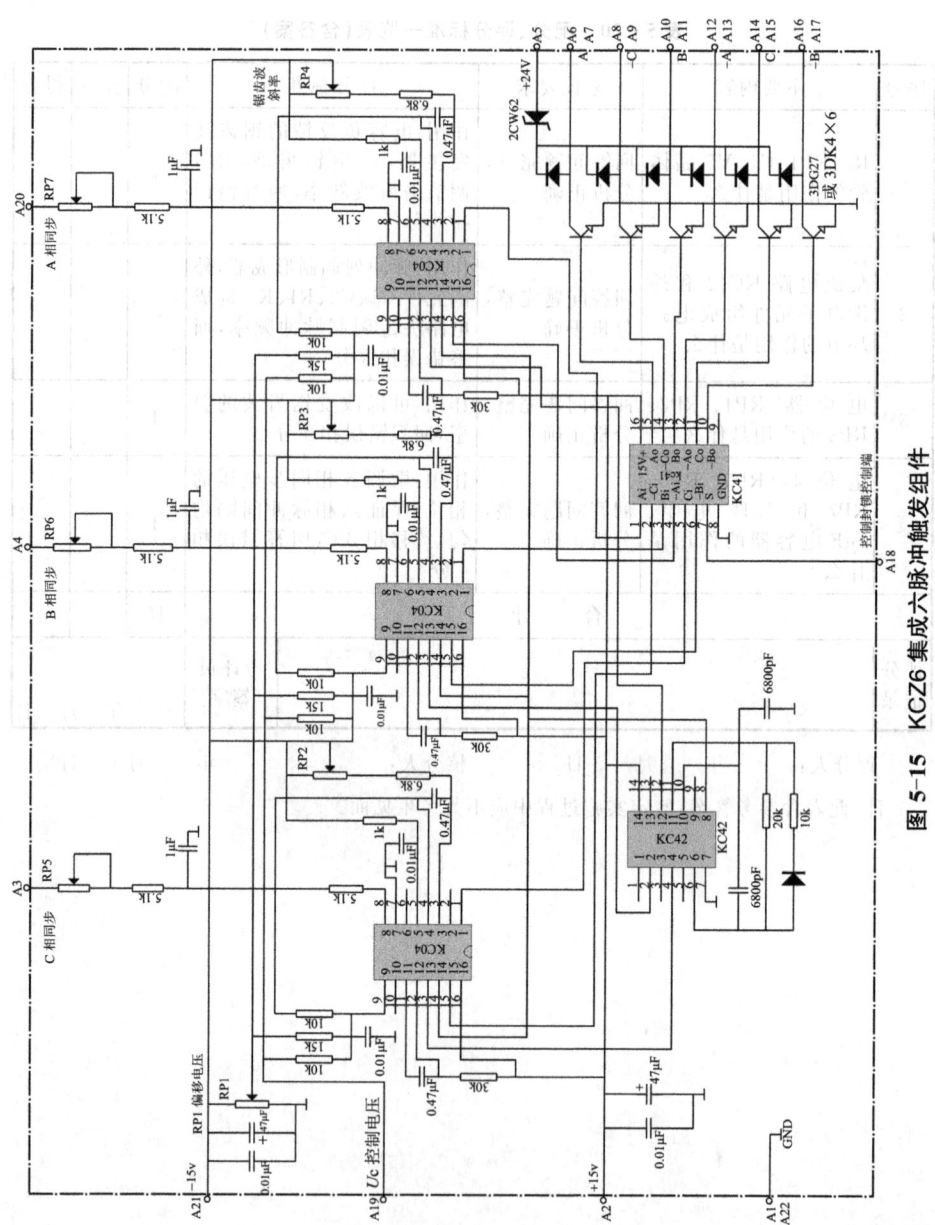

图 5-15 KCZ6 集成六脉冲触发组件

试题 19 KCZ6 集成六脉冲触发组件、KC04 集成触发电路原理分析(二)。

● 考核内容及要求。

(1) 认真阅读图 5-14 所示的 KC04 集成触发电路、图 5-15 所示的 KCZ6 集成六脉冲触发组件。

(2) 在答题纸上回答以下问题：

①图 5-15 所示电路中，集成电路 KC42 和外围电路构成电路环节的作用是什么？

②图 5-15 所示电路中，电位器 RP4、RP2、RP3 的作用是什么？

③图 5-14 所示电路中，电阻 R8、电容 C2 的作用是什么？

④图 5-14 所示电路中，V1~V4 晶体管的作用是什么？

说明：考评员现场考评时，也可根据电路原理图另行出题实施现场考评。

● 配分、评分标准。"KCZ6 集成六脉冲触发组件、KC04 集成触发电路原理分析(二)"配分、评分标准见表 5-21。

表 5-21 配分、评分标准一览表(含答案)

序号	主要内容	考核要求	评分标准	配分	扣分	得分
1	集成电路 KC42 和外围电路构成电路环节的作用是什么	回答问题完整，分析正确	作用：脉冲列调制形成器，外围元件 C1、C2、R1、R2 构成电路决定调制脉冲频率，回答错误扣 5 分	5 分		
2	电位器 RP4、RP2、RP3 的作用是什么	回答问题完整，分析正确	作用：可以改变锯齿波的斜率，回答错误扣 3 分	3 分		
3	电阻 R8、电容 C2 的作用是什么	回答问题完整，分析正确	作用：决定移相触发脉冲的宽度，回答错误扣 3 分	3 分		
4	V1~V4 晶体管的作用是什么	回答问题完整，分析正确	作用：组成同步检测环节，回答错误扣 4 分	4 分		
	合　计			15 分		
评分记录			考评员签字　　　年　月　日			

评分人：　　年　月　日　　核分人：　　年　月　日

注：此表含参考答案，鉴定实施过程中应不与考生见面。

第四节 培训指导(模块四)

一、编写教案与试讲

根据培训指导模块的项目内容编写教案、试讲、答辩。本题分值为15分,考核时间为45min(其中编写教案30min)。

二、考场准备要求

培训指导模块考场准备要求见表5-22。

表5-22 考场准备要求一览表

序号	名 称	型号与规格	单位	数量	备 注
1	叙述示波器基本原理和使用方法内容的讲义	自定	份	1	由考评员任意选择一项供考生准备后实施鉴定考核
2	叙述场效应管分类与特点内容的讲义	自定	份	1	
3	叙述电能表中阻尼原理内容的讲义	自定	份	1	
4	叙述PLC开发应用于工业控制步骤内容的讲义	自定	份	1	
5	叙述如何应用楞次定律判定感应电动势方向内容的讲义	自定	份	1	
6	教具、演示工具	全套自定	套	1	
7	可移动小黑板	自定	块	4	教学准备用
8	培训指导的场地及设施	要求准备不少于$20m^2$实训场地,其配套设施要满足培训指导的要求	处	2	演示教学过程和教案编写场地分两处
9	答题纸	A4纸或自定	张	2	

● 考核内容及要求。

(1) 参阅教学内容讲义或教科书现场编写教案,内容正确。

(2) 教学内容正确,重点突出。

(3) 语言清晰、自然,用词正确。

(4) 板书工整,教法自然,语言准确、精练。

(5) 否定项。教学内容不正确或不能正确表达其内容,扣 15 分。
- 配分、评分标准。培训指导模块配分、评分标准见表 5-23。

表 5-23 培训指导模块配分、评分一览表

序号	主要内容	考核要求	评分标准	配分	扣分	得分
1	准备工作	教具、演示工具准备齐全	准备不齐全扣 3 分	3		
2	讲课	1. 主题明确、重点突出 2. 语言清晰、自然,用词正确	1. 主题不明确扣 2~4 分 2. 重点不突出扣 2~4 分 3. 语言不清晰、不自然,用词不正确,每次扣 2~4 分	12		
3	时间分配	不得超过规定时间	每超过规定时间 1min,从本项总分中扣除 1 分			
4	安全文明生产	1. 劳动保护用品穿戴整齐 2. 电工工具佩带齐全 3. 遵守各项安全操作规程 4. 尊重考评员,讲文明礼貌 5. 考试结束要清理现场	1. 违反安全文明生产考核要求,每项扣 2 分。 2. 当考评员发现考生有重大人身事故隐患时,要立即予以制止,扣 2~10 分 3. 以上内容从本项目总分中扣除,扣完为止	倒扣		
		合　　　计		15		
备注	否定项:指导内容不正确或不能表达其内容,扣 15 分		考评员签字 年　月　日			

评分人:　　　年　月　日　　　　核分人:　　　年　月　日

第六章 模拟试卷

第一节 理论知识模拟试卷

浙江省职业技能鉴定统一试卷
维修电工技师理论知识试卷

注意事项

1. 考试时间:120min。
2. 请首先按要求在试卷的标封处填写您的姓名、准考证号和所在单位的名称。
3. 请仔细阅读各种题目的回答要求,在规定的位置填写您的答案。
4. 不要在试卷上乱写乱画,不要在标封区填写无关的内容。

题	一	二	三	四	五	总 分	统分人
得 分							

一、填空题(第 1~20 题。请将正确答案填入题内空白处。每题 1 分,共 20 分。)

得 分	
评分人	

1. 实践证明,低频电流对人体的伤害比高频电流_____。
2. 示波器中水平扫描信号发生器产生的是_____波。
3. 操作晶体图示仪时,应特别注意功耗峰值电压、阶梯选择及_____选择开关。
4. 数控系统的控制对象是_____。
5. 可编程序控制器输入指令,是根据_____,用编程器来写入程序。
6. 在测绘之前,应先把_____测绘出来。
7. IGBT 的开关特性显示关断波形存在_____现象。
8. 功率场效应晶体管最大功耗随管壳温度的增高而_____。
9. 肖特基二极管正向压降小,开启电压_____,正向导通损耗小。

10. 绝缘栅双极晶体管具有速度快、输入阻抗高、耐压高、_____低、电容量大的特点。

11. 在电气线路维护检修中,要遵循_____操作规范。

12. 一般机械设备电气大修工艺编制过程中,查阅设备档案包括:设备安装_____、故障修理记录、全面了解电气系统的技术状况。

13. 理论培训的一般方法是_____。

14. 理论培训教学中应有条理性和系统性,注意理论联系实际,培养学员_____能力。

15. ISO 是_____的缩写。

16. _____系列标准是国际标准化组织发布的有关环境管理的系列标准。

17. 精益生产具有在生产过程中将"上道工序推动下道工序"的生产模式变为"_____工序"的生产模式的特点。

18. 二进制数 1110 转换成十进制数是_____。

19. 数字式万用表一般都是_____显示器。

20. 莫尔条纹是_____方向。

二、选择题(第 21~30 题。请选择一个正确选项,将相应字母填入括号内。每题 2 分,共 20 分。)

得 分	
评分人	

21. 触电者(　　)时,应进行人工呼吸。
   A. 有心跳无呼吸　　　　　　B. 有呼吸无心跳
   C. 既无心跳又无呼吸　　　　D. 既有心跳又有呼吸

22. 测量轧钢机轧制力时通常选用(　　)。
   A. 压力传感器　B. 压磁传感器　C. 霍尔传感器　D. 压电传感器

23. 测量电感大小时应选用(　　)。
   A. 直流单臂电桥　B. 直流双臂电桥　C. 交流电桥　　D. 万用表

24. 变频器在故障跳闸后,使其恢复正常状态应按(　　)键。
   A. MOD　　　　B. PRG　　　　C. RESET　　　D. RUN

25. 高性能的高压变频调速装置的主电路开关器件采用(　　)。
   A. 快速恢复二极管　　　　　B. 绝缘栅双极晶体管
   C. 电力晶体管　　　　　　　D. 功率场效应晶体管

26. 热继电器的热元件整定电流 $I_{FRW}=(\quad)I_{MN}$。

A. 1±5%　　　B. 3　　　C. $\sqrt{2}$　　　D. $\sqrt{3}$

27. 维修电工在操作中,特别要注意( )问题。
    A. 戴好安全防护用品　　　B. 安全事故的防范
    C. 带电作业　　　D. 安全文明生产行为

28. ISO 14000 系列标准是有关( )的系列标准。
    A. ISO 9000 族标准补充　　　B. 环境管理
    C. 环保质量　　　D. 质量管理

29. ( )适用于现代制造企业的组织管理方法。
    A. 精益生产　　B. 规模化生产　　C. 现代化生产　　D. 自动化生产

30. 监视电动机运行情况是否正常,最直接、最可靠的方法是看电动机是否出现( )。
    A. 电流过大　　　B. 转速过低
    C. 电压过高或过低　　　D. 温升过高

三、判断题(第31~40题。请将判断结果填入括号中,正确的打"√",错误的打"×"。每题1分,共10分。)

得 分	
评分人	

( )31. 在维修直流电动机时,对各绕组之间做耐压试验,其试验电压用交流电。

( )32. 根据数控装置的组成,分析数控系统包括数控软件和硬件两大部分。

( )33. 对变频器进行功能预置时必须在运行模式(PRG)下进行。

( )34. 555 精密定时器可以应用于脉冲发生器。

( )35. 开环自动控制系统中出现偏差时能自动调节。

( )36. 晶闸管逆变器是一种将交流电能转变为直流电能的装置。

( )37. 晶体三极管作开关使用时,应工作在放大状态。

( )38. 三相半控整流电路中晶闸管的耐压为变压器副边电压的 $\sqrt{2}$ 倍。

( )39. 对 35kV 电缆进线段的要求:在电缆与架空线的连接处装设放电间隙。

( )40. 图中波形为锯齿波。

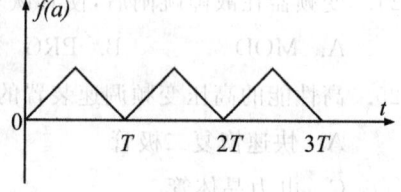

(题 40)

四、简答题（第 41~44 题。每题 5 分，共 20 分。）

41. 在阅读数控机床技术说明书时，分析每一局部电路后还要进行哪些总体检查识图，才能了解其控制系统的总体内容。

42. 简述工业电视检测的特点。

43. XSK5040 型数控机床配电柜的元件是如何进行排列的？

44. 鼠笼型异步电动机的 $I_{MN}=17.5A$，做单台不频繁启动和停止且长期工作时和单台频繁启动且长期工作时熔体电流应为多大？

五、论述题（第 45~47 题。第 45 题必答，46、47 题任选一题。若三题都作答，只按前两题计分。每题 15 分，共 30 分）

45. 试述数控系统的自诊断功能及报警处理方法。

46. 试述继电—接触器控制系统设计的基本步骤。

47. 图中双面印制电路板浅色为电路板正面，深色为电路板反面，根据图中所示器件名称或参数，绘制出原理图。

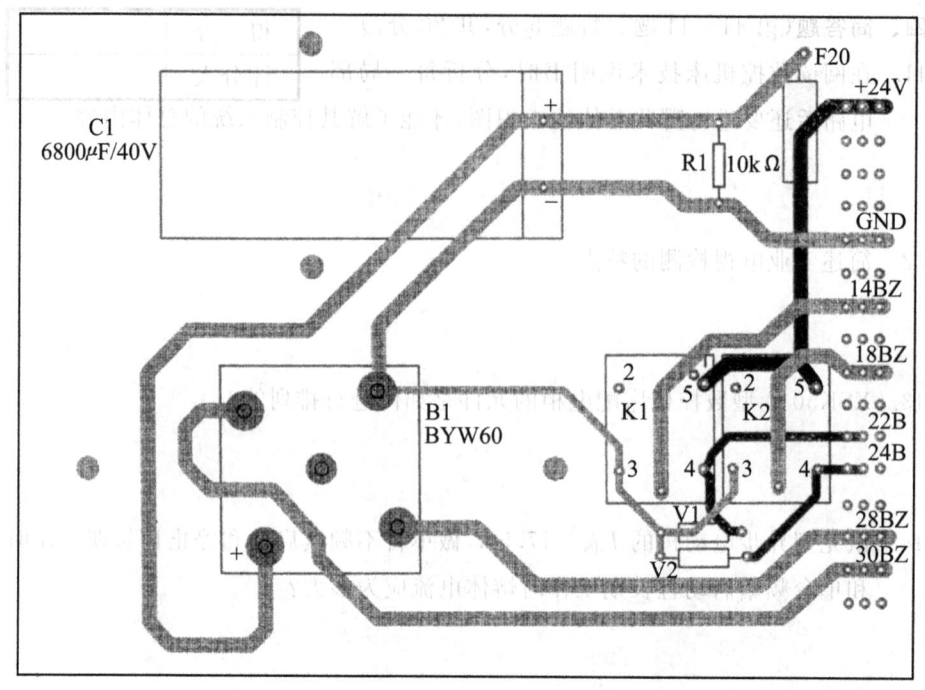

(题 47)

第二节 理论知识模拟试卷参考答案

一、填空题

1. 大 2. 锯齿 3. 功耗电阻 4. 伺服驱动装置 5. 梯形图或程序指令表 6. 控制电源 7. 电流拖尾 8. 下降 9. 低 10. 通态电压 11. 电力开关设备的倒合闸 12. 验收记录 13. 课堂讲授 14. 解决实际工作问题的 15. 国际标准化组织 16. ISO14000 17. 下道工序要求拉动上道 18. 14 19. 液晶 20. 垂直光栅移动

二、选择题

21. A 22. B 23. C 24. C 25. B 26. A 27. B 28. B 29. A 30. D

三、判断题

31. √ 32. √ 33. × 34. √ 35. × 36. × 37. × 38. × 39. √
40. ×

四、简答题

41题：参见试题精选简答题第15题答案。

42题：工业电视检测有以下几个特点：

（1）检测对象和工业摄像机之间没有机械联系，可采用多个摄像机，能够得到空间的信息。

（2）短时间内可读出大量的信息。

（3）可以从视频信号中取出有用的特征信号，以一定的方式转换成电信号输出，作为运算、检测、控制使用。

（4）工业电视检测可在信息处理、检测技术（如尺寸、探伤等）和自动控制领域中获得广泛的应用。

43题：参见试题精选简答题第22题答案。

44题：参见试题精选简答题第20题答案。

五、论述题

45题：参见试题精选论述题第1题答案。

46题：参见试题精选论述题第10题答案。

47题：参见试题精选论述题第8题答案。

第三节 操作技能模拟试卷

浙江省职业技能鉴定统一试卷
维修电工技师操作技能考核试卷

一、考核准备通知单

考生准备

序号	名称	型号与规格	单位	数量	备注
1	万用表	自定	只	1	
2	电工通用工具	验电笔、钢丝钳、螺丝刀(包括十字口螺丝刀、一字口螺丝刀)、电工刀、尖嘴钳、活扳手等	套	1	
3	圆珠笔	自定	支	1	
4	绘图工具	自定	套	1	
5	参考书	维修电工(基础知识)	本	1	
6	劳保用品	绝缘鞋、工作服等	套	1	

考场场地准备

序号	试题准备项目	选考方式	考试时间(min)	考核形式	准备要求
1	试题1:设计、安装与调试	必考项	210~240	实际操作及笔试	按准备单要求准备,场地一处
2	试题2:故障检修	必考项	40~60	实际操作及口试	按准备单要求准备,场地一处
3	试题3:读图分析	任选一(考评员现场决定)	10~45	讲课或笔试	按准备单要求准备,场地两处
4	试题4:培训指导				按准备单要求准备,场地一处
合计	4项	—	330	—	4项

(1) 装接鉴定考核的考场面积为 $60m^2$ 以上,设有20个以上考位,每个考位有1个工作台,每个工作台的右上角贴有考号。考场采光良好,不足部分采用照明补充,保证工作面照度不小于100lx。

（2）电气设备故障检修项目考场面积在 $40m^2$ 以上,设有 6 个以上考位,每个考位有故障检修设备 1 台,每台设备的右上角贴有考号。考场采光良好,不足部分采用照明补充,保证工作面照度不小于 100lx。

（3）培训指导要求准备不少于 $20m^2$ 实训场地,其配套设施要满足培训指导的要求。另配备 $60m^2$ 以上教室一处,作为读图与分析项目的考试场地。

（4）考场应干净整洁,空气新鲜,无环境干扰。

（5）考场内应设有三相电源并装有触电保护器。

（6）考前由考务管理人员检查考场各考位应准备的器材、工具是否齐全,所贴考号是否有遗漏。

（7）各鉴定考核场地安全设施齐全。

（一）工具、材料和设备的准备

试卷中工具、材料和设备的准备仅对 1 名考生而言,鉴定所(站)应根据考生人数确定具体数量。

试题 1 用 PLC 进行控制线路的设计,并进行安装与调试。

工具、材料和设备准备

序号	名　　称	型号与规格	单位	数量	备　注
1	三相四线交流电源	交流 3×380/220V、20A	处	1	
2	答题纸	自定	张	2	
3	可编程序控制器	自定	台	1	
4	编程设备	自定	台	1	
5	绘图纸	A4 或自定	张	4	
6	双速电动机	YD123M—4/2，△/2Y、6.5/8kW、13.8/17.1A,450r/2 880r/min 或自定	台	1	
7	配线板（或机架）	600mm×600mm×20mm 或自定	块	2	
8	组合开关	HZ10—25/3 或自定	只	1	
9	交流接触器	CJ10—20、线圈电压 220V 或 CJ10—10、线圈电压 220V	只	4	
10	热继电器	JR16—20/3、整定电流 10—16A 或自定	只	1	
11	熔断器及熔芯配套	RL1—60/20A 或自定	套	3	
12	熔断器及熔芯配套	RL1—15/4A 或自定	套	2	

续表

序号	名称	型号与规格	单位	数量	备注
13	三联按钮	LA10—3H 或 LA4—3H 或自定	只	2	
14	指示灯	自定	只	6	
15	接线端子排	JX2 1015,500V(10A、15节)或自定	条	4	
16	木螺丝	$\phi 3\times 20$mm,$\phi 3\times 15$mm 或自定	个	30	
17	平垫片	$\phi 4$mm 或自定	个	30	
18	塑料软铜线	BVR—2.5mm² 或自定	m	20	
19	塑料软铜线	BVR—1.5mm² 或自定	m	20	
20	塑料软铜线	BVR—0.75mm² 或自定	m	5	
21	别径压端子	UT2.5—4,UT1—4 或自定	个	20	
22	行线槽	TC3025,长自定,两边打$\phi 3.5$mm孔(与配线板配套)	m	8	
23	异型塑料管	$\phi 3.5$mm 或自定	m	0.2	准备线号笔

试题 2 直流调速系统联调(或 PLC、变频器控制较复杂设备的故障排除等)。

在表中所述的一种直流调速系统(或模拟装置)上完成连线、调试、排除故障,也可在一种 PLC、变频器控制较复杂设备(或模拟装置)上完成故障排除任务。鉴定考核时设隐蔽故障 2～3 处。考生向考评员询问故障现象时,考评员可以将故障现象告诉考生,但考生必须单独排除故障。

工具、材料和设备准备

序号	名称	型号与规格	单位	数量	备注
1	晶闸管直流调速系统	1. 小容量晶闸管直流调速系统 2. 非独立控制励磁的调速系统 3. 三相全控桥—直流调速系统 4. 三相半波可控整流—锯齿波触发—变压器同步直流调速系统 5. 双闭环调速系统 6. 集成电路触发器—晶闸管可控—直流调速系统 7. 自定的电气复杂系数相当的电气线路	台	选1	1. 故障检修考核在两类设备中选取一种电气控制线路实施 2. 具体内容由考生现场抽签决定

续表

序号	名称	型号与规格	单位	数量	备注
2	PLC、变频器控制设备电气线路	1. PLC 控制简易四层电梯电气线路 2. PLC 控制机械手电气线路 3. 变频器控制恒压供水系统电气线路 4. 自定的电气复杂系数相当设备的电气线路	台		
3	配套电路图	和相应设备配套的电路图或自定	套	1	
4	故障排除所用材料	和相应的设备或模拟设备配套	套	1	
5	单相交流电源	交流 220V 和 36V、5 A	处	1	
6	三相四线交流电源	交流 3×380/220V、20A	处	1	
7	慢扫描双踪示波器	自定	台	1	
8	兆欧表	500 V，0～200 MΩ	只	1	
9	钳形电流表	0～50 A	只	1	
10	黑胶布	自定	卷	1	
11	透明胶布	自定	卷	1	
12	演草纸	自定	张	4	

注：故障检修鉴定项目用晶闸管直流调速系统设备（或其模拟装置）、PLC 变频器控制设备（或其模拟装置）等，各鉴定所（站）需准备两类共 3 种及以上。

试题 3 读图与分析（笔试或答辩）。

工具、材料和设备准备

序号	名称	型号与规格	单位	数量	备注
1	答题纸	A4	张	1	
2	电气原理图	1. 小功率晶闸管—直流电动机单闭环有差调速系统原理图 2. KCZ6 集成六脉冲触发组件原理图 3. 锯齿波、正弦波同步触发器的电路原理图 4. 三相（或单相）晶闸管—转速单闭环调速系统原理图	套	选 1	
3	场地及设施	要求准备不少于 60m² 的实训场地，其配套设施要满足讲课的要求	处	1	

试题 4 培训指导。

工具、材料和设备准备

序号	名　　称	型号与规格	单位	数量	备　注
1	叙述示波器基本原理和使用方法内容的讲义	自定	份	1	由考评员任意选择一项供考生准备后实施鉴定考核
2	叙述场效应管分类与特点内容的讲义	自定	份	1	
3	叙述电能表中阻尼原理内容的讲义	自定	份	1	
4	叙述PLC开发应用于工业控制步骤内容的讲义	自定	份	1	
5	叙述如何应用楞次定律判定感应电动势方向内容的讲义	自定	份	1	
6	教具、演示工具	全套自定	套	1	
7	可移动小黑板	自定	块	4	教学准备用
8	培训指导的场地及设施	要求准备不少于20m^2的实训场地，其配套设施要满足培训指导的要求，另配备60m^2以上教室一处	处	2	演示教学过程和教案编写分两处
9	答题纸	A4纸或自定	张	2	

（二）人员要求

（1）监考人员与考生比例为1:10。

（2）考评员与考生比例为1:5。

（3）医务人员1名。

（三）其他

本试卷总的考试时间为330min(不包括准备时间)。

二、技能考核试卷

试题 1 用PLC进行控制线路的设计，并进行安装与调试。

● 本题分值:50分。

● 考核时间:210min。

● 考核内容及要求。

(1) 用 PLC 进行控制线路设计,并且进行安装与调试。

(2) 电路设计:根据任务设计主/控电路电路图(或系统框图),列出 PLC 控制 I/O 接口(输入/输出)元件地址分配表;根据加工工艺,设计梯形图及 PLC 控制 I/O 接口(输入/输出)接线图;根据梯形图,列出指令表。

(3) 安装与接线。

①将熔断器、接触器、继电器、PLC 装在一块配线板上,而将转换开关、按钮等装在另一块配线板上(或在机架上安装)。

②按 PLC 控制 I/O 接口(输入/输出)接线图在模拟配线板上正确安装,元件在配线板上布置要合理,安装要准确、紧固,配线导线要紧固、美观,导线要进行线槽,进、出线槽导线要有端子标号,引出端要用别径压端子。

(4) PLC 键盘操作。熟练操作键盘,能正确地将所编程序输入 PLC;按照被控设备的动作要求进行模拟调试,达到设计要求。

(5) 通电试验。正确使用电工工具及万用表进行仔细检查,通电试验,并注意人身和设备安全。

(6) 否定项说明:电路设计、装调达不到基本功能要求,此题无分。

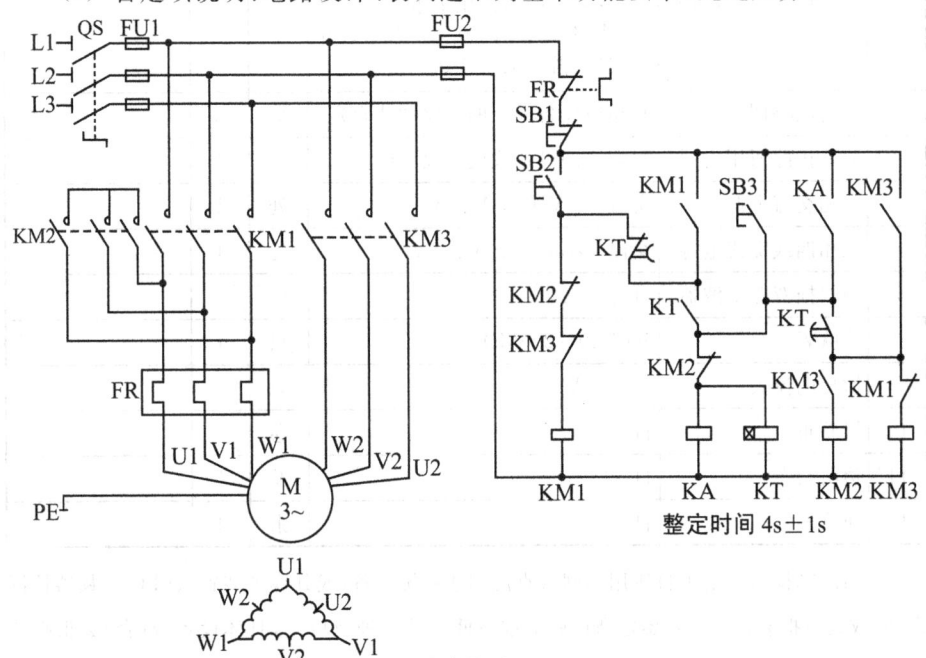

(试题 1)

试题 2 直流调速系统联调(或 PLC、变频器控制较复杂设备的故障排除等)。

在下表所述的一种直流调速系统(可用模拟装置代替)上完成调试、排除故障(也可增加连线内容),或在一种 PLC、变频器控制较复杂设备(可用模拟装置代替)上完成故障排除任务。鉴定考核时设隐蔽故障 2~3 处。考生向考评员询问故障现象时,考评员可以将故障现象告诉考生,但考生必须单独排除故障。

序号	名称(或类别)	型号与规格	单位	数量	备注
1	晶闸管直流调速系统设备(可用模拟装置)	1. 小容量晶闸管直流调速系统 2. 非独立控制励磁的调速系统 3. 三相全控桥—直流调速系统 4. 三相半波可控整流—锯齿波触发—变压器同步直流调速系统 5. 双闭环调速系统 6. 集成电路触发器—晶闸管可控—直流调速系统 7. 自定的电气复杂系数相当的电气线路	台	选1	1. 故障检修考核在两类设备中选取一种电气控制线路实施 2. 具体内容在考评员组织下由考生现场抽签决定
2	PLC、变频器控制设备(可用模拟装置)	1. PLC 控制简易四层电梯电气线路 2. PLC 控制机械手电气线路 3. 变频器控制恒压供水系统电气线路或自定的电气复杂系数相当设备的电气线路	台		
3	配套电路图	和相应设备配套的电路图或自定	套	1	
4	故障排除所用材料	和相应的设备或模拟设备配套	套	1	
5	单相交流电源	交流 220V 和 36V,5A	处	1	
6	三相四线交流电源	交流 3×380/220V,20A	处	1	
7	慢扫描双踪示波器	自定	台	1	
8	兆欧表	500V,0~200MΩ	只	1	
9	钳形电流表	0~50 A	只	1	
10	黑胶布	自定	卷	1	
11	透明胶布	自定	卷	1	
12	演草纸	自定	张	4	

注:故障检修鉴定项目所用晶闸管直流调速系统设备(或其模拟装置)、PLC 变频器控制设备(或模拟装置)等,各鉴定所(站)需准备两类共 3 种及以上,具体设备台(套)数根据考生人数确定。

- 本题分值:35分。
- 考核时间:50min。
- 考核内容及要求。

(1) 根据鉴定所(站)提供的系统(或框图)进行调速系统的连线。

(2) 调速系统调试。

①部件调试。

②晶闸管主电路、触发电路调试。

③开环调试。

④闭环调试。

(3) 根据具体设备排除故障(由监考老师随机设置2处故障)。

①触发电路故障。

②主电路故障(监考老师根据下表随机设置2处故障)。

(4) 否定项说明:故障检修鉴定考核达不到18分,本次操作技能鉴定考核不合格。

触发器电路故障现象和故障设置参考:

故障现象	故障设置参考
无脉冲输出	1. 触发信号低于规定值 2. 无工作电源 3. 无同步信号 4. 无控制信号 5. 控制信号超过同步电压幅值(正弦波同步触发器) 6. 触发器故障
无锯齿波	1. 无电源 2. 无同步信号 3. 元件损坏或管脚断 4. 充电回路开路或短路 5. 控制信号开路

主电路故障现象和故障设置参考:

故障现象	故障设置参考
三相整流电源不对称或缺相	1. 接触器主触点烧熔,表面高低不平 2. 整流变压器引出线脱焊或接触不良 3. 熔断器接触不良 4. 螺钉未拧紧 5. 导线头氧化或腐蚀

续表

故障现象	故障设置参考
晶闸管元件损坏	1. RC 吸收装置接线位置错误或保护效果不佳 2. 过流继电器或热继电器整定不当 3. 熔断器熔体额定电流选择不当 4. 经常发生启动过电流
熔断器熔断	1. 直流侧短路 2. 晶闸管反向击穿 3. 熔体额定电流选择不当

下图为非独立控制励磁的调速系统框图,供参考。

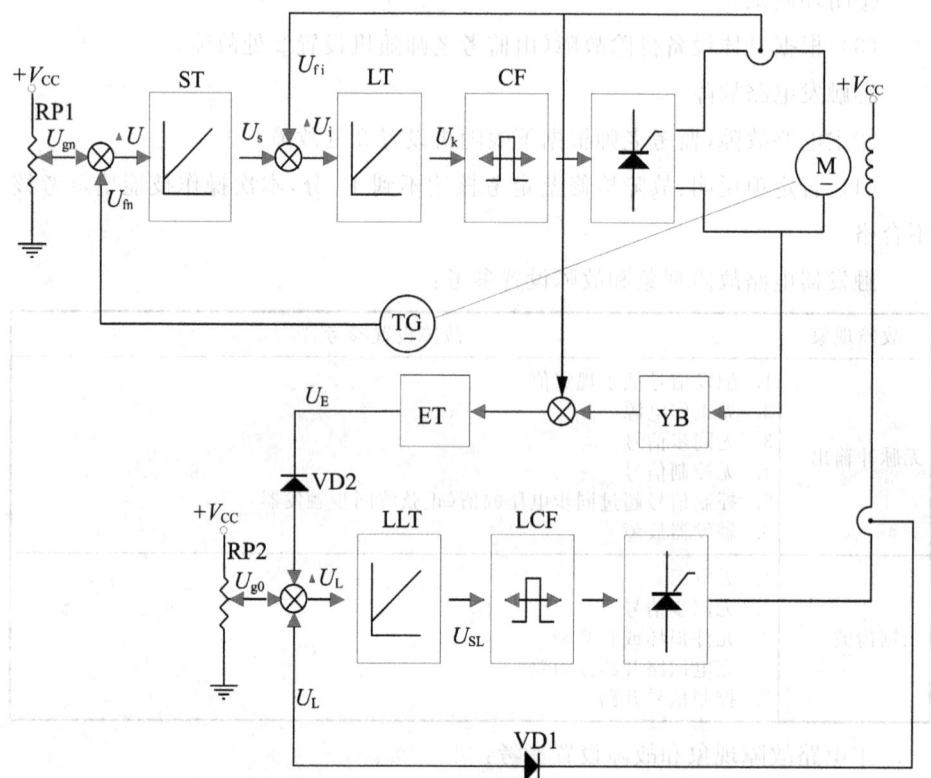

(试题 2)

试题 3 转速负反馈晶闸管—直流电动机调速系统原理分析。

● 本题分值:15 分。
● 考核时间:30min。

● 考核内容及要求。

（1）认真阅读转速负反馈晶闸管—直流电动机调速系统原理图。

（2）在答题纸上回答以下问题：

①图中，放大器晶体管 V31 在零速时处于什么状态？

②图中，放大器 V31 输入端的二极管 V9 的作用是什么？

③图中，采用电压微分负反馈是为了什么？

④图中主电路的平波电抗器 L 及二极管 V2 的作用是什么？

说明：考评员现场考评时，也可根据电路原理图另行出题实施现场考评。

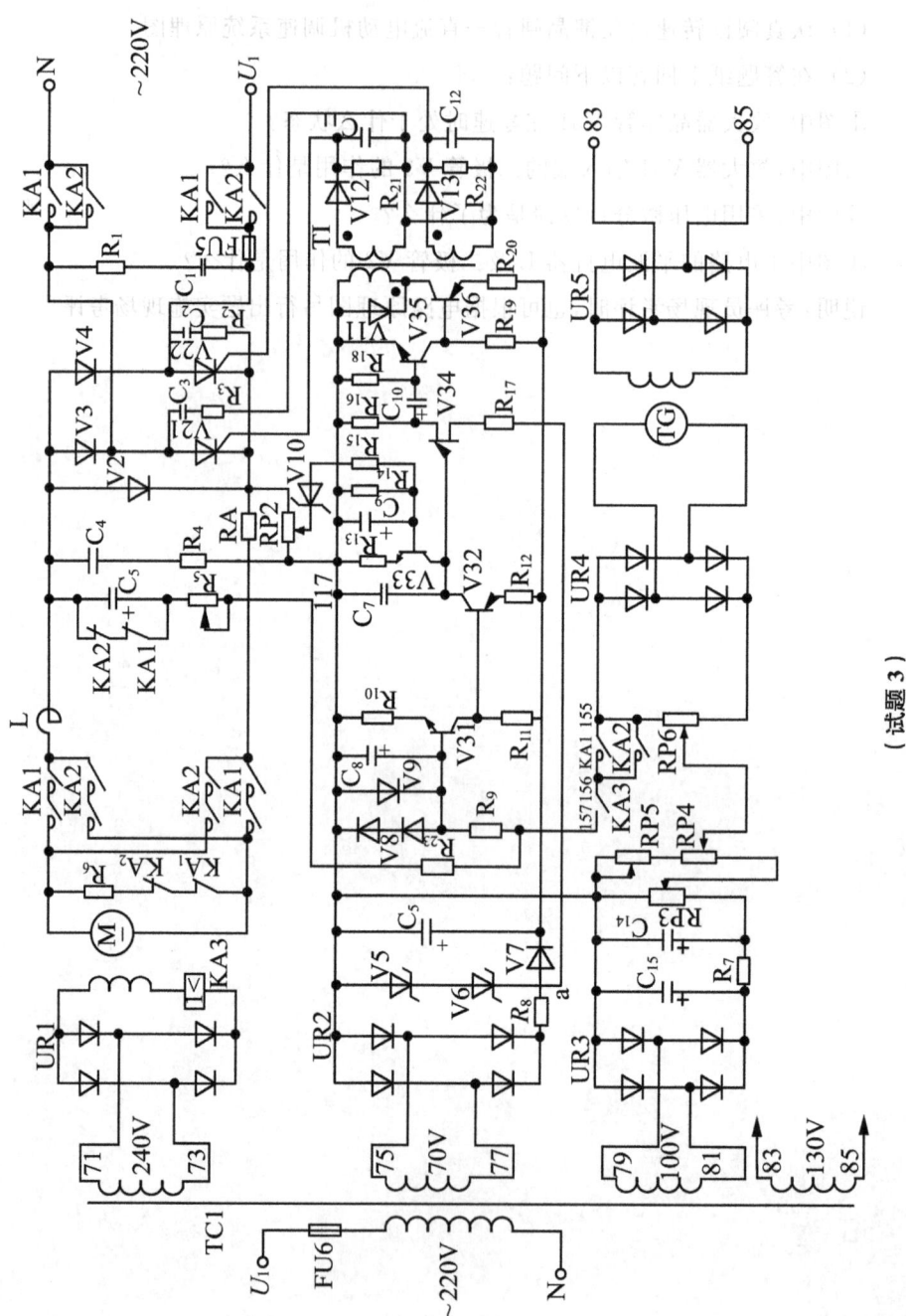

(试题 3)

试题 4 培训指导。

- 本题分值:15 分。
- 考核时间:45min(其中编写教案 30min)。
- 考核内容及要求。根据教案开展理论培训指导:

(1) 编写教案。参阅教科书现场编写教案,内容正确。

(2) 教学过程(该项可与答辩同时进行)。

①教学内容正确,重点突出。

②板书工整,教法亲切自然,语言精练准确。

三、考核评分记录表

(1) 总成绩表。

序号	试题名称	配分(权重)	得分	备注
1	用 PLC 进行控制线路的设计,并进行安装与调试	50		
2	直流调速系统联调(或 PLC、变频器控制较复杂设备的故障排除等)	35		
3	读图与分析	(二选一) 15		
4	培训指导			
5	在各项技能考核中,要遵守安全文明生产的有关规定			为倒扣分
	合　　计	100		

统分人:　　　　　　　　　　　　　　　　　　　　　　　年　　月　　日

试题 1 的配分、评分标准。

序号	主要内容	考核要求	评分标准	配分	扣分	得分
1	电路设计	1. 根据任务,设计主/控电路图(或系统框图),列出 PLC 控制 I/O 接口(输入/输出)元件地址分配表 2. 根据加工工艺,设计梯形图及 PLC 控制 I/O 接口(输入/输出)接线图 3. 根据梯形图,列出指令表	1. 电气控制原理图(或系统框图)设计不全或设计错误,每处扣 1 分 2. 输入、输出地址遗漏或搞错,每处扣 1 分 3. 梯形图表达不正确或画法不规范,每处扣 1 分 4. 接线图表达不正确或画法不规范,每处扣 1 分 5. 指令有错,每条扣 1 分	20		

续表

序号	主要内容	考核要求	评分标准	配分	扣分	得分
2	安装与接线	1. 按PLC控制I/O接口(输入/输出)接线图在模拟配线板上正确安装 2. 元件在配线板上布置要合理,安装要准确、紧固,配线导线要紧固、美观,导线要进行线槽,导线要有端子标号,引出端要用别径压端子	1. 元件布置不整齐、不匀称、不合理,每只扣1分 2. 元件安装不牢固、安装元件时漏装木螺丝,每只扣1分 3. 损坏元件扣5分 4. 电机运行正常,如不按电气原理图接线扣1分 5. 布线不进行线槽、不美观,主电路、控制电路每根扣0.5分 6. 接点松动、露铜过长、反圈、压绝缘层,标记线号不清楚、遗漏或误标,引出端无别径压端子,扣1~3分 7. 损伤导线绝缘或线芯,每根扣0.5分 8. 不按PLC控制I/O(输入/输出)接线图接线,每处扣2分	10		
3	程序输入及调试	1. 熟练正确地将所编程序输入PLC 2. 按照被控设备的动作要求进行模拟调试,达到设计要求	1. 不会熟练操作PLC键盘输入指令扣2分 2. 不会用删除、插入、修改等命令,每项扣2分 3. 一次试车不成功扣4分;两次试车不成功扣8分;三次试车不成功扣10分	20		
4	安全文明生产	1. 劳动保护用品穿戴整齐 2. 电工工具佩带齐全 3. 遵守操作规程 4. 尊重考评员,讲文明礼貌 5. 考试结束要清理现场	1. 考试中,违反安全文明生产考核要求的任何一项扣2分,扣完为止 2. 考生在不同技能试题中,违反安全文明生产考核要求同一项内容的,要累计扣分 3. 当考评员发现考生有重大事故隐患时,要立即予以制止,并每次扣考生安全文明生产总分5~10分,情节严重的取消考试资格	倒扣		
		合 计		50		

评分人:　　年　月　日　　　　核分人:　　　　　年　月　日

试题 2 的配分、评分标准。

序号	主要内容	考核要求	评分标准	配分	扣分	得分
1	接线	接线正确、紧固	1. 损坏元件扣 3 分 2. 接线不正确,每处扣 2 分 3. 接线不紧固,每处扣 1 分	8		
2	调试	1. 晶闸管主电路、触发电路调试 2. 部件调试 3. 开环调试 4. 闭环调试	1. 晶闸管主电路、触发电路调试不正确扣 2 分 2. 部件调试不正确扣 2 分 3. 开环调试不正确扣 2 分 4. 闭环调试不正确扣 2 分	10		
3	故障排除	1. 触发故障 2. 调速系统故障	1. 分析故障原因不正确,每处扣 2 分 2. 找不出故障点,每处扣 2 分	15		
4	仪器、仪表使用	要求仪器、仪表使用正确	使用方法不正确,每次扣 1 分	2		
5	安全文明生产	1. 劳动保护用品穿戴整齐 2. 电工工具佩带齐全 3. 遵守操作规程 4. 尊重考评员,讲文明礼貌 5. 考试结束要清理现场	1. 考试中,违反安全文明生产考核要求的任何一项扣 2 分,扣完为止 2. 考生在不同技能试题中,违反安全文明生产考核要求同一项内容的,要累计扣分 3. 当考评员发现考生有重大事故隐患时,要立即予以制止,并每次扣考生安全文明生产总分 5 分	倒扣		
		合　　计		35		

评分人：　　年　月　日　　　　核分人：　　　　年　月　日

试题 3 的配分、评分标准。

序号	主要内容	考核要求	评分标准	配分	扣分	得分
1	放大器晶体管 V31 在零速时处于什么状态	回答问题完整,分析正确	晶体管 V31 处于放大状态,回答错误扣 2 分	2		
2	放大器 V31 输入端的二极管 V9 的作用是什么	回答问题完整,分析正确	输入信号的限幅保护作用,回答错误扣 2 分	2		

续表

序号	主要内容	考核要求	评分标准	配分	扣分	得分
3	采用电压微分负反馈是为了什么	回答问题完整,分析正确	1. 电压微分负反馈在动态过程中起作用,回答错误扣2分 2. 限制电压的上升率,回答错误扣1分 3. 限制转速变化率,回答错误扣1分 4. 限制系统的加速度,有利于系统的稳定,回答错误扣1分	5		
4	主电路中平波电抗器L及二极管V_2的作用是什么	回答问题完整,分析正确	1. 平波电抗器:使整流电流连续和限制直流电的脉动率,回答错误扣3分 2. 续流二极管V_2:使整流电路在感性负载下,保证晶闸管可靠换相而不失控,回答错误扣3分	6		
		合　计		15		
评分记录				考评员签字		

评分人：　　年　月　日　　　　核分人：　　　年　月　日

注:1.考评员现场考评时,也可根据电路原理图另行出题实施现场考评。
　　2.此表因为有参考答案,应不与考生见面。

试题4的配分、评分标准。

序号	主要内容	考核要求	评分标准	配分	扣分	得分
1	准备工作	教具、演示工具准备齐全	准备不齐全扣3分	3		
2	讲课	1. 主题明确、重点突出 2. 语言清晰、自然,用词正确	1. 主题不明确扣2~4分 2. 重点不突出扣2~4分 3. 语言不清晰、不自然,用词不正确,每次扣2~4分	12		
3	时间分配	不得超过规定时间	每超过规定时间1min,从本项总分中扣除1分			

续表

序号	主要内容	考核要求	评分标准	配分	扣分	得分
4	安全文明生产	1. 劳动保护用品穿戴整齐 2. 电工工具佩带齐全 3. 遵守各项安全操作规程 4. 尊重考评员，讲文明礼貌 5. 考试结束要清理现场	1. 违反安全文明生产考核要求，每项扣2分 2. 当考评员发现考生有重大人身事故隐患时，要立即予以制止，扣2～10分 3. 以上内容从本项目总分中扣除，扣完为止	倒扣		
合　计				15		
备注	否定项： 指导内容不正确或不能表达其内容，扣15分		考评员签字		年　月　日	

评分人：　　　年　月　日　　　核分人：　　　年　月　日

第二部分 维修电工高级技师

第七章 命题思路与鉴定考核要点

第八章 维修电工高级技师理论知识鉴定复习指导

第九章 维修电工高级技师操作技能鉴定复习指导

第十章 理论知识试题精选与参考答案

第十一章 操作技能试题精选

第十二章 模拟试卷

第七章　命题思路与鉴定考核要点

第一节　命　题　思　路

一、试卷命题依据

职业技能鉴定依据《维修电工国家职业标准》(以下简称《标准》)要求,参考中国劳动社会保障出版社国家职业资格培训教程《维修电工(技师技能　高级技师技能)》,结合当前社会生产和技术发展水平及对从业人员的各方面要求命题。在命题内容上,力求体现"以职业活动为导向,以职业技能为核心"的指导思想;在结构上,针对维修电工职业活动的领域,按照模块化项目组合的方式进行命题,确定多个考核项目和内容,较准确、有效地反映了当前社会经济水平下《标准》对从业人员的技能和素质的要求,保证了鉴定试题的内在质量和可操作性。

二、试卷命题原则

1. 命题的总体原则

(1) 注重对本等级基本知识和基本技能的理解和掌握,不出偏题和难题。

(2) 根据本工种职业特点和目前整体技术的发展水平与现状,对考核内容进行适当调整。

2. 理论知识命题原则

(1) 实事求是地反映《标准》要求。

(2) 注重理论知识对操作技能的支撑作用,强调实际工作必备的知识,避免纯理论化或学科化的倾向。

(3) 坚持一致性、通用性的原则。

3. 技能操作命题原则

(1) 强调实际操作技能与生产实践的内在联系,注重所考内容在实际工作中的基础性和关键性的作用。

（2）以模块项目组合的形式组织试题，尽可能做到鉴定实施的可行、高效、低成本。

（3）兼顾不同地区或不同企业的特点，允许对试题某些考试项目进行适当调整。

三、鉴定方式与试卷结构

鉴定方式分为理论知识考试、技能操作考核和论文答辩三项。理论知识考试采用闭卷笔试方式，技能操作考核采用现场实际操作方式。理论知识考试和技能操作考核均实行百分制，成绩皆达60分以上者为合格。同时，高级技师鉴定还须进行综合评审。

关于试卷组成的特点，以下分为理论、技能两方面来介绍。

（一）理论试卷结构

高级技师理论知识成绩满分100分，内容分为"基本要求"与"相关知识"两部分，分别占23%和77%。理论知识部分的考试时间为120min，其题型、题量、比例和配分，参见表7-1非标准化理论知识试卷的题型、题量与配分方案。

表7-1 非标准化理论知识试卷的题型、题量与配分方案

题 型	题 量	分 数
填空题	20题（1分/题）	20分
判断题	10题（1分/题）	10分
单项选择题	10题（2分/题）	20分
简答题	4题（5分/题）	20分
论述题	2题（15分/题）	30分
总 分	100分（46题）	

（二）技能试卷结构

维修电工高级技师技能考核内容层次结构表见表7-2，技能操作考核的全部内容由操作技能和综合工作能力两部分构成。

表 7-2 维修电工高级技师技能考核内容结构表

鉴定范围 鉴定要求	操作技能			综合工作能力		合计
	设计、安装与调试	故障检修	安全文明生产	培训指导	读图分析、工艺计划或测绘	
选考方式	必考项(题目内容见细目表)	必考项(题目内容见细目表)	必考项(为倒扣分)	必考项(题目内容见细目表)	必考项(题目内容见细目表)	5项
鉴定比重(%)	40	30	(10)	14	16	100
考试时间(min)	210～240	40～60	—	10～45	100	约440min
考核形式	实际操作及笔试	实际操作及笔试(口试)	实际操作	讲课及操作示范	实际操作或笔试	—
否定项	无	有否定项的内容	有否定项的内容	无	无	
考核项目组合及方式	选一项	选一项	必考项	选一项	选一项	

全套技能操作试卷由"准备通知单"、"试卷正文"和"评分记录表"三部分构成,分别供考场、考生和考评员使用。

1. 准备通知单

(1) 考场准备:明确具体承担职业技能鉴定的实施机构在组织本次职业技能鉴定时应准备设备、工具、材料(名称、数量、规格、标准)的要求。

(2) 电气设备准备:需要有比较明确的方向及定位,既要有适当的场地、规模,又要有时间、周期的限制,同时还要有一定的资金支持。承担考核鉴定的机构和单位,可参照第九章、第十一章内容,作为本次鉴定先行规划准备的标的。

(3) 考生准备:考生自备的用品见表7-3。

表 7-3 考生自备用品一览表

序号	名称	型号与规格	单位	数量	备注
1	万用表	自定	只	1	
2	电工通用工具	验电笔、钢丝钳、螺丝刀(包括十字口螺丝刀、一字口螺丝刀)、电工刀、尖嘴钳、活扳手等	套	1	
3	圆珠笔	自定	支	1	
4	绘图工具	自定	套	1	
5	参考书	维修电工(基础知识)	本	1	
6	劳动保护用品	绝缘鞋、工作服等	套	1	

2. 试卷正文

高级技师技能操作考核有 4 个题目（安全文明生产内容包含在每个考题中）。每个题目针对一个具体模块，配有其考评用的考核要求与评分标准。每个模块对应一个操作考核项目。在每个考核项目囊括的若干鉴定点中，选中一个作为本项目的具体考核内容。这样，这个选定项目的考核内容，就成为考核的试题，相应就有具体考核实施的操作内容、任务，即试题上的"考核要求"。

第二节　鉴定考核要点

鉴定考核要点是题库抽题组卷的基本范围，它反映了当前本职业（工种）对从业人员知识和技能要求的主要内容，鉴定考核要点是根据《标准》的相关要求制定的。

鉴定考核要点采用《鉴定要素细目表》的格式编制，以鉴定范围和鉴定点的形式加以组织，列出了本等级下应考核的内容。考核分为理论知识和操作技能两个部分。其中，理论知识部分的核心是以知识点表示的鉴定点，操作技能部分的主要内容是以考核项目表示的鉴定点。

在鉴定要素细目表中，每个鉴定点都有其重要程度指标，即表内鉴定点后标以"X"、"Y"、"Z"的内容。重要程度反映了该鉴定点在本职业（工种）中对从业人员所要求内容中的相对重要性水平，当然，重要的内容被选取为考核试题的可能性也就较大。其中，"X"表示"核心要素"，是考核中最重要、出现频率最高的内容；"Y"表示"一般要素"，是考核中出现频率一般的内容；"Z"表示"辅助要素"，在考核中出现的概率较小。在鉴定要素细目表中，每个鉴定范围都有其鉴定比重指标，它表示在一份试卷中该鉴定范围所占的分数比例。

一、理论部分

理论知识的基本要求在《标准》中已经明确界定。在理论知识方面，《标准》中的"基本要求"和"相关知识"，既是指导鉴定工作、编制鉴定试题的重要依据，也是技术理论培训和考生进修复习的参考大纲。为了考生在考前复习时有一定系统性，我们把维修电工高级技师理论知识鉴定要素细目表列于表 7-4。

表 7-4 维修电工高级技师理论知识鉴定要素细目表

鉴定范围								鉴定点		
一级			二级			三级				
代码	名称	鉴定比重	代码	名称	鉴定比重	代码	名称	代码	名称	重要程度
A	基本要求 (28:19:01)	23	A	职业道德 (11:02:00)	5	A	职业道德 (11:02:00)	5		
								001	职业道德的基本内涵	X
								002	市场经济条件下,职业道德的功能	X
								003	企业文化的功能	X
								004	职业道德对增强企业凝聚力、竞争力的作用	X
								005	职业道德是人生事业成功的保证	Y
								006	文明礼貌的具体要求	X
								007	爱岗敬业的具体要求	X
								008	对诚实守信基本内涵的理解	X
								009	办事公道的具体要求	X
								010	勤劳节俭的现代意义	X
								011	企业员工遵纪守法的要求	X
								012	团结互助的基本要求	X
								013	创新的道德要求	Y
			B	基础知识 (17:17:01)	18	A	电工基础知识 (9:00:00)	18		
								001	电容器替代方法	X
								002	电磁感应	X
								003	运算放大器基本知识	X
								004	常用集成运算放大器及其功能	X
								005	晶闸管及其整流电路	X
								006	运算放大器组成的基本线性运算电路	X
								007	运算放大器组成的非线性运算电路	X
								008	555 时基电路原理	X
								009	555 时基电路应用	X

续表

鉴定范围							鉴定点		
一级			二级			三级			
代码	名称	鉴定比重	代码	名称	鉴定比重	代码	名称	鉴定比重	
代码							代码	名称	重要程度
A	基本要求 (28:19:01)	23	B	基础知识 (17:17:01)	18	B	机械基础知识 (01:07:00)	18	
						001	常用机构的基础知识		X
						002	联接的基础知识		Y
						003	带传动的基础知识		Y
						004	链传动的基础知识		Y
						005	齿轮传动的基础知识		Y
						006	轮系的基础知识		Y
						007	轴与轴承的基础知识		Y
						008	联轴器与离合器的基础知识		Y
						C	安全生产环境保护 (02:02:01)		
						001	安全用电技术措施		X
						002	安全生产规章制度		X
						003	环境污染的概念		Y
						004	电磁污染源的分类		Y
						005	噪音概念		Z
						D	质量及生产管理知识 (05:08:00)		
						001	质量管理的内容		Y
						002	岗位质量要求		Y
						003	ISO9000 族标准及 GB/T 1900 族质量体系		X
						004	ISO14000 系列标准		X
						005	维修电工班组管理		Y
						006	提高劳动生产率的知识		Y
						007	现代管理知识		X
						008	计算机集成制造系统		X
						009	劳动者的权利		Y
						010	劳动者的义务		Y
						011	劳动合同的解除		Y
						012	劳动安全卫生制度		Y
						013	劳动法与合同法基本知识		X

续表

鉴定范围							鉴定点		
一级			二级			三级				
代码	名称	鉴定比重	代码	名称	鉴定比重	代码	名称	鉴定比重	重要程度
B	相关知识 (109:27:00)	77	A	工作前准备 (17:06:00)	19	A	工具、量具及仪器 (02:04:00)		
						001	逻辑分析仪的基本原理		Y
						002	逻辑分析仪的使用		Y
						003	振动测试仪的使用		Y
						004	红外线热检测仪的基本原理		Y
						005	数字示波器的基本原理		X
						006	数字示波器的使用		X
					B	读图与分析 (15:02:00)	19	
						001	三相半波可控整流电路		X
						002	三相桥式可控整流电路		X
						003	数控系统控制方式及开环控制		X
						004	半闭环与闭环控制系统		Y
						005	逆变电路		X
						006	逆变失败和逆变角的限制		X
						007	锯齿波同步晶闸管触发电路		X
						008	交流侧过电压及其保护		X
						009	直流侧过电压及其保护		X
						010	过电流及其保护		X
						011	电气图的读图方法		X
						012	电气图的读图步骤		X
						013	进口设备常用电气词汇		X
						014	电气原理图的绘制		X
						015	SIN840 控制系统结构		Y
						016	SIN840 控制系统的特点		X
						017	SIN840 控制系统的功能		X
			B	装调与维修 (87:13:00)	56	A	电气故障检修 (16:10:00)	18	
						001	数控设备的组成		X
						002	数控设备的原理		Y
						003	数控装置		X

续表

鉴定范围							鉴定点		
一级			二级			三级			
代码	名称	鉴定比重	代码	名称	鉴定比重	代码	名称	鉴定比重	
代码							代码	名称	重要程度
B	相关知识 (109:27:00)	77	B	装调与维修 (87:18:00)	56	A	电气故障检修 (16:10:00)	18	
							004	数控设备的一般应用	
							005	数控机床中 J50M 系统的基本操作方法	X
							006	数控机床电气故障的诊断	X
							007	伺服系统的概念	X
							008	伺服系统的组成及工作原理	X
							009	步进电动机系统	X
							010	光栅测量装置	X
							011	光电脉冲编码器	Y
							012	龙门刨床 V5 系统常见故障的分析方法	X
							013	液压控制的原理及组成	Y
							014	常用液压元件	Y
							015	气动控制的基本原理	X
							016	常用气动元件	X
							017	液压系统电气故障分析	Y
							018	液压系统电气故障排除	Y
							019	电气测量的方法和特点	X
							020	电气测量的抗干扰措施	X
							021	非电量的电测法	Y
							022	误差的概念	Y
							023	线性度误差与量程扩展	Y
							024	复杂设备电气故障的诊断步骤	X
							025	复杂设备电气故障的诊断方法	X
							026	电路在线维修测试仪的使用知识	Y

续表

鉴定范围						鉴定点		
一级		二级		三级				
代码	名称	鉴定比重	代码	名称	鉴定比重	代码	名称	鉴定比重	代码	名称	重要程度
B	相关知识 (109:27:00)	77	B	装调与维修 (87:18:00)	56	B	配线与安装 (9:00:00)	23	001	晶闸管调速电路的主回路	X
									002	晶闸管调速电路的电压负反馈环节	X
									003	晶闸管调速电路的电流截止反馈环节	X
									004	可编程序控制器电源干扰的抑制	X
									005	变频器的基本结构	X
									006	变频器的外部接口	X
									007	变频器的安装要求	X
									008	变频器的键盘配置	X
									009	变频器的预置流程	X
						C	设计调试 (28:04:00)		001	电气控制设计的一般程序	X
									002	电气控制原理图设计的方法和步骤	X
									003	电气设计的技术条件	X
									004	电路设计的原则	X
									005	电路设计的内容	X
									006	电路设计的步骤	X
									007	电路设计的方法	X
									008	可编程序控制器的定义	X
									009	可编程序控制器的特点	X
									010	可编程序控制器工作过程和信息处理	X
									011	可编程序控制器的控制原理	X
									012	可编程序控制器编程	X
									013	常用传感器的性能和分类	X
									014	传感器常用的检测方法	X

续表

鉴定范围							鉴定点		
一级			二级			三级			
代码	名称	鉴定比重	代码	名称	鉴定比重	代码	名称	鉴定比重	
代码	名称								重要程度
B	相关知识 (109:27:00)	77	B	装调与维修 (87:18:00)	56	C	设计调试 (28:04:00)	23	
							015	B2012A型龙门刨床V5系统的调试	X
							016	SIMOREG—V5系列晶闸管直流主轴调速装置的技术指标	X
							017	较复杂机械电气设备控制线路调试前准备	X
							018	较复杂机械电气设备控制线路调试原则	X
							019	干扰的种类	Y
							020	干扰的防护方法	X
							021	屏蔽技术	X
							022	接地技术	X
							023	滤波器抗干扰技术	X
							024	脉冲电路的噪声抑制	X
							025	电子测量装置的屏蔽规则	X
							026	电子测量装置的典型防护系统	X
							027	电子测量装置布置及走线时的注意事项	Y
							028	变频器输入侧的干扰表现及抗干扰措施	Y
							029	变频器输出侧的干扰表现及抗干扰措施	Y
							030	采用数控技术改造旧机床的适应性和特点	X
							031	各种数控改造方案的适应性和特点	X
							032	对数控机床进行改造的一般知识和内容	X

续表

鉴定范围							鉴定点		
一级			二级			三级			
代码	名称	鉴定比重	代码	名称	鉴定比重	代码	名称	鉴定比重	
代码	名称						代码	名称	重要程度
B	相关知识 (109:27:00)	77	B	装调与维修 (87:18:00)	56	D	测绘 (14:00:00)	15	
							001	电气安装接线图的测绘方法	X
							002	测绘前的准备	X
							003	电气测绘的一般要求	X
							004	电气测绘的注意事项	X
							005	常用集成电路手册的查阅方法	X
							006	计算机数控系统的概念	X
							007	FANUC 数控系统的基本知识	X
							008	SIEMENS 数控系统的基本知识	X
							009	工业控制机系统的组成	X
							010	工业控制机系统的分类	X
							011	测绘数控系统与步进驱动装置和可编程序控制器等的接线图	X
							012	测绘数控机床电气图的步骤和方法	X
							013	测绘数控机床电气图的注意事项	X
							014	数控机床电气图的测绘内容	X
						E	新技术应用 (14:04:00)		001	全控型电力电子器件	X
							002	电力电子缓冲电路	X
							003	电力电子驱动电路	X
							004	高频逆变技术知识	X
							005	无速度传感器的交流电动机变频调速技术	Y
							006	高性能的高压变频调速装置	Y
							007	计算机的用途和基本结构	Y
							008	计算机软件及数控系统	Y

续表

鉴定范围							鉴定点		
一级			二级			三级			
代码	名称	鉴定比重	代码	名称	鉴定比重	代码	名称	鉴定比重	
代码	名称	重要程度							
B	相关知识 (109:27:00)	77	B	装调与维修 (87:18:00)	56	E	新技术应用 (14:04:00)	15	
						009	机电一体化的概念		X
						010	机电一体化产品的主要特征		X
						011	机电一体化的相关技术		X
						012	机电一体化的机械技术		X
						013	机电一体化的计算机与信息处理技术		X
						014	机电一体化的系统技术		X
						015	机电一体化的自动控制系统		X
						016	机电一体化的传感与检测技术		X
						017	机电一体化的伺服传动技术		X
						018	柔性制造技术		X
						F	工艺编制 (06:00:00)		
						001	制订工艺文件的原则		X
						002	一般机械设备的电气大修理工艺知识		X
						003	一般机械设备编制电气大修工艺的步骤		X
						004	一般机械设备电气大修工艺应包含的内容		X
						005	一般机械设备电气大修工艺的编制步骤		X
						006	编写数控机床一般电气检修工艺前的注意事项		X
			C	培训指导 (05:03:00)	2	A	操作培训 (02:02:00)	2	
						001	指导操作的目的		X
						002	指导操作的方法		X
						003	指导操作培训讲义编写的要求		Y
						004	指导操作培训讲义编写的步骤		Y

续表

鉴定范围									鉴定点		
一级			二级			三级			代码	名称	重要程度
代码	名称	鉴定比重	代码	名称	鉴定比重	代码	名称	鉴定比重			
B	相关知识 (109:27:00)	77	C	培训指导 (05:03:00)	2	B	理论培训 (03:01:00)	2	001	理论培训的方法	X
									002	理论培训讲义的编写	X
									003	理论培训讲义编写的步骤	X
									004	理论培训讲义编写的注意事项	Y

二、技能部分

根据《标准》和国家职业资格培训教程《维修电工（技师技能　高级技师技能）》，表 7－5 列出了维修电工高级技师操作技能鉴定要素细目表。

表 7－5　维修电工高级技师操作技能鉴定要素细目表

鉴定范围			鉴定点		重要程度
代码	名称	鉴定比重	代码	名称	
A	设计、安装与调试	40	001	用计算机进行继电—接触式控制线路的设计及选择主要电器元件材料	X
			002	PLC 进行控制线路（或工艺过程）的设计及模拟调试	X
			003	生产过程 PLC 多站式控制的设计及联调	X
			004	设计、安装、调试 PLC 控制多台变频器同步运行系统	X
			005	PLC、变频器控制线路的设计、安装与调试	X
			006	工业组态软件＋PLC 进行控制线路的设计及模拟调试	X
			007	应用触摸屏、PLC、变频器模拟工业控制系统的设计、安装及联调	Y
			008	电子线路的设计、安装与调试	X
B	系统检修	30	01	检修继电—接触式控制的大型设备电气线路	X
			02	检修中型晶闸管直流调速系统	X
			03	检修 PLC 控制设备的电气线路	X
			04	检修 PLC＋变频器控制设备的电气线路	X

续表

鉴定范围			鉴定点		重要程度
代码	名称	鉴定比重	代码	名称	
B	系统检修	30	05	检修工业组态软件＋PLC＋变频器控制设备的电气线路	X
			06	电子设备的检修	Y
			07	数控机床电气线路的检修	Y
C	电路测绘	16	01	继电—接触式控制的大型设备局部电气线路测绘	X
			02	电子设备线路测绘	Y
			03	小容量晶闸管直流调速系统测绘	Y
	工艺计划		01	编写继电—接触式控制的大型设备电气线路的检修工艺计划	Y
			02	编写PLC控制设备的电气线路检修工艺计划	X
			03	编写小容量晶闸管直流调速系统检修工艺计划	X
			04	编写数控机床电气线路检修工艺计划	X
D	培训指导	14	01	课堂教学	Y
			02	操作示范	X
			03	质量管理	X
			04	生产管理	X

第八章 维修电工高级技师理论知识鉴定复习指导

职业道德内容参见维修电工技师理论知识鉴定复习指导,本章不再重述。

第一节 工作前准备(读图与分析)

● 鉴定要求

(1) 掌握 SIN840C 控制系统结构,了解其基本框图。

(2) 掌握 SIN840C 控制系统主菜单 5 个区域功能及其中的英语常用词汇。

(3) 了解 SIN840C 控制系统的特点及功能。

● 复习重点

(1) 掌握 SIN840C 控制系统结构。

(2) 掌握 SIN840C 控制系统主菜单 5 个区域功能及其中的英语常用词汇。

以上鉴定复习具体内容参见国家职业资格培训教程《维修电工(技师技能 高级技师技能)》。

第二节 电气故障检修

● 鉴定要求

(1) 掌握排除复杂设备常见电气故障过程中维修用备件的解决方法。

(2) 掌握故障症状表、故障诊断流程图、电气故障诊断专家系统、故障分级的概念及内容。

(3) 根据实例,理解并掌握解决和排除电气、工艺、机械等综合性问题的方法。

(4) 掌握电气测量基本知识、电气诊断技术基本知识。

(5) 了解红外线热检测仪、逻辑分析仪、电路在线维修测试仪、振动测试仪的使用知识。

(6) 了解机械原理基本知识。

● 复习重点

(1) 掌握故障症状表、故障诊断流程图、电气故障诊断专家系统、故障分级概念及内容。

(2) 解决某专用数控铣床 Z 轴出现的位置报警问题。

(3) 掌握电气测量的特点和方法。

(4) 掌握复杂设备电气故障的诊断步骤。

(5) 掌握复杂设备电气故障的诊断方法。

以上鉴定复习具体内容参见国家职业资格培训教程《维修电工(技师技能 高级技师技能)》。

第三节 测 绘

● 鉴定要求

(1) 掌握测绘步骤、方法和内容,以及测绘时的注意事项。

(2) 掌握计算机数控系统。

(3) 掌握工业控制机系统的组成、分类。

● 复习重点

(1) 掌握测绘步骤的注意事项。

(2) 掌握 SIEMENS 数控系统。

(3) 掌握 LJ—20 系列 CNC 装置逻辑框图。

(4) 掌握工业控制机系统的基本结构。

以上鉴定复习具体内容参见国家职业资格培训教程《维修电工(技师技能 高级技师技能)》。

第四节 调 试

● 鉴定要求

(1) 掌握变频器干扰表现及抗干扰措施。

(2) 理解干扰的概念、干扰种类与防护知识。

(3) 掌握抗干扰技术知识。

(4) 掌握电子检测装置的防护。

● 复习重点

(1) 掌握变频器干扰表现及抗干扰措施。

(2) 掌握抗干扰技术知识。

(3) 掌握电子检测装置的防护。

一、操作技能

1. 变频器输入侧的干扰表现及抗干扰措施

(1) 变频器输入侧的干扰表现。

(2) 变频器输入侧的抗干扰措施。

2. 变频器输出侧的干扰表现及抗干扰措施

(1) 变频器输出侧的干扰表现。

(2) 变频器输出侧的抗干扰措施。

二、相关知识

1. 干扰的种类与防护

对电子检测装置的测量结果起影响作用的各种外部和内部的无用信号称为干扰。消除或减弱各种干扰影响的全部技术措施的总称称为防护。

(1) 机械干扰。机械干扰是指机械的振动或冲击使电子检测装置的元器件发生振动，并导致连接导线发生位移、指针发生抖动等现象。

(2) 热干扰。热干扰往往是直流检测装置的主要干扰源。在工程上，一般采用热屏蔽的方法来消除热干扰。对于高精度的计量设备，一般要在恒温室内使用，并将恒温室内的温度控制在 20 ± 2℃ 以内。在电子检测装置中经常采用温度补偿措施，以补偿环境温度变化对检测工作的影响。

(3) 光干扰。解决光干扰的方法：对于半导体元器件，应封装在不透光的壳体内；对于光敏器件，应注意光的屏蔽。

(4) 湿度干扰。电气元器件解决湿度干扰的方法主要是防潮和隔离。

(5) 化学干扰。对电子检测装置来说，消除或减弱化学干扰非常重要的措施是良好的封装和注意清洁。

(6) 电磁及射线辐射干扰。电磁及射线辐射是电子检测装置中最严重的干扰。电子检测装置主要有以下两种干扰形式：

①差模干扰。信号接收器的一个输入端电位相对于另一个输入端电位发生变化,即干扰信号与有用信号叠加在一起。

②共模干扰。当信号接收器的输入电路参数不对称时,将会引起测量误差。射线会使气体电离,会使金属逸出电子,从而影响正常工作。

(7) 噪声源及噪声耦合方式。在电路中出现的无规律的、无用的电信号称为噪声。当噪声电压大到一定程度,电路就不能正常工作。

衡量噪声对有用信号的影响,常用信噪比(S/N)来表示,它是指有用信号功率与噪声功率的比值。信噪比常用对数形式表示：

$$S/N = 10\lg(P_s/P_N)(dB)$$

式中　P_s——有用信号功率；

　　　P_N——噪声信号功率。

在检测过程中应尽量提高信噪比,以减少噪声对检测结果的影响。

①噪声源。

a. 放电噪声。各种干扰电气设备的噪声多属于放电造成的。

b. 电气干扰。由于工频、高频和射频等大功率的传输线、脉冲发生器、电子开关等的连接导线中电流变化而在其周围产生交变磁场,形成噪声源。

c. 固有噪声源。电子装置内部的所有电子元件都存在固有噪声,并具有随机性。最重要的固有噪声源是热噪声、散粒噪声和接触噪声。

②噪声耦合方式。电子装置接收到噪声或干扰的途径称为耦合方式。

a. 静电电容耦合。两个电路之间存在寄生电容,通过寄生电容使一个电路的电荷变化影响另一个电路的方式称为静电电容耦合。

b. 电磁耦合。通过磁交链形式影响到另一个电路称为电磁耦合。

c. 共阻抗耦合。两个电路存在共有阻抗,使一个电路的电流在另一个电路上产生干扰电压,这种情况称为共阻抗耦合。

d. 漏电流耦合。由于绝缘不良,流经绝缘电阻的漏电流所引起的噪声干扰称为漏电流耦合。

2. 抗干扰技术

(1) 屏蔽。用铜或铝等电阻率低的材料制成的容器将需要保护的部分包围起来,或用导磁良好的铁磁材料制成的容器将要防护的部分包围起来,防止静电或电磁相互感应的方法称为屏蔽。

①静电屏蔽。静电屏蔽是利用与大地相连接的导电性能良好的金属容器,

使导体内部的电力线不外传,外部的电力线也不影响其内部,消除静电场的影响,削弱两电路之间通过寄生分布电容耦合而产生的干扰。

②电磁屏蔽。电磁屏蔽是采用导电良好的金属材料做成屏蔽层,高频干扰电磁场在屏蔽金属内产生涡流,该涡流磁场抵消高频干扰磁场的影响,达到防止高频磁场干扰的目的。若将电磁屏蔽接地,则同时兼有静电屏蔽的作用。

③低频磁屏蔽。低频磁屏蔽是采用高导磁材料制成的屏蔽层,将低频磁场干扰磁力线限制在磁阻很小的磁屏蔽体内部,防止低频磁场干扰。

④驱动屏蔽。

⑤电缆和接插件屏蔽。

(2)接地。利用接地技术可抑制噪声干扰。

①电子装置中的地线种类。

a. 保护接地线。保护接地是出于安全防护的目的,将电子装置的外壳屏蔽层接地。

b. 信号地线。信号地线是指电子装置的输入和输出的零信号电位公共线,它可能与大地真正隔绝。

c. 信号源地线。信号源地线是指传感器的零信号电位基准公共线。

d. 交流电源地线。交流电源地线是指电网中与大地连接的中性线。

②电子装置的接地系统。通常情况下电子装置有三种地线,如图8-1所示。设备使用交流电源时,交流电源地线应和保护地线相连。图中三条地线应连在一起并通过一点接地,使用这种接地方式可以避免因公共地线各点电位不均所产生的干扰。

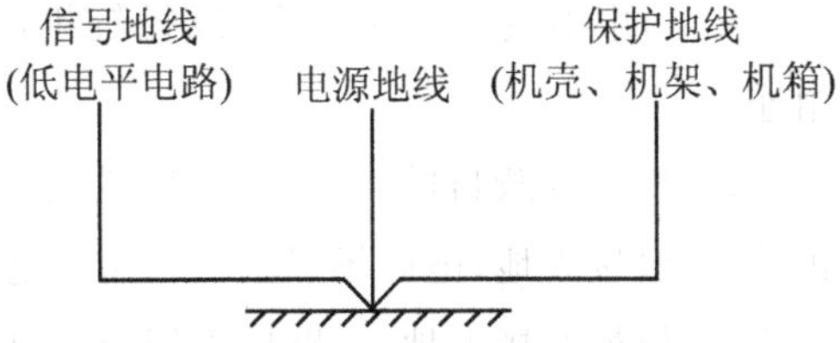

图8-1 电子装置的三种地线

在实际工作中,如能把接地和屏蔽正确地结合起来使用,可以解决大部分干扰问题。

a. 一点接地和多点接地的应用原则。高频电路应就近多点接地,低频电路应一点接地。在低频电路中,引线电感和元件间的电感影响不大,而接地电路形成的环路对干扰却影响较大,因此常以一点作为接地点。高频电路中,由地线电感引出的地线阻抗增加了,同时地线之间又产生电感耦合。当频率较高时,特别是当地线长度等于1/4波长的奇数倍时,地线阻抗会变得很大,这时地线变成了天线，可以向外辐射干扰信号。所以，在超高频时，地线长度要小于 25mm。一般 1MHz 以下可用一点接地；10MHz 以上应多点接地；在 1～10MHz 之间，若一点接地，地线长度不得超过波长的 1/20，否则应采用多点接地。

b. 交流电源地线与信号地线不能共用。

c. 浮地和接地的比较。全机浮地即检测装置各部分的全部与大地浮置起来。这种方法简单，并有一定的抗干扰能力，但全机与大地的绝缘电阻不能小于 50MΩ，否则便会带来干扰。另外，浮地还有一个缺点，即容易产生静电，产生干扰。如果采用将机壳接地，其余部分浮地的方法，可以使抗干扰能力增强，而且安全可靠。

d. 数字地主要是指 TTL、CMOS 印制线路板等的地线。线路板中的地线应成网状，其他走线不要形成环路，特别是不能构成环绕外周的环路。线路板中的走线不要长距离并行，不得已时应加隔离电极和跨接线或屏蔽。地线宽度要根据电流通路决定，但最好不小于 3mm。

e. A/D 转换器在获取 0～50mV 的微弱信号时，模拟地接法极为重要。为了提高抗共模干扰的能力，可以采用三线采样双层屏蔽浮地技术，就是将地线和信号线一起采样。A/D 转换器的模拟地一般采用浮空隔离，即 A/D 转换器不接地，它的电源自成回路。A/D 转换器通过光电耦合器输出。

f. 功率地线因电流较大，线径较粗，故应与小信号地线分开，与直流地线相连。

g. 根据屏蔽目的不同，屏蔽地线接法也不同，电场屏蔽是解决分布电容问题的，一般接大地；电磁场屏蔽材料用低电阻率金属材料制成，可以接大地，也可以不接，但最好接大地；磁路屏蔽用导磁材料使磁路闭合，一般接大地为好。

高增益放大器常用金属罩屏蔽起来。放大器屏蔽层间存在寄生电容，可能产生寄生振荡，可将屏蔽体接到放大器的公共端，从而防止反馈。

当信号电路是一点接地时，低频电缆的屏蔽层也应一点接地，否则将产生噪声电流。

当电路有一个不接地的信号源与一个接地(即使不是接大地)的放大器相连时，输入端的屏蔽应接至放大器的公共端。相反，当接地的信号源与不接地的放大器连接时，放大器的输入端屏蔽也应接到信号源的公共端。

③长线传输中的抗干扰问题。

a. 长线传输的阻抗匹配。

● 终端并联阻抗匹配。图8-2所示为终端并联匹配方式,图中 R_P 为双绞线特性阻抗,R_1、R_2 为终端匹配电阻,$R_P = R_1 R_2 / (R_1 + R_2)$。

这种匹配方法,由于终端电阻低,加重了负载,使高电平下降,所以高电平抗干扰能力弱。

● 始端串联匹配。图8-3所示为始端串联匹配方式。这种匹配方式使终端低电平抬高,相当于增加了输出阻抗,降低了低电平抗干扰能力。

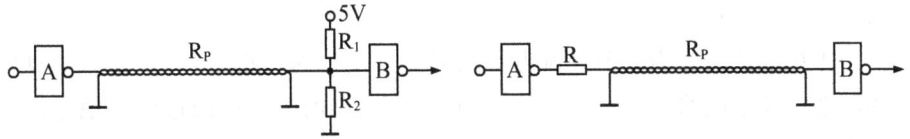

图8-2 终端并联匹配　　图8-3 始端串联匹配

● 终端并联隔直流的特征阻抗匹配。图8-4所示为终端并联隔直流阻抗匹配方式。当C较大时,C的交流阻抗接近于零,只起隔直流作用,不影响阻抗匹配。

b. 长线传输过程中的窜扰。消除干扰的常用方法:

图8-4 终端并联隔直流阻抗匹配

● 功率线、载流线和信号线分开,电位线和脉冲线分开,尤其是小信号时更应如此。

● 交流电源线是50Hz工频干扰的干扰源,必须采用双绞线单独走线,必要时需加屏蔽。

● 为防止长线传输中的窜扰,采用交叉走线是行之有效的办法。

(3) 滤波器。

①交流电源进线的对称滤波器。图8-5所示为高频干扰电压对称滤波器电路,对于抑制中波段的高频噪声干扰很有效。

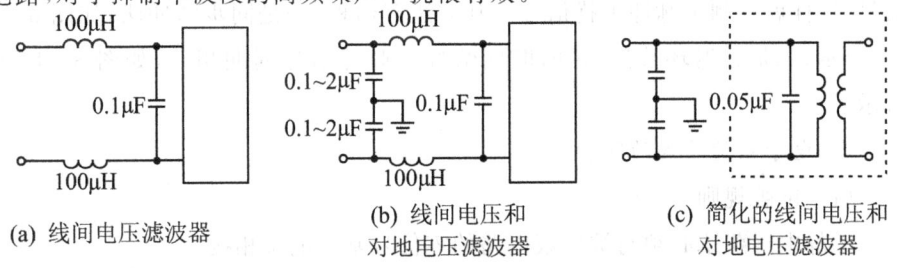

(a) 线间电压滤波器　　(b) 线间电压和对地电压滤波器　　(c) 简化的线间电压和对地电压滤波器

图8-5 高频干扰电压对称滤波器电路

图 8-6 所示是低频干扰电压滤波器电路，对抑制因电源波形失真而含有较多高频谐波的干扰很有效。

②直流电源输出的滤波器。直流电源往往是几个电路公用的，为削弱公共电源在电路间形成的干扰耦合，对直流供电输出需加高、低频滤波器。

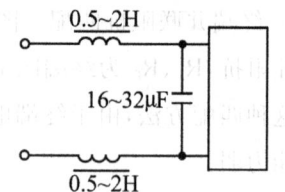

图 8-6 低频干扰电压滤波器电路

③去耦滤波器。当一个直流电源同时为几个电路供电时，为了避免通过电源内阻造成几个电路之间互相干扰，应在每个电路的直流电源进线与地之间加 Ⅱ 型 RC 或 LC 滤波器。

（4）光电耦合器件。使用光电耦合器件是切断环路电流干扰十分有效的方法。

（5）脉冲电路的噪声抑制。

①脉冲干扰隔离门。利用稳压管或二极管组成的脉冲干扰隔离门，可阻挡幅值较小的干扰脉冲通过，允许幅值较大的脉冲信号通过。

②积分电路。抑制脉冲干扰，使用积分电路是最有效的，如图 8-7 所示。

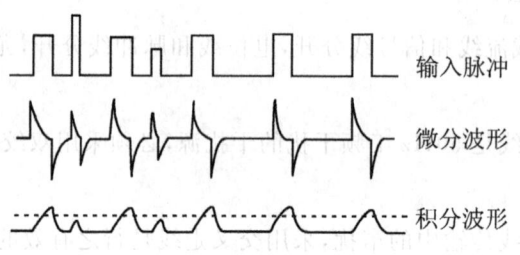

图 8-7 用积分电路排除干扰脉冲

③相关量的利用。相关量法就是找出与脉冲信号相关的量，以此量与脉冲信号同时作用到"与门"上，仅当两输入皆有信号时，才能使"与门"打开送出脉冲信号，这样就抑制了脉冲干扰信号。其方法有两种：一是同步脉冲法，如图 8-8（b）所示；二是延迟环节法，延时时间恰好与脉冲信号周期相等，如图 8-8（c）所示。

3．电子测量装置的防护

（1）屏蔽规则。

①静电屏蔽罩必须与被屏蔽电路的零信号基准电位相接。

②零信号基准电位的相接点必须保证干扰电流不流经信号线。

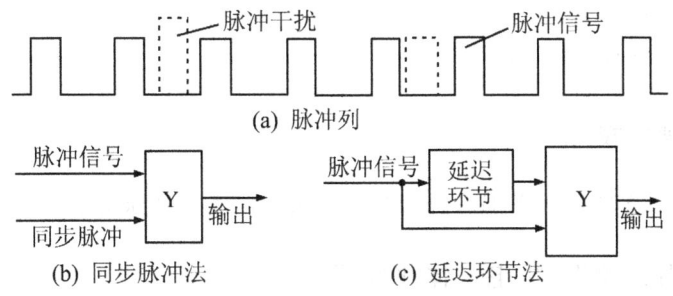

图 8-8 用相关量法抑制脉冲干扰

（2）典型防护系统。

①电源变压器屏蔽层。电源变压器一次侧与二次侧之间采用三层屏蔽防护。其各层的接法是：一次侧屏蔽层应连接电网地（即大地）；中间屏蔽层应连接装置的金属外壳；二次侧屏蔽层应连接装置内的防护地（即内层浮置屏蔽罩）。屏蔽层有 3 个功能：

a. 完成静电屏蔽对电子检测装置的完整包罩，即恢复了静电屏蔽的完整性。

b. 控制电源变压器一次电压和二次电压漏电流的影响。

c. 为外部干扰电流提供通路，使其不流经信号线。

②双层屏蔽浮置保护。此种系统机壳为外屏蔽直接接地，内屏蔽做成屏蔽盒形式与屏蔽线相接，并在信号源侧接地。模拟地与仪表侧的零信号端直接相连。

对电子装置内部进行布置及走线时，应注意以下几方面：

a. 对交流、直流、大功率和弱小功率的信号线，走线时相互距离应尽量远些，禁止平行，力求直、短，防止耦合。

b. 采用低噪声前置放大器，各级放大器间防止耦合，防止自激振荡。

c. 各种线圈要相互屏蔽或距离相隔远些，注意漏磁方向，减小互感耦合等。

第五节　新技术的应用

● 鉴定要求

（1）掌握机电一体化的概念、主要特征。

（2）掌握机电一体化的相关技术。

● 复习重点

复习重点同鉴定要求。

一、操作技能

将一台 XA6132 型普通升降台卧式铣床改造成三坐标铣床。

二、相关知识(机电一体化知识)

1. 机电一体化的概念

机电一体化是微电子技术、机械技术相互交融的产物,是集多种技术为一体的一门新兴的交叉学科。机电一体化不是机械技术和电子技术的简单叠加,而是为达到取长补短、互相补充的目的,而将电子设备的信息处理功能和控制功能融合到机械装置中,使装置更具有系统性、完整性、科学性和先进性。机电一体化产品具有"技术"和"产品"的内容,是机械系统和微电子系统的有机结合,是赋予新的功能和性能的新一代产品。

2. 机电一体化产品的主要特征

机电一体化产品是一个完整的系统,所具有的最主要特征如下:

(1) 最佳化。在设计产品时,可以使机械技术和电子技术有机地结合起来,以实现系统整体的最佳化。

(2) 智能化。机电一体化产品可以按照预定的动作顺序或被控制的数学模型,有序地协调各相关机构的动作,达到最佳控制的目的。其控制系统大多数都具备自动控制、自动诊断、自动信息处理、自动修正、自动检测等功能。

(3) 柔性化。机电一体化产品往往只需通过软件改变指令,即可达到改变传动机构的运动规律的目的,而无需改变硬件机构。

3. 机电一体化的相关技术

机电一体化是多学科领域综合交叉的技术密集型系统工程,它包含了机械技术、计算机与信息处理技术、系统技术、自动控制技术、传感与检测技术、伺服传动技术。

(1) 机械技术。机械技术是机电一体化的基础,它把其他高新技术与机电一体化技术相结合,实现结构、材料、性能上的变更,从而满足减小质量和体积、提高精度和刚性、改善功能和性能的要求。

(2) 计算机与信息处理技术。在机电一体化系统中,计算机与信息处理技术控制着整个系统的运行，直接影响到系统工作的效率和质量。

（3）系统技术。系统技术是从全面的角度和系统的目标出发，以整体的概念组织应用各种相关技术，将总体分解成相互联系的若干功能单元，找出可以实现的技术方案。接口技术是系统技术中的一个重要方面，是实现系统各部分有机联系的保证。它包括电气接口、机械接口、人—机接口等。

（4）自动控制技术。自动控制技术的内容广泛，它包括高精度定位、自适应、自诊断、校正、补偿、再现、检索等控制。

（5）传感与检测技术。传感与检测技术是系统的感受器官，是将被测量的信号变换成系统可以识别的、具有确定对应关系的有用信号。

（6）伺服传动技术。伺服传动技术是由计算机通过接口与电动、气动、液压等各类传动装置相连接，从而实现各种运动的技术。

第六节　工艺的编制

● 鉴定要求

（1）掌握编写电气检修工艺的方法及注意事项。

（2）掌握数控伺服系统的基本知识。

（3）掌握运算放大器的基本知识。

● 复习重点

复习重点同鉴定要求。

一、操作技能

编写数控机床一般电气检修工艺前的注意事项。

二、相关知识

1. 数控伺服系统的基本知识

（1）伺服系统的概念。在自动控制系统中，输出量能够以一定准确度跟随输入量的变化而变化的系统称为伺服系统。数控机床的伺服系统主要是控制机床的进给和主轴。

伺服系统的作用是接受来自数控装置（CNC）的指令信号，经放大转换，驱动机床执行元件随脉冲指令运动，并保证动作的快速和准确。伺服系统的性能在很大程度上决定了数控机床的性能和加工精度。

(2) 伺服系统的组成。数控机床的伺服系统一般包括机械传动系统(由伺服驱动系统、机械传动部件和执行元件组成,伺服驱动系统又由驱动控制单元和驱动元件组成)和检测装置(由检测元件与反馈电路组成)。

(3) 伺服系统的工作原理。伺服系统是一种反馈控制系统,它以指令脉冲作为输入给定量,与输出被控量进行比较,利用比较后产生的偏差量对系统进行自动调节,以消除偏差,使被控量跟踪给定量。

伺服系统与 CNC 位置控制部分构成位置伺服系统,主要有两种,即进给驱动系统和主轴驱动系统。前者控制机床各坐标的进给运动,后者控制机床主轴的旋转运动。不论是进给驱动还是主轴驱动,根据电气控制原理都可分为直流驱动和交流驱动。直流驱动系统的优点是直流电动机具有良好的调速性能,易于调整。随着微电子技术的发展,交流伺服驱动系统中的电流环、速度环的反馈控制已全部数字化,系统的控制模型和动态补偿均由高速微处理器实时处理,增强了系统自诊断能力,提高了系统的速度和精度。

2. 运算放大器的基本知识简介

运算放大器是一种应用最为广泛的线性器件,它具有很高的放大倍数。

(1) 反相比例放大器。反相比例放大器如图 8-9 所示,它有两个输入端,一个是反相输入端,表示输入信号与输出信号是反相的;另一个是同相端,表示输入信号与输出信号是同相的。

由于输入端的内阻很大,可认为不流过电流,同相端电位为 0,又由于运算放大器的放大倍数非常大,那么反相端电位也为 0,称为"虚地"。

反相比例放大器的输入、输出关系为:

$$u_o = -\frac{R_f}{R_1} \cdot u_i$$

放大倍数中的负号表示是反相的,当输入电压为正时,输出电压肯定为负,反之亦然。

在实际工作中,R_2 上有漏电流流过,为使 A 点也向负端流过一个同样的漏电流,$R_2 = R_1 /\!/ R_f$,称为平衡电阻。

(2) 反相比例加法运算放大器。反相比例加法运算放大器如图 8-10 所示,它有两个输入信号。这两个输入信号同时加在反相输入端,可用线性叠加原理分析。

反相比例加法运算放大器输入、输出关系为：

$$u_o = -\frac{R_f}{R_1} \cdot (u_{i1} + u_{i2})$$　　　　（公式中：$R_1 = R_2$）

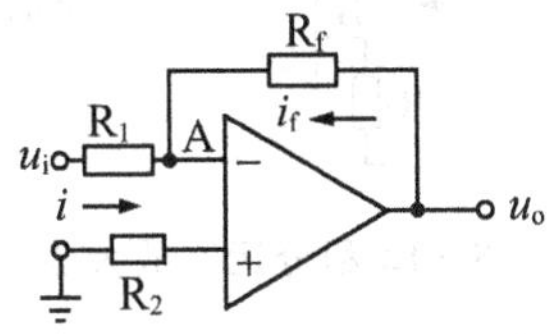

图 8-9　反相比例放大器 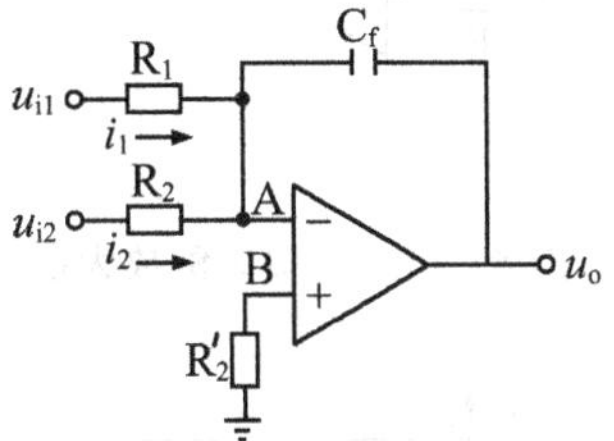　　　　**图 8-10　反相比例加法运算放大器**

（3）同相比例放大器。同相比例放大器如图 8-11 所示，其输入端是同相端，u_i 通过 R_2 接入同相端。因为 R_2 上不流过电流，因此 B 点电位就是 u_i，而 A 点与 B 点电位相等（与"虚地"概念类似），A 点电位也是 u_i，那么可计算出：

$$u_o = \left(1 + \frac{R_f}{R_1}\right) \cdot u_i$$

无负号表明输入信号与输出信号是同相位的。

同相比例放大器与反相比例放大器有一个重要的不同点，就是同相比例放大器不需要信号源提供电流，而反相比例放大器要提供 u_i/R_1 的电流。因此，同相比例放大器多用于内阻很大的信号放大，只要能提供一个运放的漏电流就可以了。同相比例放大器的反馈回路同样是负反馈电路。R_2 的大小与反相比例放大器类似，即 $R_2 = R_1 /\!/ R_f$。

（4）积分运算放大器。积分运算放大器如图 8-12 所示。经分析：$u_o = -\frac{1}{T_1}\int_{t_0}^{t} u_i dt$，故称为积分放大器。如果 u_i 是一个振荡方波，如图 8-13 所示，那么通过积分放大器之后，就是三角波。如果 u_i 是一个不变的电压，那么积分放大器的输出波形是个斜坡上升曲线，直到输出电压达到一定值（饱和值）就不再增加，如图 8-14 所示。积分放大器的时间常数是 $T = C_f R_1$，表示输出电压 u_o 的上升状态。

（5）比例积分运算放大器。比例积分运算放大器如图 8-15 所示，是比例放大器与积分放大器的叠加。比例放大部分的电压是由 R_f 产生的，它可以保证立即反应输入量的变化，而积分部分的电压是 C_f 产生的，它可以保证积分的效应，即使有很微小的信号，只要时间足够长，就可以输出很大的信号，如图 8-16 所示。

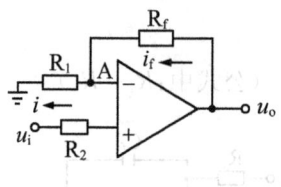
图 8-11 同相比例放大器

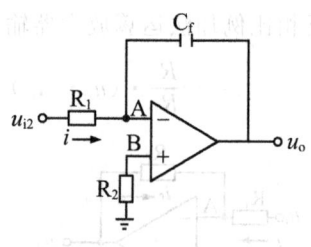
图 8-12 积分运算放大器

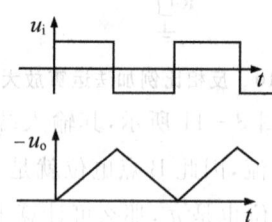
图 8-13 积分放大器充放电波形

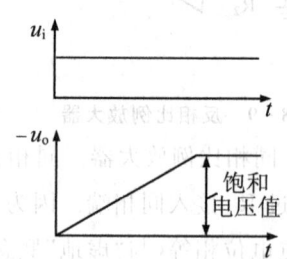
图 8-14 饱和状态波形

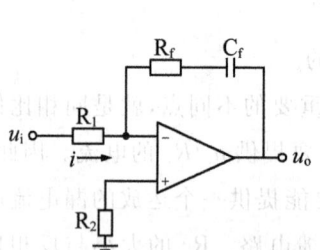
图 8-15 比例积分运算放大器

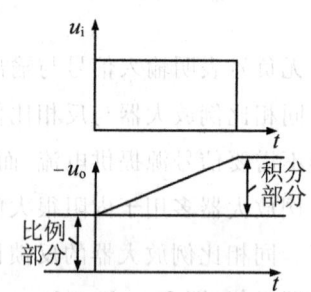
图 8-16 比例积分放大器输入、输出波形

(6) 运算放大器作为比较器。

①两信号直接进行比较。如图 8-17 所示，输入信号 u_{i1} 与 u_{i2} 分别加在运放的两个输入端，哪个作用强，运放的输出就向该方倾斜。图中 R_1 与 R_2 的阻值一般都做成相等的，以平衡漏电流造成的偏差电压。

②比较器工作在滞环状态。如图 8-18 所示，在比较器中加入一个正反馈 R_f。由于 u_o 有输出，B 点的电流不仅取决于 u_{i2} 的大小与正负，还取决于 $u_o \rightarrow R_f \rightarrow B \rightarrow R_2 \rightarrow u_{i2}$ 这条反馈支路。

在比较过程中，当 u_{i2} 为一个不变量，而 u_{i1} 由负变大到一定值再反向变化时，由于接上了正反馈，就形成了滞环，利用这个滞环可以解决很多问题，甚至在交流调速中也采用这一方案。滞环的宽度可以通过调整 R_2 及 R_f 的阻值来实现。

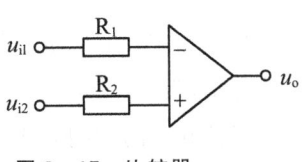

图 8-17 比较器

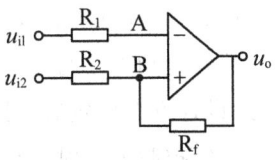

图 8-18 比较器工作在滞环状态

第七节 设 计

● 鉴定要求

（1）能根据生产工艺的要求，应用可编程序控制器对组合机床进行控制系统的设计。

（2）掌握电气控制设计的一般程序。

（3）掌握电气控制原理图设计的基本步骤和方法。

（4）掌握采用数控技术改造旧机床的适应性和特点。

● 复习重点

（1）掌握电气控制设计的一般程序。

（2）掌握电气控制原理图设计的基本步骤和方法。

一、操作技能

根据生产工艺的要求，应用可编程序控制器对组合机床进行控制系统的设计。

二、相关知识

1. 电气控制设计的一般程序

（1）拟订设计任务书。在电气设计任务书中，除简要说明所设计任务的用途、工艺过程、动作要求、传动参数、工作条件外，还应说明以下主要技术经济指标及要求：

①电气传动基本要求及控制精度。

②项目成本及经费限额。

③设备布局、控制柜（箱）、操作台的布置、照明、信号指示、报警方式等的要求。

④工期、验收标准及验收方式。

(2) 选择拖动方案与控制方式。电力拖动方案与控制方式的确定是设计的重要部分,设计方案确定后,可进一步选择电动机的容量、类型、结构型式以及数量等。在确定控制方案时,应尽可能采用新技术、新器件和新的控制方式。

(3) 设计电气控制原理图,选用元件,编制元器件目录清单。

(4) 设计电气施工图,并以此为依据编制各种材料定额清单。

(5) 编写设计说明书。

2. 电气控制原理图设计的基本步骤和方法

电气控制原理图设计要体现设计的各项性能指标、功能,它也是电气工艺设计和编制各种技术资料的依据。其基本步骤如下:

(1) 根据选定的控制方案及方式设计系统原理图拟订出各部分的主要技术要求和技术参数。

(2) 根据各部分的要求,设计电气原理框图及各部分单元电路。对于每一部分的设计,总是按主电路→控制电路→联锁与保护→总体检查的顺序进行的。最后,经反复修改与完善,完成设计。

(3) 按系统框图结构将各部分连成一个整体,绘制系统原理图,在系统原理图的基础上进行必要的短路电流计算,根据需要计算出相应的参数。

(4) 根据计算数据正确选用电气元器件,必要时应进行动稳定和热稳定校验,最后制订元器件型号、规格、目录清单。

3. 电气设计的技术条件

电气设计的技术条件是由参与设计的各方面人员根据设计的总体技术要求制定的。它是整个电气设计的依据,除了要说明所设计的目的、条件、用途、工艺过程、技术性能、传动参数以及现场工作条件外,还必须说明以下内容:

(1) 用户供电网的种类、电压、频率及容量。

(2) 电气传动的基本特性,如运动部件的数量和用途、负载特性、调速范围等,电动机的启动、反向和制动要求等。

(3) 有关电气控制的特性,如电气控制的基本方式、自动控制要素的组成、自动控制的动作程序、电气保护及联锁条件等。

(4) 有关操作方面的要求,如操作面(台)的布置、操作按钮的设置和作用、测量仪表的种类及显示、报警和照明等。

(5) 主要执行电器元件(如电动机、执行电器和行程开关等)的安装位置及环境情况等。

4. 对机床进行数控改造的一般知识

(1) 采用数控技术改造旧机床的适应性和特点。

①减少投资,交货期短。由于只做局部改造,同购置新机床相比,改造费用明显降低。

②由于机床使用年代较长,机械性能稳定,但受机床机械结构的限制,不宜做突破性的改造。

③熟悉设备结构性能,便于操作维修。由于机床使用时间长,改造可根据企业自身的技术力量和有关条件进行,即可在改造过程中培养相关人员,提高他们的数控水平,便于今后的维修。

④可充分利用现有条件,因地制宜,合理删选功能;可根据生产加工要求,灵活选取需要的功能进行改造,缩短改造周期,降低费用。

⑤及时采用新技术,充分利用社会资源。

(2) 各种改造方案的特点与适应性。

①经济型数控机床的改造主要采用国产经济型低档数控系统,对普通机床进行改造,费用较低,简便易行,一般用于中、小型车床和铣床的数控改造。

②旧数控机床的再生改造主要是对早期生产的数控机床进行改造。由于此类机床的数控系统早已被淘汰,可根据原数控机床的机械结构状况和驱动力要求的大小,采用新数控系统进行改造,恢复并改进原数控机床的功能。

③数控专用机的改造主要是针对某些有特殊工艺要求的设备,可在原有普通设备上增加数控系统及有关控制部件,并结合组合机床设计方案,进行数控专机改造。

④数显改造机床。在普通机床上安装数显位置检测装置,实现零件加工过程的动态检测功能。它是一种费用小、见效快、改装技术要求不高、应用较普遍的改造方案。

⑤PLC改造设备控制是指采用PLC可编程序控制器替换原设备控制中庞大而复杂的继电器控制装置。它适用于各种机械设备的控制,不仅大大缩小了控制装置,而且提高了控制系统的可靠性。

⑥变频器改造设备调速系统采用交流变频调速替代原设备中直流调速或其他电动机调速的方案,不仅提高了调速性能,而且降低了电能消耗,有一定的节能效益。

（3）改造中需要做的工作。

①对加工对象进行工艺分析，根据机床的状况和要求，确定机床改造类型。

②拟订技术措施，制订改造方案。其内容包括主轴变频调速系统的配置、数控系统和伺服系统的选定，以及数控机床辅助装置的选择。

③对机床精度进行恢复，对机械传动部分进行改造。

④进行自制件的设计和制作。

⑤整机连接与调试。

第八节 培训指导

● 鉴定要求

（1）掌握培训讲义编写的步骤及方法。

（2）掌握编写培训讲义的注意事项。

● 复习重点

复习重点与鉴定要求相同。

一、要求

作为一名高级技师，应不仅能够指导本职业初级、中级、高级工和技师进行实际操作，还应能编写讲义，进行技术理论培训。

二、培训讲义编写的步骤及方法

（1）应首先明确培训对象的等级、培训内容、培训目标和培训要求。

（2）认真研究、理解培训内容和有关技术资料，确定培训的方法、时间、场地等。

（3）根据培训内容和要求，编写培训讲义的教学顺序、内容以及所需的教具、工具、物料等。

三、编写培训讲义的注意事项

（1）培训讲义内容应由浅入深、有条理性和系统性。

（2）应结合本企业、本职业在生产技术、质量方面存在的问题进行分析，并提出解决的方法。

（3）应结合本职业介绍相关的新技术、新工艺、新材料、新设备及其应用方面的内容。

（4）对于没有定论或是没有根据的内容不要写进培训讲义。

（5）培训讲义的语言要生动,能吸引学员的注意力。

第九章 维修电工高级技师操作技能鉴定复习指导

维修电工高级技师技能要求的范围广、难度大,涉及的课题诸多,为了便于学习和管理,既解决操作技能考核内容的可测性,又保证职业技能鉴定的质量,使培训、鉴定考核工作顺利开展,本书把操作技能鉴定点简单归类为四大模块,内含12个项目,每个项目内又有若干可供组卷的独立试题。在维修电工高级技师操作技能鉴定考试中,要求每位考生都必须完成4个考题,分别归类于四大模块,即考生中每类题目必考其中一题,共4题。下面对四大模块的鉴定考核内容要点作一叙述。

一、设计、安装、调试(模块一)

题目内容为:根据给定的新技术应用要求及技术改造任务,或根据某一加工工艺、运行功能、过程控制要求,进行系统或电路的设计、装机和联调。该单项成绩占技能考核成绩总分的40%,考核时间约210~240min。

模块一 包含8个平行项目,每份试卷发生一个。

1. PLC 设计—安装—调试

(1) 电路设计:根据任务设计主/控电路图(或系统框图),列出 PLC 控制 I/O 接口(输入/输出)元件地址分配表;根据加工工艺,设计梯形图及 PLC 控制 I/O 接口(输入/输出)接线图。

(2) 装接—调试:按照被控设备的动作要求进行调试,达到设计要求。

2. PLC 电气设计及预算

(1) 根据提出的电气控制要求,绘出正确电路图。

(2) 按所设计的电路图,正确选择材料,然后将其填入明细表。

(3) 简述其工作原理,并提供原材料价格和工时定额的预算。

3. 变频器应用设计—装接—调试

(1) 电路设计:根据给定任务的要求,按国家电气绘图规范及标准,设计变频器控制的主/控电路图,写出变频器需要设定的参数。

（2）熟练操作变频器键盘，并能正确输入参数；在接线板上正确安装外部连接件和配线；按照被控制设备要求，进行正确的调试。

4．电子电路设计—安装调试

（1）根据任务设计电子电路图。

（2）正确使用工具和仪表，焊接质量可靠，焊接技术符合工艺要求。

（3）在规定时间内，利用仪器、仪表进行通电调试。

5．变频器—PLC联控设计与调试

（1）电路设计：根据给定的任务要求，设计并绘制变频器—PLC联合控制综合应用的电路图，列出PLC控制I/O接口（输入/输出）元件地址分配表；根据加工工艺，设计梯形图及PLC控制I/O接口（输入/输出）接线图，列出变频器需要设定的参数。

（2）熟练操作变频器—PLC键盘，并能正确输入数据、参数，进行模拟调试。

（3）装接—调试：在配线板上正确安装外部连接件和配线；按照被控设备的动作要求进行互联和调试；按照被控制设备要求，进行正确的调试，达到设计要求。

6．应用触摸屏、PLC、变频器模拟工业控制系统的设计、安装及联调

（1）根据所给电气控制任务要求，设计触摸屏、PLC、变频器模拟工业控制系统方案（或主/控电路图）；列出控制系统电路元器件材料申购单，PLC的I/O地址分配表，绘出PLC（输入/输出）接线图；设计PLC梯形图，列出指令表、变频器的参数设置表。

（2）在规定时间内完成触摸屏、PLC、变频器模拟工业控制系统的各项安装调试任务。

①完成触摸屏、PLC及变频器的安装连接。

②完成触摸屏交互式组态界面的设计。

③完成PLC梯形图输入及变频器的参数设置。

④按照被控制设备要求进行正确的调试，触摸屏交互式组态界面动作正确，达到电气控制要求。

对于触摸屏、PLC、变频器等具体考核设备的使用方法，考生需在培训期间予以熟悉。

说明：工业组态软件＋PLC进行控制线路的设计及模拟调试、生产过程

PLC多站式控制的设计及联调两类题目,在技师鉴定指南中已叙述了技术要求,这里不再重复。

二、系统检修(模块二)

系统检修是指对电气控制系统和复杂设备的电气故障或电气设备的疑难故障,进行查找、测试、分析、诊断、维修,解决疑难问题。此模块单项成绩占技能考核成绩总分的30%,考核时间为40~60min。模块二属技能鉴定的否定项,即该模块考核成绩不足15分,本次技能鉴定考核成绩不合格。

(1) 调查研究:对每个故障现象进行调查研究。

(2) 故障分析:在电气控制线路上分析故障可能的原因,思路正确。

(3) 故障排除:正确使用工具和仪表,找出故障点并排除故障。

三、工艺与测绘(模块三)

工艺与测绘是指针对给定的系统、设备进行电气勘察、测绘、制图,编制系统设备的大修工艺。此模块内有2个候选项目,每考生只做其一,由现场抽签决定一个项目。此单项成绩占技能考核成绩总分的16%,考核时间为100min。

1. 电路测绘

(1) 通过观察并借助仪器、仪表,对指定系统、设备、单元的电气线路进行勘测。

(2) 绘制相应的电气图纸,要求符合国家标准和规范。

(3) 依据所绘图纸,简述该系统设备的原理。

2. 工艺编制

(1) 资金预算编制经济合理。

(2) 工时定额编制合理。

(3) 选用材料准确、齐全。

(4) 编制工程进度合适。

(5) 人员安排合理。

(6) 安全措施到位。

(7) 质量保证措施明确。

(8) 否定项:如发现设备检修工艺不是考生自己撰写的,本项考核作0分处理。

四、培训指导(模块四)

培训指导模块是考核学员培训指导等方面的综合能力水平。模块设一个项目。此单项成绩占技能考核成绩总分的 14%,考核时间为 20~40min。

(1) 培训指导模块包括两项任务:技能指导、理论培训。

(2) "技能指导"任务为示范操作指导,"理论培训"任务为模拟课堂讲授。

(3) 该模块有否定项扣分和超时扣分。

第十章 理论知识试题精选与参考答案

第一节 试题精选

一、填空题（请将正确答案填入题内空白处。）

1. 种类繁多的低压电器，按所控制的对象不同，可分为低压（Distribution Apparatus）_____电器和低压（Control Apparatus）控制电器。

2. 标准规定的"低压电器"，通常是指交流与直流电压分别在_____V、_____V及以下，在电路中起通断、控制、保护和调节作用的电气设备。

3. 电气图上用 TM、TC 来表示的电气设备，分别代表的是_____、_____。

4. Switch-Fuse 俗称"胶盖瓷底刀开关"，用它来控制小容量电动机时，开关额定电流应取电动机额定电流的_____倍。

5. 结构上，电磁机构通常采用 electro-magnet _____的形式，一般由吸引线圈、铁心和衔铁三部分组成。

6. 空气阻尼式时间继电器（Pneumatic time relay）可做成_____和_____两种型式。

7. RC1A 系列 plug-in type fuse 是瓷插式熔断器，俗称"瓷插式保险"，多用于_____电路中。

8. 交流接触器有两组辅助触点，在旁边注有"NO"（normally open contact）和"NC"（normally closed contact），分别表示_____、_____触点。

9. 为了电气设备可靠运行，将_____与接地极紧密地连接起来，叫工作接地。

10. 实践证明，低频电流对人体的伤害比高频电流_____。

11. 灭弧装置通过把电弧_____、冷却、分割成短弧等办法将电弧熄灭。

12. 当配电系统的电感与补偿电容发生串联谐振时,呈现_____阻抗。
13. _____接地适用于配电系统中线不直接接地的电气设备。
14. 当配电系统的电感与补偿电容发生串联谐振时,其补偿电容和配电系统呈现_____电流。
15. _____是最严重的触电事故。
16. 高压隔离开关用来开断和切换电路,但不具有专门的灭弧装置,所以不能用它来切断_____和短路电流。
17. 一套完整的避雷设备,一般由三部分组成,它们是_____、引下线、接地体。
18. 直击雷的防护措施是装设_____、_____。为避免遭受雷电冲击波,则应装设避雷器。
19. 插补原理是已知运动轨迹的起点坐标、终点坐标和_____,由数控系统实时地计算出各个中间点的坐标。
20. CNC 系统具有良好的_____与灵活性,很好的通用性和可靠性。
21. 西门子 SIN840C 控制系统由_____、主轴和进给伺服单元组成。
22. 西门子 SIN840C 控制系统数控单元的基本配置包括_____、主机框架、输入/输出设备及驱动装置。
23. 西门子 SIN840C 控制系统数控单元的操作显示部分包括显示器、PC 键盘和_____三部分。
24. 西门子 SIN840C 控制系统数控单元的操作显示部分用于显示图形或文字信号,控制加工程序的_____,控制进给轴及主轴的启动、停止以及速率的变化。
25. 在西门子 SIN840C 控制系统数控单元操作显示部分,用户可通过_____进行编程和数据输入。
26. 西门子 SIN840C 控制系统常在主机框架上装有电源模块、_____、位置测量板、NC CPU 板、PLC CPU 板及 MMC CPU 板。
27. 西门子 SIN840C 控制系统的保护电池安装在_____上,其规格为 6LR61、550 mA、9 V,用于系统的供电。
28. 西门子 SIN840C 控制系统的 CSB 板用于实现手轮信号的_____。
29. 在西门子 SIN840C 控制系统的数控单元中,位置测量板用于对_____信号进行接收和处理。

30. 西门子 SIN840C 控制系统位置测量板用于对各个轴的位置反馈信号进行_____。

31. 西门子 SIN840C 控制系统位置测量板把接收和处理的各个轴的位置反馈信号通过总线送到 CPU，同时将数控系统对各个轴的控制指令模拟量及相应轴的_____送到相应的伺服单元。

32. 西门子 SIN840C 控制系统中 NC CPU 板、PLC CPU 板及 MMC CPU 板分别用于数控系统、_____、PLC 系统的控制和监控功能。

33. 西门子 SIN840C 控制系统数控单元进给驱动装置采用的标称型号为 SIMODRIVE610，是_____器。

34. 西门子 SIN840C 控制系统采用 SIMODRIVE610 型晶体管脉宽调制变频器，一般与 IFT5 无刷_____电动机共用，用以驱动机床刀具的进给轴。

35. 西门子 SIN840C 控制系统可以实现_____插补。

36. 三相无刷进给驱动的控制电路包括一个_____电路和一个电流控制电路，采用模块化设计。

37. 西门子 SIN840C 型数控系统进给驱动装置的控制电路包括一个速度控制电路和一个_____电路。

38. 三相无刷进给驱动电路电流控制器的输出信号由一个_____将连续的模拟量转换为数字信号，该信号的脉冲占空比与输入信号的幅度成正比。

39. 三相无刷进给驱动电路电流控制器的输出信号送到一个脉宽调制器，此脉宽调制给出_____信号，控制电压控制器产生一个与设置点成正比的电压平均值。

40. IFT5 无刷三相伺服电动机包括定子、转子和一个检测电动机转子_____的无刷反馈系统。

41. IFT5 无刷三相伺服电动机装上由_____或光栅等组成的位置检测环，就可实现高精度定位。

42. IFT5 无刷三相伺服电动机装上由脉冲编码器或光栅等组成的_____，就可实现高精度定位。

43. 西门子 SIN840C 系统主菜单 MACHINE（机床）区域，操作需结合_____进行，主要实现机床的加工操作。

44. 西门子 SIN840C 系统操作面板上主要有 4 种加工操作方式，即 JOG（手动)、_____、MDA(手动输入数据自动运行)和 AUTOMATIC(自动)。

45. 西门子 SIN840C 系统操作面板上主要有4种加工操作方式,即 JOG(手动)、TEACHIN(示教)、MDA(_____)和 AUTOMATIC(自动)。

46. 西门子 SIN840C 系统 JOG 方式还分为 REPOS(再定位)、REFPOINT(_____)、INC(增量进给),包括变量增量、单位增量 1/10/100/1 000/10 000 几种子方式,在选择 JOG 后生效。

47. 西门子 SIN840C 系统 JOG 方式还分为 REPOS(再定位)、REFPOINT(参考点)、INC(_____),包括变量增量、单位增量 1/10/100/1 000/10 000 几种子方式,在选择 JOG 后生效。

48. 西门子 SIN840C 系统主菜单 PARAMETER(参数)区域,主要是系统的_____(如 R 参数、刀偏、零偏等)、系统的设定数据(如进给、主轴的设定数据及数据位等)。

49. 在数控机床的控制系统中,机床的 R 参数、零偏、刀偏等技术数据归类于系统的_____参数。

50. 数控机床控制系统中,将主轴、进给的设定数据及数据位等归类于系统的_____数据。

51. 西门子 SIN840C 系统主菜单 PROGRAMMING(编程)区域,主要用于_____的编辑,有两种方式。

52. 西门子 SIN840C 系统工件加工程序的编辑如在 NCK 存储区中编辑,所编辑的程序可_____,但系统关机之后所修改的程序不会保留。如果想保存程序,则必须存到硬盘上。

53. 西门子 SIN840C 系统工件加工程序的编辑如是在 MMC 的硬盘上编辑,即在 MMC 的硬盘上按_____编辑,编辑的工件程序不能立即用于加工,必须用 LOAD 指令加载到 NCK 存储区之后,才能用于加工。

54. 西门子 SIN840C 系统在 MMC 的硬盘上编辑工件加工程序,系统提供了_____垂直软键菜单,用于实现文本的复制、剪切、删除等功能。

55. 西门子 SIN840C 数控单元中,PLC 的外设采用 DMP 时,每块 DMP 板上可插 8 个_____。

56. 西门子 SIN840C 型数控的 PLC 输入、输出外设有两类,一类是采用 S5 的_____,另一类采用 DMP。

57. 按照 SIN840C 数控系统的最大配置，PLC 的最大输入/输出点数为 _____ 点。

58. SIN840C 控制系统的主菜单上，"MACHINE"区域主要实现 _____ 操作。

59. 西门子 SIN840C 系统在 MMC 的硬盘上编辑的工件程序是按 _____ 目录方式管理的，一般都在 USER/LOCAL 目录之下。

60. 西门子 SIN840C 系统在 MMC 的硬盘上编辑工件程序是按 PC 机的目录方式管理的，目录的选择是用 PC 机全键盘的 _____ 和输入键来进行的。

61. 西门子 SIN840C 系统主菜单 SERVICES（服务）区域，主要是为用户提供 _____ 的方法，并对硬盘上的文件进行管理。在进行系统维修时，会涉及这一区域的操作。

62. 西门子 SIN840C 系统主菜单 DIAGNOSIS（诊断）区域主要用于机床的 _____。

63. 西门子 SIN840C 控制系统，PLC 输入/输出可采用 DMP（_____）结构，简化接线并节省控制柜的空间。

64. 西门子 SIN840C 控制系统，机床数据、PLC 程序及加工工件程序可在 MMC 的 _____。电源掉电后，能很方便地恢复机床操作。

65. 在 FANUC 系统中，F15 系列中的主 CPU 为 _____ 位的 CNC 装置，称为人工智能 CNC 装置。

66. LJ—20 系列的内装式 PLC，通过计算机编程，形成目标文件和 _____ 文件。

67. 电子装置内部进行布置及走线时，应注意：各种线圈要屏蔽，或距离要远些，要注意漏磁方向，减小 _____。

68. 开关量输入节点 12 个，开关量输出节点 8 个，按方案采用 F 系列的中小型控制器，那么选择 _____ 基本单元就可满足要求。

69. 接到 PLC 输入点的常开或常闭触点可任意决定，但为安装维修方便，一般用电气元件的 _____。

70. 接到可编程序控制器输出点的负载如果是感性的，则应当 _____ 元件。

71. 接到可编程序控制器输出点的如果是直流负载，则应当 _____ 保护。

72. 调试 SIN840C 控制系统的 PLC 程序时,可以_____调试。

73. 在电气故障检修中替代精密电阻时,应注意采用相同_____和额定功率的电阻。

74. 检修中替代振荡、定时、带通滤波等电路中的电容器时,_____首先要满足要求,介质损耗也必须满足,同时还应考虑温度系数。

75. 检修中,半导体器件的替代件最好选用_____、_____的产品,否则应查阅器件手册,根据其主要参数选择替代品。

76. 数字集成电路目前已基本形成_____,器件只要系列、序号相同,均可直接替代。

77. 数字集成电路在替代时,除了需要考虑_____外,还要考虑电压、速度、带负载能力等问题。

78. 故障症状表的编制力求内容_____,需要通过充分而合理的逻辑思维,对系统进行透彻的分析。

79. 故障症状表应当以系统的_____为基础,包括所有的报警信号和指示读数。

80. 设计故障诊断流程图时,首先要分析整个系统,特别要注意主要功能区域,最重要的是确定可能发生的_____。

81. 故障诊断流程图一般是按检测的_____为顺序来编写的,通常是由易到难。

82. 故障诊断流程图一般是按检测的难易程度为顺序来编写的,通常是由易到难。如果检测的难度方面没有明显的区别,则按_____的大小为顺序编写。

83. 故障分级是一种_____的方法。这种方法为维修人员诊断复杂系统的故障提供了一个基本的手段。

84. 症状分析是对所有可能存在的有关故障的_____信息进行收集和判断的过程。

85. 维修电工高级技师可以根据自己的专业知识和经验,把复杂设备电控系统的常见故障、产生原因、要进行的各种检查测试,以及检测结果的分析方法,编制成_____表,提供给维修人员。

86. 复杂设备电气故障的诊断,可以由高级技师利用专业知识和经验,详细分解成一系列的步骤,并确定诊断的顺序与流程,绘制成图,称为_____

_____图。

87. 在数控系统的闭环控制中，机床或机床的一部分既是_____，又是整个控制系统中重要的一环。

88. 在数控系统的闭环控制中，控制系统出问题，不只是控制系统电气部分的问题，还是一个包括机械、电气等在内的_____问题。

89. 在数控系统的闭环控制中，应从工艺、机械、电气等方面综合考虑，分析原因，找出_____进行解决。

90. 电气测量泛指以电磁技术为手段的_____和以电子技术为手段的电子测量的电工电子系统的综合测量。

91. 电气测量泛指以_____为手段的电工测量和以电子技术为手段的电子测量的电工电子系统的综合测量。

92. 非电量电测系统主要由_____、测量电路、信息处理及显示装置组成。

93. 从传递信号连续性的观点来看，信号的表示方法可以分为模拟信号、开关信号、_____和调制信号。

94. 在采样系统中，离散信号只是在_____闭合时才以数字信号的方式进行传递。

95. 在采样系统中，离散的数字信号随_____的缩短和量化幅值单位个数的增加，编码后就会逐渐接近被测信号。

96. 数字信号是以_____形式表现的，这种离散信号的幅值是用按一定编码规律编码的两种电平的组合。

97. 数字信号是以离散形式表现的，这种离散信号的幅值是按_____编码的两种电平的组合。

98. 量化误差是一种特殊形式的误差，产生于将连续信号转换成_____的量化过程中。

99. 精密度是指在测量中所测数据重复一致的程度，_____的大小是精密度的标志。

100. 准确度说明测量结果与_____的偏离程度。

101. _____的大小是准确度的标志。

102. 由大量偶然因素的影响而引起的测量误差，称为随机误差，也称为_____误差。

103. 当不能直接测量、直接测量很复杂，或精度较低时，多采用_____测量。

104. 在参比条件下（装置使用说明书规定的范围内），由于外界干扰的影响而产生的误差，叫做_____误差。

105. 在使用测量仪器的过程中，由于现场条件偏离参比条件而产生的大于基本误差的误差部分，称为_____误差。

106. 电路在线维修测试仪采用了"_____"和器件端口"模拟特征分析（简称 ASA）"技术设计，用于器件级故障维修检测。

107. 电路在线维修测试仪采用了"后驱动"和器件端口"模拟特征分析（简称 ASA）"技术设计，用于_____维修检测。

108. 用万用表以间接法测量到的被测元器件端口阻值，只是_____时的一个取值。采用电路在线测试仪的端口 ASA 功能，可以获取包括整个工作电压范围内的取值。

109. 采用电路在线测试仪的端口 ASA 功能，可以获取包括_____的被测元器件端口阻值，于是可用一条曲线来描述，习惯上称为 VI 曲线。

110. 电路在线维修测试仪采用 ASA 技术，将故障电路板的电路节点 VI 曲线与好的电路板上相应节点的 VI 曲线相比较，或者和_____相比较来发现故障。

111. 电路在线维修测试仪采用 ASA 技术，可以在不涉及电路功能、没有电路图以及_____的情况下进行检测。

112. 电路在线维修测试仪采用 ASA 技术，将故障电路板的电路节点 VI 曲线与好的电路板上相应节点的 VI 曲线相比较，或者和经验曲线相比较来发现故障，可以在不涉及电路功能、没有_____以及联机测试条件的情况下进行检测。

113. 电路在线维修测试仪采用 ASA 测试，应不失时机地利用各种机会，将日后可能需要检测的各种电路板的_____的正常 VI 曲线存入测试仪的 VI 曲线库，作为日后故障检测的参照标准。

114. 模拟特征分析"ASA"技术只涉及元器件的端口，不涉及功能，所以同样可以适用于_____和模拟器件，适用于通用器件和专用器件，以及分立元件和中、大规模集成电路的测试。

115. 模拟特征分析"ASA"技术只涉及元器件的端口，不涉及功能，所以同样可以适用于数字器件和_____,适用于通用器件和专用器件,以及分立元件和中、大规模集成电路的测试。

116. 模拟特征分析"ASA"技术只涉及元器件的端口,不涉及功能,所以同样可以适用于数字器件和模拟器件,适用于通用器件和专用器件,适用于分立元件和_____的测试。

117. 为了消除在线功能测试时和器件互相连接在一起对被测器件的影响,测试仪采用了后驱动技术和_____技术。

118. 在线功能测试仪提供了从电路板上提取各元器件之间相互关系(电路网络)的方便手段,亦称为_____。

119. 在线功能测试仪可提供三种输出格式:_____、连接表格式和索引表格式,可根据使用的需要进行选择。

120. 维修人员能够控制在线功能测试仪发出预期的_____,使电路板上的局部或全部电路工作起来,用测试仪或其他测试仪观察电路的响应,从而发现故障所在。

121. 旋转机械及往返运动机械的一般缺陷均由轴承部分的_____表现出来,故应以设备的轴承部位作为测定点。

122. Computerized Numerical Control,简称 CNC,是一种_____系统。

123. SINUMERIK802S 系统是_____控制系统,是专门为经济型数控机床设计的。

124. CNC 系统是靠_____来满足不同类型机床的各种要求的。

125. 数显改造机床,是在普通机床上安装数显_____检测装置,以实现零件加工过程的动态检测功能。

126. SIN840C _____软件中含有车床、铣床两种类型的设置。

127. 测绘 ZK7132 型立式数控钻铣床安装接线图时,首先将配电箱内外的各个电器部件的_____位置画出来,其中数控系统和伺服装置分别用一方框单元代替。

128. 测绘 ZK7132 型立式数控钻铣床安装接线图时,要找出各方框单元的输入/输出信号、信号的_____及各方框间的相互关系。

129. 测绘 ZK7132 型立式数控钻铣床,绘制电气控制原理图时,应分别绘制出数控系统和伺服装置的_____和主回路、接触器和继电器回路、电源回路。

130. 由于 J50M 数控系统是由_____电路及复杂电路组成的,所以在测绘时绝对不能在带电的情况下进行拆卸、插拔等操作。

131. 由于 J50M 数控系统是由大规模集成电路及复杂电路组成的,所以在测绘时绝对不能在带电的情况下进行拆卸、插拔等操作,也不允许随意去摸线路板,以免静电损坏电子元器件。另外,更不允许使用_____。

132. 工业控制机的一次设备通常由被控对象、变送器和_____组成。

133. 典型的工业控制机系统是由_____和工控机控制系统两部分组成的。

134. 工业控制机系统包括硬件系统和软件系统。硬件系统由_____系统和过程 I/O 子系统两大部分组成。

135. 工业控制机系统包括硬件系统和软件系统。软件系统通常由工业控制_____、通用应用软件和适应某种具体控制对象的专用应用软件组成。

136. 工业控制机系统包括_____系统和软件系统。

137. 当变频器在配电变压器容量大于_____,且变压器容量大于变频器容量 10 倍以上的情况下使用时,需要在变频器输入侧加装交流电抗器。

138. 变频器的输出侧也存在波形畸变现象,即高次谐波,且高次谐波的功率较大,这样变频器就成为一个强大的_____了。

139. 配电网络三相电压不平衡,会使变频器的输入电压波形和电流波形发生_____。

140. 变频器主电路电容器主要依据电容量下降比率来判定,若小于初始值的_____即需更换。

141. 直流驱动系统的优点是易于调整,即直流电动机具有良好的_____性能。

142. 变频器改造设备调速系统,采用的是交流变频调速器替代原设备中的_____或其他电动机调速的方案。

143. 当变频器输出端接有电动机时,不要接入_____来提高功率因数。

144. 变频器改造设备调速系统,不仅提高了调速的性能,而且降低了_____。

145. 变频器输出侧配线安装时,弱电控制线距离主电路配线至少_____,绝对不能与主电路放在同一行线槽内,以避免辐射干扰,相交时要成直角。

146. 变频器控制回路的配线，特别是长距离控制回路的配线，应采用_____双绞线，双绞线的绞合间距应在15mm以下。

147. 两条以上屏蔽电缆共用一个接插件时，每条电缆的屏蔽要各用一个接线端子，以免形成_____干扰。

148. 零信号基准电位的相接点必须保证_____不流经信号线。

149. 电子装置内部应采用低噪声前置放大器，各级放大器间防止耦合影响，防止_____。

150. 用于小容量变频器时，可将三相电源每一相的导线按相同方向在_____的磁环上绕4圈以上，以实现变频器输出的抗干扰。

151. 浮地接法容易产生_____干扰。

152. 当接地的信号源与不接地的放大器连接时，放大器的输入端屏蔽应接到_____的公共端。

153. 所谓"三线采样双层屏蔽浮地技术"，就是在电子装置 A/D 转换器接线时，将地线和_____一起采样。

154. 为了提高抗干扰能力，交流电源地线与_____地线不能共用。

155. 电场屏蔽解决分布电容问题，_____一般接大地。

156. 电子测量装置的静电屏蔽罩必须与被屏蔽电路的零信号_____相接。

157. 当电路有一个不接地的信号源与一个接地放大器相连时，输入端的屏蔽应接至_____的公共端。

158. 所谓"浮地接法"，就是要求全机与地之间的绝缘电阻不能_____50MΩ。

159. 磁路屏蔽用_____使磁路闭合，屏蔽地线很好地与大地相接。

160. 机电一体化是传统机械工业被微电子技术逐步渗透过程所形成的一个新概念，它是微电子技术、机械技术相互交融的产物，是集_____的一门新兴的交叉学科。

161. 机电一体化不是机械技术和电子技术的_____，而是为达到取长补短、互相补充的目的而将电子设备的信息处理功能和控制功能融合到机械装置中。

162. 机电一体化将电子设备的信息处理功能和控制功能融合到机械装置中，使装置更具有_____、完整性、科学性和先进性。

163. 机电一体化将电子设备的信息处理功能和控制功能融合到_____中,使装置更具有系统性、完整性、科学性和先进性。

164. 机电一体化产品控制系统大多具备自动控制、自动诊断、自动信息处理、_____、自动检测等功能。

165. 机电一体化产品的控制系统大多具备自动控制、_____、自动信息处理、自动修正、自动检测等功能。

166. 机电一体化包含了机械技术、计算机与信息处理技术、系统技术、_____技术、传感与检测技术、伺服传动技术。

167. 随着电子技术的发展,可以使机械技术和电子技术有机地结合起来,以实现系统整体的_____。

168. 机电一体化产品具有_____的内容,是机械系统和微电子系统的有机结合,是赋予了新的功能和性能的新一代产品。

169. 机电一体化产品可以按照预定的动作顺序或被控制的_____,有序地协调各相关机构的动作,达到最佳控制的目的。

170. 机电一体化产品往往只需通过_____,即可改变传动机构的运动规律,而无需改变硬件机构。

171. 编写数控机床一般电气检修工艺前,应先了解机床实际存在的问题,并在相关的检修中_____解决。

172. 数控机床检修时,应对检修情况进行记录,并将它存入_____档案,以备对照检查。

173. 数控机床一般电气检修,更换电池应在 CNC 装置通电状态下进行,以防更换时_____。

174. 伺服系统的性能很大程度上决定了数控机床的性能和_____度。

175. 在自动控制系统中,输出量能够以_____跟随输入量的变化而变化的系统称为伺服系统。

176. 在自动控制系统中,输出量能够以一定准确度跟随输入量的变化而变化的系统,称为_____。

177. 在自动控制系统中,_____能够以一定准确度跟随输入量的变化而变化的系统,称为伺服系统。

178. 伺服系统的作用是接受来自_____的指令信号,经放大转换,驱动机床执行元件随脉冲指令运动,并保证动作的快速和准确。

179. 数控机床的伺服系统一般包括_____系统和检测装置。
180. 数控机床伺服系统中的检测装置,一般是由检测元件与_____组成的。
181. 数控机床伺服系统的机械传动系统,由伺服驱动系统、机械传动部件和_____组成。
182. 数控机床伺服系统的伺服驱动系统由_____单元和驱动元件组成。
183. 伺服系统是一种_____系统,它以指令脉冲作为输入给定值,与输出被控量进行比较,利用比较后产生的偏差值对系统进行自动调节,以消除偏差,使被控量跟踪给定值。
184. 伺服系统是一种反馈控制系统,它以_____作为输入给定值,与输出被控量进行比较,利用比较后产生的偏差值对系统进行自动调节,以消除偏差,使被控量跟踪给定值。
185. 交流伺服驱动系统中的电流环、速度环的反馈控制已全部数字化,系统的控制模型和动态补偿均由高速微处理器实时处理,增强了系统的_____,提高了系统的速度和精度。
186. 反相比例放大器有两个输入端,一个是_____端,表示输入信号与输出信号是反相的;另一个是同相端,表示输入信号与输出信号是同相的。
187. 当集成运算放大器作为比较器电路时,集成运算放大器工作于_____。
188. 如图10-1所示,由于实际运算放大器的放大倍数非常大,当同相端通过电阻R_2接地时,反向端电位也为0V,即A点称为"_____"。
189. 图10-2所示为反相比例加法运算放大器,其输出u_o的大小可看作是两个输入信号单独作用的和,这称为线性电路的_____。
190. 图10-2所示反相比例加法运算放大器中,平衡电阻R_2的取值应为_____。
191. 同相比例放大器与反相比例放大器的一个重要不同点,就是同相比例放大器不需要信号源提供电流,而反相比例放大器要提供_____的电流。

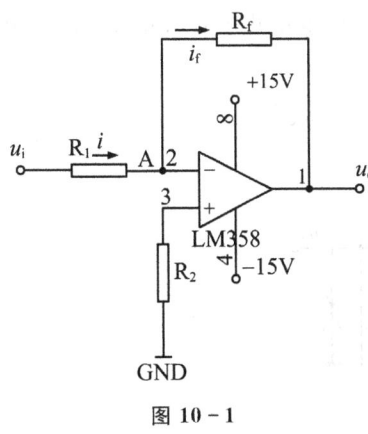
图 10-1

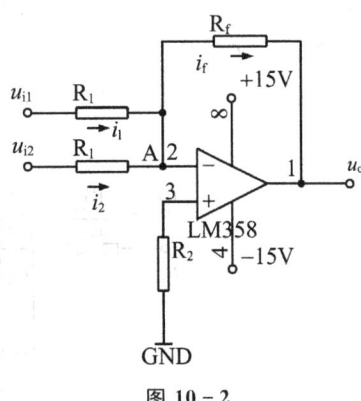
图 10-2

192. 图 10-3 所示为同相比例放大器，其放大倍数 $A_u = 1 + R_f/R_1$，表明输出信号与输入信号的_____相同。

193. 同相比例放大器的反馈回路同样是负反馈电路，R_2 的大小与反相比例放大器类似，即_____。

194. 由运算放大器组成的积分器电路，在性能上像_____。

195. 图 10-4 所示电路中，如果积分放大器的输入信号 u_i 是一个振荡的方波，当时间常数 $C_f R_1$ 较大时，那么通过积分放大器后，是一个_____波。

196. 图 10-4 所示电路中，如果积分放大器的输入信号 u_i 是一个不变的电压，即使很小，但只要时间足够长，输出电压也将达到_____值。

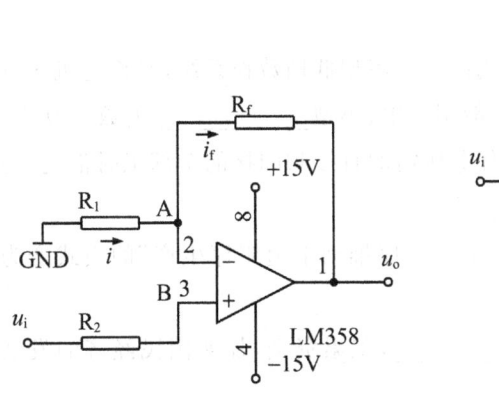
图 10-3

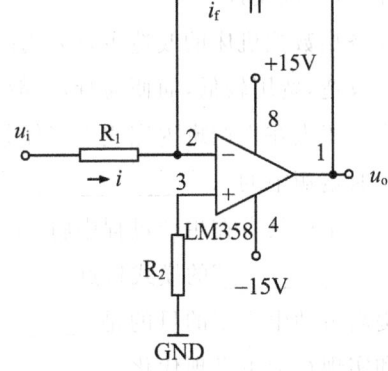
图 10-4

197. 比例积分放大器可看成是比例放大器与积分放大器的叠加，比例放大部分可以满足_____响应的快速要求,积分部分可利用积分效应满足电路的稳态响应要求。

198. 图 10-5 所示的比较电路工作在_____状态。

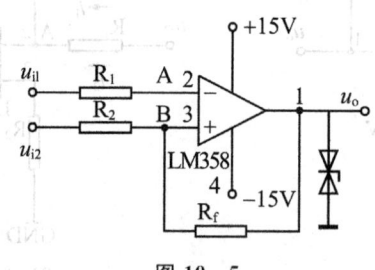

图 10-5

199. 普通设备的电气维修,一般都是触点控制的继电—接触器电路或是较简易的电子电路,多数采用_____原则、行程原则、电流原则等控制方法。

200. 电力拖动方案与控制方式的确定是设计的重要部分,设计方案确定后,可进一步选择电动机的_____、结构型式以及数量等。

201. 在确定电力拖动控制方案时,应尽可能采用_____和新的控制方式。

202. 电气控制原理图设计要体现设计的各项性能指标、功能,它也是电气工艺设计和编制各种_____的依据。

203. 电气控制原理图设计中,对于每一部分单元电路的设计,总是按主电路→控制电路→联锁与保护→_____的顺序进行的,最后经反复修改与完善,完成设计。

204. 经济型数控机床的改造主要采用国产经济型低档数控系统,对普通机床进行改造,费用较低,简便易行,一般用于中、小型_____的数控改造。

205. 生产工人在生产班内完成生产任务所需的直接和间接的全部工时消耗,为工时定额中的_____。

206. 精益生产具有在生产过程中将"上道工序推动下道工序生产"的模式变为"_____"的模式特点。

207. 提高劳动生产率的目的是_____,积累资金,加速国民经济的发展和实现社会主义现代化。

208. CIMS 主要包括经营管理功能、工程设计自动化、生产制造自动化和_____。

209. _____系列标准,是国际标准化组织于1996年7月公布的有关环境管理的系列标准。

210. _____是培养和提高学员独立操作技能极为重要的方式和手段。

211. 通过指导操作,可以使学员的_____能力不断增强和提高,熟练掌握操作技能。

212. 在指导操作和独立操作训练法中,应注意让学员反复地进行_____操作训练。

213. 在指导学员进行维修电工操作的过程中,必须经常对学员加强_____教育。

214. 复杂设备的电气维修要靠广大的初级、中级、高级电工来完成,而对这些维修电工的技术_____是高级技师的重要工作。

215. 作为一名高级技师,不仅能够指导本职业初级、中级、高级工和技师进行_____,还应能编写讲义,进行技术理论培训。

216. 编写培训讲义应结合本企业、本职业在_____方面存在的问题进行分析,并提出解决的方法。

217. 编写培训讲义应结合本职业介绍相关的新技术、_____、新材料、新设备及其应用方面的内容。

218. 英文 Emergency button 的中文含义_____。

219. 英文 Diagnosis 的中文含义是_____。

二、选择题(下列每题的4个选项中只有1个是正确的,请选择一个正确答案,将相应字母填入题中括号内。)

1. 电容器替代时,除了要求电容量相同以外,电容器的( )首先要满足要求。
   A. 电容量   B. 耐压   C. 电流   D. 功率

2. 反相比例放大器多用于信号源的内阻( )的信号放大。
   A. 很大   B. 较小   C. 为0   D. 无穷大

3. 脉冲编码调制信号是以( )形式表现的。
   A. 离散   B. 收敛   C. 环绕   D. 振荡

4. 复原调制的信号,叫做( )。
   A. 编码译码   B. 解调   C. 调制解调   D. 调制

5. 用指针式万用表的交流电压挡测得的直流电压( )用直流电压挡测得的直流电压。

A. 不同于　　B. 高于　　C. 低于　　D. 等于

6. 高频信号发生器使用时,频率调整旋钮改变的是主振荡回路的(　　)。
   A. 可变电容　　B. 电压较低　　C. 电流大小　　D. 可变电阻器

7. 晶体管图示仪测量三极管时,调节(　　)就可以改变特性曲线族之间的间距。
   A. 阶梯选择　　　　　　　　B. 功耗电阻
   C. 集电极—基极电流/电位　　D. 峰值范围

8. 高性能的高压变频调速装置的主电路开关器件,采用(　　)。
   A. 快速恢复二极管　　　　B. 绝缘栅双极晶体管
   C. 电力晶体管　　　　　　D. 功率场效应晶体管

9. 示波器上观察到的波形移动,是由(　　)来完成的。
   A. 灯丝电压　　B. 偏转系统　　C. 加速极电压　　D. 聚焦极电压

10. 集成运算放大器工作于非线性区时,其电路的主要特点是(　　)。
    A. 具有负反馈　　　　　　B. 具有正反馈或无反馈
    C. 具有正反馈或负反馈　　D. 以上答案均错误

11. 共模抑制比 K_{CMRR} 越大,表明电路(　　)。
    A. 放大倍数越稳定　　　B. 交流放大倍数越大
    C. 抑制温漂能力越强　　D. 输入信号中的差模成分越大

12. 比较器的阈值电压是指(　　)。
    A. 使输出电压翻转的输入电压
    B. 使输出达到最大幅值的基准电压
    C. 输出达到的最大幅值电压
    D. 使输出达到最大幅值时的输入电压

13. 滞回比较电压的回差电压 ΔU 是指(　　)。
    A. 正向阈值电压 U_{TH1} 与负向阈值电压 U_{TH2} 之差
    B. 最大输出正电压和负电压之差
    C. 最大电压和最小电压之差
    D. 输出脉冲的电压上升沿与下降沿之差

14. 若要求滞回比较器具有抗干扰能力,则其回差电压应(　　)。
    A. 大于信号电压　　　　　B. 大于输出电压
    C. 大于干扰电压峰—峰值　D. 小于信号电压

15. 正弦波脉宽调制(SPWM)通常采用( )信号相交的方案。
    A. 直流参考信号与三角波载波   B. 正弦波参考信号与三角波载波
    C. 正弦波参考信号与方波载波   D. 正弦波参考信号与输入

16. SPWM型变频器的变压、变频,通常是通过改变( )的幅值和频率来实现的。
    A. 参考信号正弦波   B. 载波信号三角波
    C. 参考信号和载波信号两者   D. 解调信号

17. 将半导体元器件封装在不透光的壳体内,这样制造的目的是( )。
    A. 避免湿度干扰   B. 避免光干扰
    C. 避免化学干扰   D. 避免热干扰

18. 通过寄生电容使一个电路的电荷变化影响另一个电路的噪声的耦合方式,叫( )耦合。
    A. 电磁   B. 静电   C. 共阻抗   D. 漏电流

19. 接地方式选择中,高频电路应采用( )接地。
    A. 一点   B. 二点   C. 三点   D. 就近多点

20. 信号频率在1MHz以下时,可用( )接地。
    A. 一点   B. 二点   C. 三点   D. 多点

21. 为抑制脉冲干扰,使用( )电路最有效。
    A. 施密特电路   B. 单稳态电路   C. 微分电路   D. 积分电路

22. 运算放大器组成的( )电路,其输入电阻接近无穷大。
    A. 反相比例放大电路   B. 积分器
    C. 同相比例放大电路   D. 微分器

23. 微分器在输入信号( )时,输出越大。
    A. 越大   B. 越小   C. 变动越快   D. 变动越慢

24. 比较器电路结构的特点是( )。
    A. 无反馈   B. 有正反馈
    C. 有负反馈   D. 无反馈或有正反馈

25. 把文字、符号转换为二进制码的组合逻辑电路,称作( )。
    A. 编码器   B. 译码器   C. 数据选择器   D. 数据分配器

26. 共阳极的半导体数码管应该配用( )的数码管译码器。
    A. 高电平有效   B. 低电平有效   C. TTL   D. CMOS

27. 在深度负反馈条件下,串联负反馈放大电路的( )。

    A. 输入电压与反馈电压的大小近似相等

    B. 输入电流与反馈电流近似相等

    C. 反馈电压等于输出电压

    D. 反馈电流等于输出电流

28. 运算放大器组成的加法电路,所有的输入信号( )输入。

    A. 从反相输入端　　　　　　B. 从同相输入端

    C. 可从任意端　　　　　　　D. 须从同一个输入端

29. 对于任何一个逻辑函数来讲,其( )是唯一的。

    A. 真值表　　B. 逻辑图　　C. 函数式　　D. 电路图

30. 三相全控桥有一个晶闸管断路时,在一个电源周期中输出电压波形将缺少( )波峰。

    A. 1　　　　B. 2　　　　C. 3　　　　D. 4

31. 可以用于有源逆变的电路是( )。

    A. 电阻负载的半控桥　　　　B. 有续流二极管的全控桥

    C. 电感负载的半控桥　　　　D. 无续流二极管的全控桥

32. 单稳态触发器电路在没有输入信号作用时,电路处于( )。

    A. 稳态　　　B. 暂稳态　　C. 放大状态　D. 电源电压

33. 设电平比较器的同相输入端接有参考电平2V,在反相输入端接输入电平1.9V时,输出为( )。

    A. 负电源电压　B. 正电源电压　C. 0V　　　D. 0.1V

34. 如果CMOS电路的电源电压与TTL不同,则用TTL电路驱动CMOS电路时,应该采用( )。

    A. 电平移动器(电平转换器)　B. 缓冲器

    C. 放大器　　　　　　　　　D. 比较器

35. 当输入电压相同时,积分调节器的积分时间常数越大,则输出电压上升斜率( )。

    A. 越小　　　B. 越大　　　C. 不变　　　D. 可大可小

36. 图示各种元件中,符号与名称搞错的为( )。

    A. ①为晶闸管,⑤为双向触发二极管

    B. ②为双向晶闸管,⑥为单结晶体管

① ② ③ ④ ⑤ ⑥ ⑦ ⑧ ⑨

C. ③、④分别为PNP、NPN型晶体管,⑦为稳压管

D. ⑧为光电二极管,⑨为发光二极管

37. 浮地接法要求全机与地的绝缘电阻不能( )。

    A. 小于4Ω   B. 大于500MΩ   C. 小于50MΩ   D. 大于50MΩ

38. 对电气测量的方法进行分类时,零值法、差值法、替代法和重合法都归于( )法。

    A. 直接测量   B. 间接测量   C. 比较测量   D. 组合测量

39. 准确度说明测量结果与真值的偏离程度,( )的大小是准确度的标志。

    A. 附加误差   B. 基本误差   C. 系统误差   D. 绝对误差

40. 逻辑分析仪是按( )的思路发展而成的。

    A. 存储示波器   B. 双踪示波器   C. 多线示波器   D. 逻辑电路

41. 数字地线的宽度应根据通路的电流决定,但最好不要小于( )mm。

    A. 4   B. 3   C. 2   D. 1

42. 电源变压器的屏蔽,是在变压器的一次侧与二次侧之间采用( )屏蔽防护。

    A. 四层   B. 三层   C. 二层   D. 一层

43. 当电子装置的工作频率较高时,特别是当线路的地线长度等于( )波长的奇数倍时,地线的阻抗会变得很高,这时地线变成了天线,可以向外辐射干扰信号。

    A. 1/5   B. 1/4   C. 1/3   D. 1/2

44. 电路在线维修测试仪可提供三种输出格式:PROTEL文件格式、( )和索引表格式,可根据使用的需要进行选择。

    A. BMP格式   B. 文本格式   C. 连接表格式   D. JGP格式

45. 电气测量泛指( )测量。

    A. 电工   B. 电子   C. 电工电子系统的综合   D. 电磁学

46. 复杂设备的电气故障诊断,找出了有故障的组件后,应( )。

    A. 更换组件

    B. 组织同样型号规格的完好器件

C. 进一步确定引起故障的根本原因
D. 修理或更换组件

47. 工作时,对电子测量装置的测量结果起影响作用的各种(　)信号,叫干扰。
   A. 外部无用　　　　　　　　B. 无规则
   C. 外部和内部无用　　　　　D. 杂乱

48. 直流检测装置的主要干扰源是(　)。
   A. 机械干扰　B. 光干扰　　C. 热干扰　　D. 湿度干扰

49. 检测过程中应尽量(　)信噪比。
   A. 减少　　　B. 均衡　　　C. 提高　　　D. 强化

50. 由于读数错误、记录错误、操作不正确、测量过程中的失误以及计算错误等造成的误差,叫(　)。
   A. 量化误差　B. 静态误差　C. 粗大误差　D. 相对误差

51. 在超高频电路中,地线长度要小于(　)。
   A. 50cm　　　B. 25mm　　　C. 25cm　　　D. 100mm

52. 变频器改造设备调速系统,就是采用交流变频器调速替代原设备中(　)或其他电动机调速的方案。
   A. 变极调速　B. 变压调速　C. 直流调速　D. 闭环负反馈

53. 典型工业控制机系统的一次设备,通常由(　)、变送器和执行机构组成。
   A. 传感器　　B. 探头　　　C. 被控对象　D. 一次线缆

54. 变频器输出侧抗干扰措施中,为了减少(　),可在输出侧安装输出电抗器。
   A. 电源　　　B. 电磁噪声　C. 高次谐波　D. 信号

55. 变频器输入侧抗干扰措施中,为了减少对(　)的干扰,可在输入侧安装交流电抗器。
   A. 信号　　　B. 电磁噪声　C. 高次谐波　D. 电源

56. 变频器改造设备调速系统,不仅提高了(　)性能,而且还降低了电能消耗。
   A. 调速　　　B. 准确度　　C. 抗扰动　　D. 稳定

57. 常用的工业控制系统通常分为分散型控制系统、可编程序控制器、STD总线工业控制机、(　)、模块化控制系统、智能调节控制仪表等。

A. 16位单板机 B. 工业PC C. 主CPU D. 32位单片机

58. 采用单CPU工业控制机系统,可以分时控制( )回路。
   A. 多个开环控制 B. 两个闭环控制
   C. 三个闭环控制 D. 多个闭环控制

59. 异步电动机变频调速,在额定频率以下,采用( )调速。
   A. 恒转矩 B. 恒功率 C. 恒电压 D. 恒电流

60. 当直流双闭环自动调速系统的电源电压波动时,系统中( )在起作用。
   A. 主要是转速环 B. 主要是电流环
   C. 电压环 D. 先转速环后电流环

61. 电机扩大机调速系统在启动开始瞬间加入给定电压后,电机扩大机( )。
   A. 处于励磁状态,电动机没有转速
   B. 处于强励磁状态,电动机加速启动
   C. 以偏差电压使电动机迅速启动
   D. 无反馈电压,电动机不能启动

62. 在转速、电流双闭环调速系统调试过程中,如转速给定电压增加到额定给定值,而电动机的转速低于所要求的额定值,此时应( )。
   A. 增加转速负反馈电压
   B. 减小转速负反馈电压
   C. 增加转速调节器输出限幅电压
   D. 减小转速调节器输出限幅电压

63. 可控变流电路中,压敏电阻无法对( )起到保护作用。
   A. 晶闸管关断过电压 B. 电路的操作过电压
   C. 浪涌过电压 D. 电压上升率过大

64. 无静差调速系统中,起到消除偏差作用的环节是( )。
   A. 比例 B. 积分 C. 微分 D. 负反馈

65. 直流双闭环调速系统在刚启动时,( )起作用。
   A. 只有转速环 B. 只有电流环
   C. 转速环、电流环都不 D. 转速环、电流环先后

66. 变频器的测量电路中,输出电流表最佳选择为( )仪表。
   A. 整流式 B. 热电式 C. 动铁式 D. 感应式

67. 电气测绘的第一步是测绘出设备的( )。

A. 安装接线图 B. 电气控制原理图
C. 系统图 D. 外部电气接线图

68. 更换电刷应注意的几点说明中,下述说法错误的为( )。
   A. 同一台电动机中,不允许使用不同型号的电刷
   B. 更换的电刷型号应与原电刷是同一型号的
   C. 不管用什么方法,严禁用金刚砂或砂纸研磨电刷
   D. 电刷与刷握间应松紧适宜、符合要求

69. 如果直流伺服电动机的电刷已磨损( ),则要更换电刷。
   A. 1/4 B. 1/3 C. 1/2 D. 2/3

70. 数显改造机床,就是要在普通机床上安装数显( )检测装置。
   A. 主轴旋转速度 B. 位置 C. 过载 D. 进给速度

71. 经济型数控机床主要应用于中、小型( )和铣床的数控改造。
   A. 车床 B. 磨床 C. 钻床 D. 镗床

72. SIN840C 的标准系统软件中含有( )类型机床的设置内容。
   A. 车床、磨床两种 B. 车床、铣床两种
   C. 钻床、镗床两种 D. 车床、钻床、铣床三种

73. 可在西门子 SIN840C 控制系统中 MMC 的硬盘上加以备份的有( )。
   A. PLC 程序、系统程序、加工工件程序
   B. 监控程序、用户程序、机床数据
   C. 机床数据、PLC 程序、加工工件程序
   D. 系统程序、机床数据、诊断与服务程序

74. 西门子 SIN840C 数控单元的操作显示部分有问题,故障范围不包括( )部分。
   A. 显示器 B. 机床操作面板 C. 驱动装置 D. PC 键盘

75. 西门子 SIN840C 数控单元,主机框架上装有三种 CPU 板,它们分别是( )。
   A. NC、PLC、MMC B. NC、PLC、INC
   C. MMC、PLC、INC D. NC、RLC、PLC

76. 西门子 SIN840C 控制系统的 MMN CPU 板,用于实现( )方面的功能。
   (①数控系统 ②诊断与服务 ③人机通信 ④PLC 系统 ⑤对话自动编程)
   A. ①②④ B. ①③④ C. ①②⑤ D. ③④⑤

77. 西门子SIN840C控制系统的输入模块、0.5A输出模块、2A输出模块，分别有（　　）点。
   A. 16、16、8   B. 24、16、8   C. 24、24、16   D. 48、48、24

78. 西门子SIN840C数控系统进给驱动装置所采用的电动机为IFT5型（　　）。
   A. 直流伺服电动机　　　　　　B. 步进电动机
   C. 电液脉冲马达　　　　　　　D. 无刷三相伺服电动机

79. 关于西门子SIN840C控制系统的交流伺服进给驱动系统，以下说法错误的是（　　）。
   A. 该系统采用的是双闭环反馈电路
   B. 控制电路采用的是模块化设计
   C. 混合式控制：位置环用软件控制，速度环用硬件控制
   D. 可与IFT5电动机配套来驱动机床刀具的进给轴

80. 要实现西门子SIN840C控制系统进给驱动的高精度定位，在组成交流伺服系统的诸环节中，并不需要（　　）。
   A. 带有定、转子的无刷三相伺服电动机
   B. 晶体管直流斩波器或晶体管调制—解调器
   C. 由脉冲编码器或光栅等组成的位置检测环
   D. 检测转子位置及速度的无刷反馈系统

81. 西门子SIN840C控制系统的主菜单上，PROGRAMMING、PARAMETER、MACHINE、SERVICES、DIAGNOSIS五个功能区域的名称分别为（　　）。
   A. 编程、参数、机床、服务、诊断
   B. 机床、参数、编程、诊断、服务
   C. 机床、编程、参数、服务、诊断
   D. 参数、编程、机床、诊断、服务

82. 研究西门子SIN840C控制系统的晶体管脉宽调制变频器，其中错误的理解是（　　）。
   A. 它接受电流控制电路中电流调节器的给出信号
   B. 它输出设置点信号，使电压控制器产生变频电压
   C. 它的输入为连续的模拟量信号，输出为数字信号
   D. 它输出的方波占空比代表输入信号的幅度

83. 下述有关西门子SIN840C控制系统的操作方式，错误的观点是（　　）。

A. 其操作方式是按菜单树的结构来设计的

B. 菜单是用硬件来选择的

C. 辅以 PC 全键盘来输入数字和字符

D. 部分操作需结合机床操作面板进行

84. 在数控机床面板上，主要有四种加工操作方式可以选择，它们是（   ）。

   A. JOD、REPOS、TEACHIN、AUTOMATIC

   B. JOG、TEACHIN、MDA、REFPOINT

   C. JOG、MDA、TEACHIN、AUTOMATIC

   D. JOG、MDA、TEACHINR、INC

85. 在数控机床的"手动"方式下，还有若干子方式，下面关于它们的说明中，错误的是（   ）。

   A. 有 EPROM 子方式

   B. 有 INC 子方式

   C. 有 REFPOINT 子方式

   D. 这几种子方式，在选择"手动"后生效

86. 数控机床的操作加工中，选择在"INC"这样一种加工操作方式，并非是指（   ）。

   A. 这是手动方式中的"增量进给"

   B. 这种增量进给包括变量增量

   C. 这种方式要在选择 JOG 以后生效

   D. 增量进给的每步增量必是一个单位增量

87. 西门子 SIN840C 控制系统的参数区域，主要是（   ）。

   A. 系统的 R 参数、刀偏和零偏等参数

   B. 系统主轴、进给方面的各种设定数据

   C. 系统的工件程序、编程参数等各种数据

   D. 系统的编程参数和系统的设定数据

88. 进行西门子 SIN840C 控制系统维修、调整及维护时，会涉及（   ）区域的操作。

   A. SERVICES、PARAMETER   B. DIAGNOSIS、SERVICES

   C. DIAGNOSIS、PROGRAMMING   D. DIAGNOSIS、SERVICES

89. 在西门子 SIN840C 控制系统编程区域中工件加工程序的两种编辑方式，具

有以下特点:( )可立即用于加工。

A. 在 NCK 存储区中编辑的程序   B. 在 MMC 的硬盘上编辑的程序

C. 两种编辑方式所编程序都   D. 两种编辑方式所编程序都不

90. 西门子 SIN840C 控制系统中,工件加工程序有两种编辑方式,在保存方法上错误的认识是( )。

A. 系统关机之后,NCK 存储区中所修改的程序不会保留

B. MMC 硬盘上编辑修改的程序能够保留

C. NCK 存储区中所修改的程序自然保留

D. MMC 硬盘上的程序,一般都在 USER/LOCAL 目录下

91. 数控机床各功能模块使用的后备电池,一般( )更换一次。

A. 一年   B. 二年   C. 三年   D. 半年

92. 在 PLC 中,用户可以通过编程器修改或增删的是( )。

A. 系统程序   B. 用户程序   C. 任何程序   D. 解释程序

93. 在 PLC 的梯形图中,线圈( )。

A. 必须放在最左边   B. 必须放在最右边

C. 可放在任意位置   D. 可放在所需处

94. 单片机为了实现多重中断、保护断点和现场信息,使用了( )。

A. ROM   B. 中断向量表   C. 设备内的寄存器   D. 堆栈

95. 输入采样阶段,PLC 的中央处理器对各输入端进行扫描,并将输入信号送入( )。

A. 累加器   B. 指针寄存器   C. 状态寄存器   D. 存储器

96. 计算机存储器容量的基本单位是( )。

A. 字节   B. 字长   C. 1 位二进制数   D. 字母

97. PLC 改造设备控制,是指采用 PLC 可编程序控制器替换原设备控制中庞大而复杂的( )控制装置。

A. 模拟   B. 继电器   C. 伺服   D. 时序逻辑电路

98. PLC 模块的安装尺寸、( )等,一般都已经标准化了。

A. 电流等级   B. 功率等级   C. 绝缘等级   D. 电压等级

99. 当配电变压器三相输出电压的不平衡率大于( )时,会对变频器—电动机系统产生不良影响。

A. ±5%   B. ±3%   C. 5%   D. 3%

100. 漏电保护装置在人体触及带电体时,能在( )内切断电源。
    A. 10s   B. 5s   C. 1s   D. 0.1s

101. 重复接地的作用是降低漏电设备外壳的对地电压,减轻( )断线时的危险。
    A. 零线   B. 保护接地线   C. 相线   D. 相线和中线

102. 当配电系统的电感与补偿电容发生串联谐振时,呈现( )阻抗。
    A. 零   B. 最小   C. 最大   D. 短路

103. 触电者( )时,应进行人工呼吸。
    A. 有心跳无呼吸   B. 有呼吸无心跳
    C. 既无心跳又无呼吸   D. 既有心跳又有呼吸

104. 三种场合下进行无功功率补偿:①工厂供电系统;②低速、恒速长期连续工作的较大容量设备如空压机、鼓风机、水泵等;③大电网中枢调压、地区降压变电所,宜分别采用三种人工补偿设备,对应的是( )。
    A. 移相电容器、同步电动机、同步调相器
    B. 同步电动机、同步调相器、并联电容器
    C. 同步调相器、移相电容器、并联电容器
    D. 移相电容器、并联电容器、同步电动机

105. 并列运行的变压器,它们的阻抗电压在实际运行时允许相差( )。
    A. 10%   B. ±10%   C. 1%   D. ±1%

106. 由主生产计划(MPS)、物料需求计划(MRP)、生产进度计划(OS)、能力需求计划(CRP)构成了( )。
    A. 精益生产计划   B. 制造资源计划 MRP Ⅱ
    C. 看板管理计划   D. 全面生产管理计划

107. ISO 9000 族标准中,( )是指导性标准。
    A. ISO 9000—1   B. ISO 9001~ISO9003
    C. ISO 9004—1   D. ISO 9004

108. 进行理论教学培训时,除依据教材外,应结合本职业介绍一些( )方面的内容。
    A. "四新"应用   B. 案例   C. 学员感兴趣   D. 科技动态

三、判断题(请将判断结果填入括号内,对的打"√",错的打"×"。)

( )1. 测量仪表精密度高,意味着随机误差小,一定准确。

(　)2. 准确度高意味着系统误差小，但准确不一定精密。一切测量都应力求实现既精密又准确。

(　)3. 交流伺服电动机在控制绕组电流作用下转动起来，如果控制绕组突然断路，则转子不会自行停转。

(　)4. 直流伺服电动机一般都采用电枢控制方式，即通过改变电枢电压来对电动机进行控制。

(　)5. 步进电动机是一种把电脉冲控制信号转换成角位移或直线位移的执行元件。

(　)6. 步进电动机的静态步距误差越小，电动机的精度越高。

(　)7. 步进电动机在负载下的启动频率比空载下的启动频率低。

(　)8. 步进电动机不失步启动所能施加的最高控制脉冲的频率，称为步进电动机的启动频率。

(　)9. 步进电动机的连续运行频率大于启动频率。

(　)10. 电容器的替代中，电容器的耐压首先要满足要求，一些电路对电容量要求也较高，振荡电路中还要求电容器的介质损耗满足要求。

(　)11. 数字集成电路目前已基本形成标准化，器件只要系列、序号相同，均可以直接替代。

(　)12. 运算放大器线性应用时，要加正反馈或负反馈。

(　)13. 线性应用的运算放大器，其输出电压被限幅在正、负电源电压范围内。

(　)14. 比较器的输出电压可以是电源电压范围内的任意值。

(　)15. 比例积分调节器的等效放大倍数在静态与动态过程中是相同的。

(　)16. 电子装置内部的所有电子元件都存在固有噪声，并具有稳定性。

(　)17. 利用稳压管或二极管组成的脉冲干扰隔离门，可阻挡幅值较小的干扰脉冲通过。

(　)18. CMOS电路的电源为固定的+5V。

(　)19. 脉宽调制变频电路称为"PAM"变频电路。

(　)20. 实践证明，低频电流对人体的伤害比高频电流小。

(　)21. 示波器中水平扫描信号发生器产生的是方波。

(　)22. 操作晶体管图示仪时，应特别注意功耗电压、阶梯选择及峰值范围选择开关的位置，它们是导致损坏的主要原因。

( )23. 逻辑分析仪具有可靠的毛刺检测能力。

( )24. 在线功能测试仪在线测试的复杂性,对于异步逻辑、器件上接有电抗或晶体类元件、"线与"和"线或"逻辑、总线竞争等情况,可能导致将好器件误判为坏器件。

( )25. 一般地说,通过在线功能测试仪功能测试的器件基本是好的,未通过测试的器件一定是坏的。

( )26. 通过不断将已知逻辑功能但尚未包含在测试器件库中的数字器件添加到器件库去的方法,可以不断扩充在线功能测试仪的器件库,使仪器能够测试更多的逻辑器件。

( )27. 缺乏联机测试条件是制约器件级维修故障检测的重要原因。

( )28. 对振动的精密诊断,不用频率分析仪对振动信号进行频谱分析,或采用相位分析仪进行相位分析,就可非常清楚地判断出引起异常振动的原因。

( )29. 诸如轴承检测诊断仪一类专用的振动测量仪器,只要预先把待测轴承的轴承号(包括轴承类型、直径等信息)和轴承转速输入仪器,通过测量,便可获得轴承润滑情况和损伤程度等状况的显示。

( )30. 国产集成电路系列和品种的型号由五部分组成。

( )31. A/D 转换器是交直流转换器。

( )32. 积分调节能够消除静差,而且调节速度快。

( )33. 比例积分调节器,其积分调节作用可以使得系统动态响应速度较快;而其比例调节作用,又使得系统基本上无静差。

( )34. 复杂设备电气故障的诊断步骤中,设备检查阶段可优先考虑对设备的拆卸检查。

( )35. 复杂设备电气故障的诊断步骤中,设备检查阶段重点考虑对控制装置进行调整。

( )36. 采用理想元件时,由测量方法所引起的误差叫做装置误差。

( )37. 速度、电流双闭环调速系统中,当负载突变时,起主要调节作用的是电流调节器。

( )38. 速度、电流双闭环调速系统中,为了减小主电路的限幅电流,应该减小电流调节器的输出限幅电压。

( )39. 调速系统中采用比例积分调节器,兼顾了实现无静差和快速性的要求,解决了静态和动态对放大倍数要求的矛盾。

(　)40. 变频调速性能优异、调速范围大、平滑性好、低速特性较硬,是鼠笼型异步电动机的一种理想调速方法。

(　)41. 异步电动机的变频调速装置,其功能是将电网的恒压、恒频交流电变换为变压、变频交流电,对交流电动机供电,实现交流无级调速。

(　)42. 在SPWM调制方式的逆变器中,通过改变载波信号的频率,达到改变逆变器输出交流电压的频率的目的。

(　)43. 当变频器在配电变压器容量大于500kV·A,且变压器容量小于变频器容量10倍以上的情况下使用时,需要在变频器输入侧加装交流电抗器。

(　)44. 当给变频器供电的配电变压器输出电压三相不平衡,且不平衡率大于3%时,在变频器输入侧需加装交流电抗器。

(　)45. 在变频器的输出侧接有电动机时,为了补偿电动机功率因数,可以接入补偿电容器。

(　)46. 变频器输出侧配线安装时,为防止各路信号的相互干扰,信号线以分别绞合为宜。

(　)47. 变频器输出侧配线安装时,接地必须使用专用接地端子,且用粗短线接地,不能与其他接地端子共用。良好的接地可有效防止干扰。

(　)48. 变频器输出侧配线安装时,屏蔽线的屏蔽层一端接在变频器的公共端子(如COM)上,另一端接公共地。

(　)49. 交流电源地线与信号地线可以共用。

(　)50. 电场屏蔽解决分布电感问题。

(　)51. 低频磁屏蔽可采用铜、铝、铁等金属材料做成屏蔽层。

(　)52. 电磁屏蔽是利用高频干扰电磁场在屏蔽金属内产生的涡流,利用该涡流磁场抵消高频干扰磁场的影响,达到防止高频磁场干扰的目的。

(　)53. 在各种噪声源中,放电噪声源是次要的噪声干扰。

(　)54. 高电平(此处提到的电平是指信号电压强弱)线和低电平线一般情况下不要用一条电缆。受条件限制时,应将高电平线组合在一起单独加屏蔽。

(　)55. 高电平线和低电平线一般不经过同一接插件。不得已时,可将高电平端子和低电平端子分别置于中间端子,两端分别为高电平引线地线和低电平引线地线。

（　）56. 维修电工在操作中，特别要注意首先断电。

（　）57. 修理工作中，要按设备原始数据和精度要求进行修复，严格把握修理的质量关，不得降低设备原有的性能。

（　）58. 在维修直流电动机时，对各绕组之间做耐压试验，其试验电压用直流电。

（　）59. 由于 J50M 数控系统是由大规模集成电路及复杂电路组成的，所以在测绘时绝对不能在带电的情况下进行拆卸、插拔等活动，也不允许随意去摸线路板，以免静电损坏电子元器件，但允许使用摇表进行测量。

（　）60. FANUC 系统 F0 系列是面板不可组的 CNC 结构，不易于组成紧凑的机电一体化系统，但选用 FANUC 各种强电模块时，便于选配组成完整系统结构。

（　）61. FANUC 系统 F16 系列与 F18 系列今后将会取代 F0 系列，成为 FANUC 系统数控产品的主流。

（　）62. SINUMERIK810 系统为紧凑型连续轨迹数控装置，适用于低、中档功能的中心型机床，有良好的性价比，可安装在机床的任何部位。

（　）63. SINUMERIK820S 系统是步进电动机控制系统，是专门为经济型的数控车床、铣床、磨床及特殊用途的其他机床设计的，可控制 4～5 个进给轴和 2 个开环主轴（如变频器）。

（　）64. CSB 中央服务板是 CENTER SERVICE BOARD 的缩写。

（　）65. 西门子 SIN840C 控制系统主菜单的 PROGRAMMING 在 MMC 的硬盘上编辑，既可按汇编语言编辑，亦可按 ASCⅡ码编辑操作。

（　）66. 西门子 SIN840C 控制系统可以实现 3D 插补。

（　）67. 西门子 SIN840C 控制系统功能是可以实现位置插补。

（　）68. DIAGNOSIS"诊断"区域主要用于机床的调整及维护。

（　）69. 在西门子 SIN840C 控制系统中，MMC 的硬盘上备份的文件和数据，在电源掉电后，仍能很方便地恢复机床工作。

（　）70. 机电一体化是多学科领域综合交叉的技术密集型系统工程。

（　）71. 机械技术是机电一体化的核心，它把其他高新技术与机电一体化技术相结合，实现结构、材料、性能上的变更，从而满足减小质量和体积、提高精度和刚性、改善功能和性能的要求。

( )72. 随着微电子技术的发展,交流伺服驱动系统中的电流环、速度环的反馈控制已全部数字化。

( )73. PLC 改造设备控制是指采用 PLC 可编程序控制器替换原设备控制中庞大而复杂的自动控制装置。

( )74. 重复接地的作用是降低漏电设备外壳的对地电压,减轻零线断线时的危险。

( )75. 两相接地是最严重的触电事故。

( )76. 由主生产计划(MPS)、物料需求计划(MRP)、生产进度计划(OS)、能力需求计划(CRP)构成制造资源计划 MRPⅡ。

( )77. 维修电工班组主要是为生产服务的。

( )78. 生产同步化是一种生产现场物流控制系统。

( )79. 准时化生产方式企业的经营目标是质量。

( )80. 精益生产的要求做法是福特生产方式。

( )81. 精益生产适用于现代制造企业的组织管理方法。

( )82. 制定 ISO 14000 系列标准的直接原因是产品的性能下降。

( )83. ISO 9000 族标准包括质量术语标准(ISO 8402)。

( )84. ISO 14000 系列标准是有关环境管理的系列标准。

( )85. ISO 9000 系列标准是国际标准化组织发布的有关环境管理的系列标准。

( )86. ISO 是国际电工组织的缩写。

( )87. ISO 9004—1 是质量管理和质量体系要素指南。

( )88. ISO 9000 族标准与 TQC 的差别在于:ISO 9000 族标准是从采购者立场上所规定的质量保证。

( )89. 我国发布的 GB/T 19000—ISO 9000《质量管理和质量保证》双编号国家标准中,GB/T4728.1—7256 是质量体系、质量管理和质量体系要素的第一部分,即指南。

( )90. ISO 9000 族标准中 ISO 9004—1 是基础性标准。

( )91. 理论培训的一般方法是课堂讲授。

( )92. 指导操作训练是培养和提高学员独立操作技能的极为重要的方式和手段。

(　)93. 理论培训教学中应有条理性和系统性，注意理论联系实际，培养学员解决实际工作问题的能力。

(　)94. 进行理论培训时应结合本企业、本职业在生产技术、质量方面存在的问题进行分析，并提出解决的方法。

(　)95. 理论培训时结合本职业向学员介绍一些新技术、新工艺、新材料、新设备应用方面的内容也是十分必要的。

(　)96. 理论培训一般采用启发式教学方法进行。

(　)97. 指导操作训练的目的是通过课堂教学方式，使学员掌握维修电工本等级技术理论知识。

(　)98. 进行理论教学培训时，除依据教材外，应结合本职业介绍一些"四新"应用方面的内容。

四、简答题

1. 画出两输入反相比例积分运算放大器，并说明该运算放大器在控制系统中作为什么装置。

2. 如图 10-6 所示，求出运放 A1、A2 的输出电压 u_{o1}、u_{o2}。

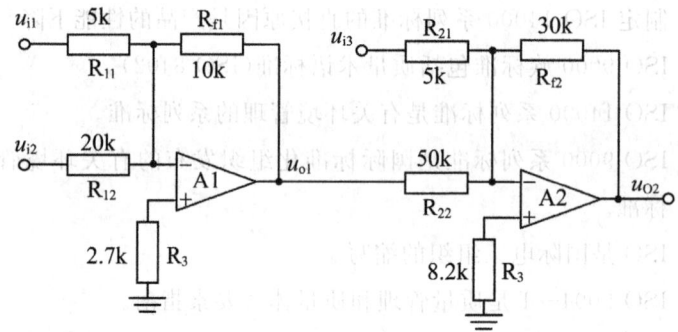

图 10-6

3. 防止逆变颠覆的措施有哪些？
4. 简述西门子 SIN840C 控制系统主菜单 DIAGNOSIS(诊断)区域的功能。
5. 故障症状表应该包括的内容有哪些？
6. 什么是电气故障诊断专家系统？
7. 简述专家系统包括的第一次诊断(初步诊断)和第二次诊断(准确诊断)的内容。
8. 简述电气故障的一般诊断顺序。

9. 解释电气故障诊断方法中的"常规检查法"。
10. 解释电气故障诊断方法中的"备件替换法"。
11. 简述复杂设备电气故障诊断中备件替换法的注意事项。
12. 解释电气故障诊断方法中的"电路板参数测试对比法"。
13. 解释电气故障诊断方法中的"更新建立法"。
14. 解释电气故障诊断方法中的"升温试验法"。
15. 解释电气故障诊断方法中的"拉偏压源法"。
16. 解释电气故障诊断方法中的"分段淘汰法"。
17. 解释脉冲电路噪声抑制的"相关量法"。
18. 解释电气故障诊断方法中的"原理分析法"。
19. 解释电气测量。
20. 简述电气测量的特点。
21. 解释疏失误差的概念。
22. 简述红外线热检测仪的应用。
23. 什么是模拟特征分析（ASA）技术？
24. 什么是后驱动技术？
25. 简述在线功能测试仪的功能。
26. 在线故障检测时应注意什么？
27. 用振动测试仪诊断设备故障的准备工作有哪些？
28. 电子装置中可采用哪些接地线以实现抗干扰？
29. 画出高频干扰简化的线间电压和对地电压滤波器电路。
30. 机电一体化中，计算机与信息处理技术起什么作用？
31. 什么是机电一体化？
32. 机电一体化包括哪些技术？
33. 简述机电一体化产品的主要特点。
34. 简述802数控系统四种机床参数生效等级。
35. 变频器的测量电路中输出电流表如何选择，为什么？
36. 绘图说明典型工业控制机的闭环控制系统。
37. 变频器产生谐波干扰分为哪几种？
38. 简述电气控制设计的一般程序。
39. 在电气设计任务书中，应说明的主要技术经济指标及要求有哪些？

40. 简述噪声耦合方式的种类。
41. 什么叫屏蔽?
42. 解释静电屏蔽。
43. 何谓电磁屏蔽?
44. 低频磁屏蔽的含义是什么?
45. 简述驱动屏蔽。
46. 简要说明电子测量装置屏蔽的规则。
47. 数控机床电气系统测绘一般包括哪些步骤?
48. 简述测绘 ZK7132 型立式数控钻铣床的注意事项。
49. 如何测绘数控机床电气安装接线图?
50. 什么是故障诊断流程图?
51. 写出编写的数控机床一般电气检修工艺前的注意事项中,检测维护各功能模块使用的存储器后备电池的工艺要求。
52. 以 X 轴为例,简述数控机床回参考点的实现过程。
53. 简述数控机床报警处理的一般方法。
54. 写出编写的数控机床一般电气检修工艺前的注意事项中,检测维护直流伺服电动机的工艺要求。
55. 当配电变压器三相输出电压不平衡率大于 3% 时,会对变频器控制系统产生哪些不良影响?
56. 试说明在西门子 SIN840C 数控系统的 NCK 存储区中,对工件加工程序进行编辑的方式有什么特点。
57. 西门子 SIN840C 控制系统主菜单的编程区域中,有一种在 MMC 的硬盘上对工件程序进行编辑的方式,试说明这种编辑方式的特点是什么。
58. 简述采用数控技术改造旧机床的适应性和特点。

五、论述题

1. 试述电气测量的特点。
2. 试述变频器输出侧在电气装接工艺方面采取的抗干扰措施。
3. 试述机电一体化的相关技术。
4. 图 10-7 所示为锯齿波同步信号触发电路。试问:锯齿波是怎样形成的? 此电路如何进行移相控制?

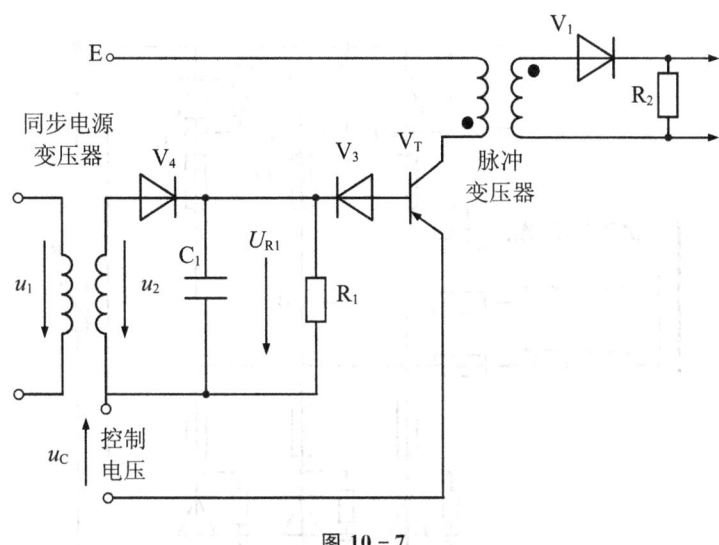

图 10-7

5. 什么是逆变颠覆？逆变颠覆的原因有哪些？防止逆变颠覆的措施有哪些？
6. 绘图说明收敛型、直线型、扩散型系统结构各适应哪些诊断方法。
7. 配电系统二次回路的故障查找分为哪些阶段？
8. 复杂设备电气故障诊断按哪些步骤进行，各环节应注意什么？
9. 复杂设备的电气故障常用的诊断方法有哪些？
10. 波形分析题。

图 10-8 所示为三相半控桥式以电阻为负载的整流电路，分析并绘出当 $\alpha=45°$ 时的波形：

（1）在相电压图上分析并绘制负载 u_d 的波形关系。

（2）在线电压图上分析并绘出负载 u_d 的波形。

（3）分析并绘制晶闸管 VT1 上电压 u_{T1} 的波形。

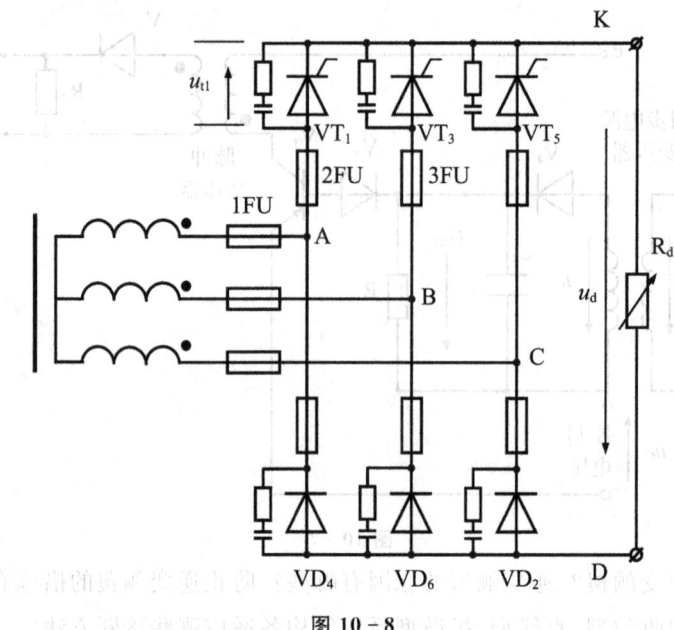

图 10-8

11. 故障电路绘图题。

图 10-9 所示的三相全控桥式整流电路,负载为电阻 R_d,当 $\alpha=60°$ 时,发生 ①VT1 晶闸管触发脉冲丢失;②熔断器 1FU 熔断;③熔断器 2FU 熔断;④熔断器 2FU、3FU 同时熔断,画出下列故障波形:

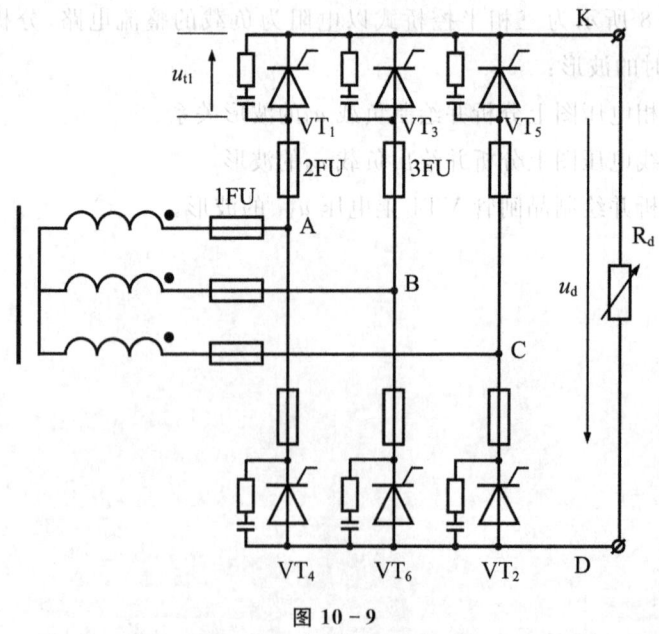

图 10-9

(1) 相电压图上的 u_d 波形。

(2) 线电压图上的 u_d 波形。

(3) 晶闸管上的电压 u_{VT1} 波形。

12. 试从二次回路的故障类别：①开路；②短路；③回路参数变值这三个方面来阐明二次回路故障的查找方法。

13. 分析图 10-10 所示是什么调速系统，有什么缺点，在图中画出引入电流截止负反馈的改进电路。

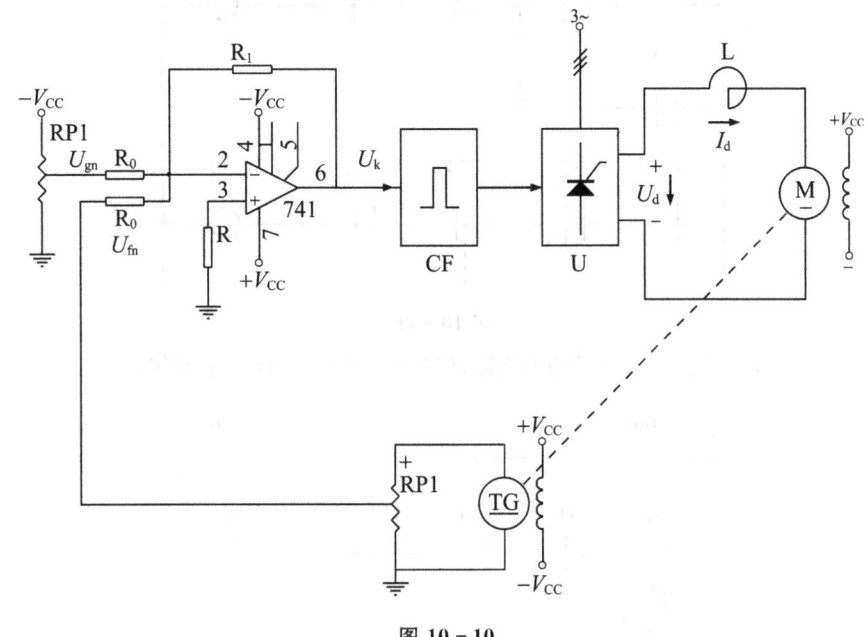

图 10-10

14. 说明电气控制原理图设计的基本步骤和方法。若要求三台电动机按 M1、M2、M3 顺序启动，按 M3、M2、M1 顺序停止，请设计出一个（按钮控制）电气控制原理图。

15. 说明电气控制设计的一般程序。

16. 某专用数控铣床 Z 轴常出现位置报警："实际到达位置与目标到达位置距离超限"。Z 轴是一个不参与差补运动的独立轴，在工作中只起移动定位作用。位置控制是由直线光栅反馈到数控系统实现的闭环控制。那么，此问题应如何解决？

17. 绘图说明 LJ—20 型 CNC 装置的组成。

18. 普通 XA6132 型铣床选择 SINUMERIK802S 数控系统，改造后怎样进行调试以达到改造要求?

19. 图10-11所示为龙门刨刀头顺序控制部分梯形图,请编写程序语句。

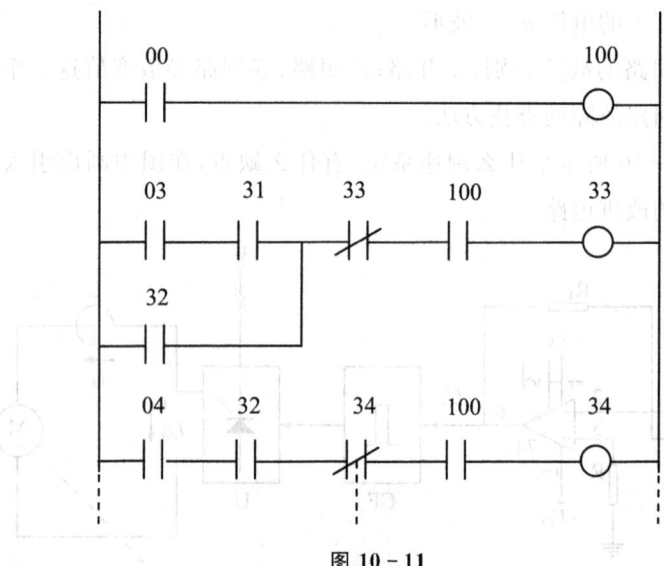

图10-11

20. 图10-12所示是一个位置控制的梯形图,请编写出程序语句。

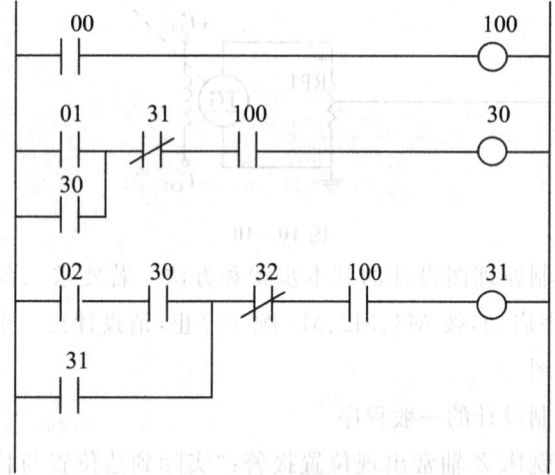

图10-12

21. 测量电力变压器绝缘电阻,现场普遍采用摇表即兆欧表,试归纳其使用方法和要点。

22. 电路如图10-13所示,A1、A2、A3均为理想运放,$U_{i1}=0.5V$,$U_{i2}=2V$,$U_{i3}=0.5V$。求:U_{o1}、U_{o2}、U_{o3}各为几伏?

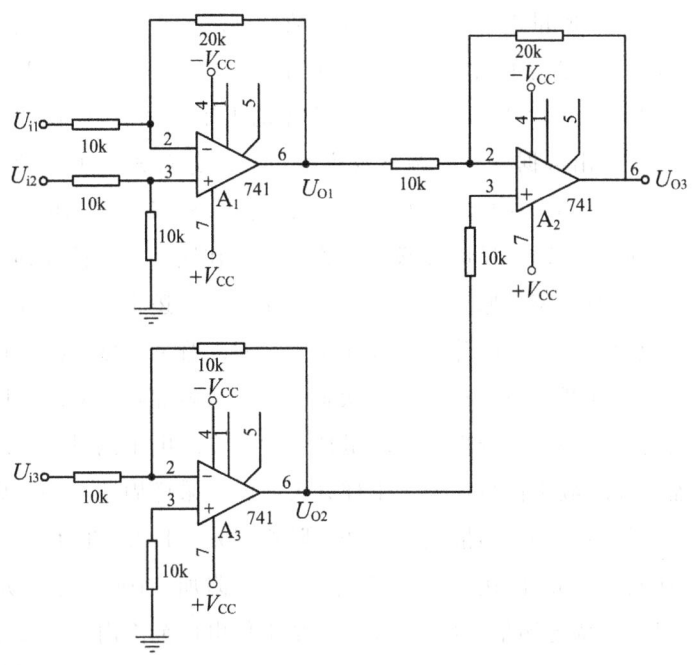

图 10-13

第二节　参考答案

一、填空题

1. 配电　2. 1 200　1 500　3. 电力变压器　控制电源变压器　4. 3　5. 电磁铁　6. 通电延时　断电延时　7. 民用和工业企业的照明　8. 常开(动合)　常闭(动断)　9. 配电变压器低压侧中性点　10. 大　11. 拉长　12. 最小　13. 保护　14. 最大　15. 电击　16. 负载电流　17. 接闪器或避雷器　18. 避雷针　避雷线　19. 曲线方程　20. 柔性　21. 数控单元主体　22. 操作显示部分　23. 机床操作面板　24. 运行、工作方式　25. 键盘　26. CSB (中央服务单元)板　27. CSB 板　28. 接收及处理　29. 各个轴的位置反馈　30. 接收和处理　31. 调节器释放信号　32. 人机通信　33. 晶体管脉宽调制变频　34. 三相伺服　35. 3D　36. 速度控制　37. 电流控制　38. 脉宽调制器　39. 设置点　40. 位置及转速　41. 脉冲编码器　42. 位置检测环　43. 机床操作面板　44. TEACHIN(示教)　45. 手动输入数据自动运行

46. 参考点　47. 增量进给　48. 编程参数　49. 编程　50. 设定　51. 工件加工程序　52. 立即用于加工　53. ASCⅡ码　54. 7个　55. I/O子模块　56. 扩展框架　57. 1 024/1 024　58. 机床的加工　59. PC机的　60. 方向键　61. 输入/输出数据　62. 调整及维护　63. 分布式机床外设　64. 硬盘上备份　65. 32　66. 梯形图　67. 互感耦合　68. F—20MR　69. 常开触点　70. 并联阻容　71. 反向并联二极管　72. 在线　73. 精度、阻值　74. 耐压　75. 原厂家　原型号　76. 标准化　77. 逻辑功能　78. 全面而有效　79. 直观检查　80. 故障症状或症状组　81. 难易程度　82. 产生故障可能性　83. 逻辑诊断故障　84. 原始状态　85. 故障症状　86. 故障诊断流程　87. 控制的对象　88. 综合性　89. 最佳方案　90. 电工测量　91. 电磁技术　92. 传感器　93. 数字信号　94. 采样开关　95. 采样周期　96. 离散　97. 一定编码规律　98. 离散信号　99. 随机误差　100. 真值　101. 系统误差　102. 偶然　103. 间接　104. 基本　105. 附加　106. 后驱动　107. 器件级故障　108. 特定测量电压　109. 整个工作电压范围内　110. 经验曲线　111. 联机测试条件　112. 电路图　113. 重要节点　114. 数字器件　115. 模拟器件　116. 中、大规模集成电路　117. 自适应　118. 网络提取　119. PROTEL文件格式　120. 测试激励信号　121. 振动　122. 计算机数控　123. 步进电动机　124. 软件　125. 位置　126. 标准系统　127. 分布和物理　128. 流向　129. 方框图　130. 大规模集成　131. 摇表进行测量　132. 执行机构　133. 一次设备部分　134. 计算机基本　135. 实时操作软件　136. 硬件　137. 500kV·A　138. 干扰源　139. 畸变　140. 85%　141. 调速　142. 直流调速　143. 电容器　144. 电能消耗　145. 100mm以上　146. 屏蔽　147. 共地环流　148. 干扰电流　149. 自激振荡　150. 零序电抗器　151. 静电　152. 信号源　153. 信号线　154. 信号　155. 屏蔽地线　156. 基准电位　157. 放大器　158. 小于　159. 导磁材料　160. 多种技术为一体　161. 简单叠加　162. 系统性　163. 机械装置　164. 自动修正　165. 自动诊断　166. 自动控制　167. 最佳化　168. 技术和产品　169. 数学模型　170. 软件改变指令　171. 重点给予　172. 设备维修技术　173. 丢失信息　174. 加工精　175. 一定准确度　176. 伺服系统　177. 输出量　178. 数控装置(CNC)　179. 机械传动　180. 反馈电路　181. 执行元件　182. 驱动控制　183. 反馈控制　184. 指令脉冲　185. 自诊断能力

186. 反相输入 187. 非线性区 188. 虚地 189. 叠加性 190. $R_f//R_1//R_1$
191. u_i/R_1 192. 相位 193. $R_2=R_1//R_f$ 194. 低通滤波器 195. 三角
196. 饱和（极限） 197. 动态 198. 滞环 199. 时间 200. 容量、类型
201. 新技术、新器件 202. 技术资料 203. 总体检查 204. 车床和铣床
205. 定额时间 206. 下道工序要求拉动上道工序生产 207. 降低成本
208. 质量保证 209. ISO 14000 210. 指导操作训练 211. 动手操作
212. 独立实际 213. 安全 214. 培训和指导 215. 实际操作 216. 生产技术、质量 217. 新工艺 218. 紧急按钮 219. 诊断

二、选择题

1．B 2．B 3．A 4．B 5．B 6．A 7．C 8．B 9．B 10．B 11．C
12．A 13．A 14．C 15．B 16．A 17．B 18．B 19．D 20．A
21．D 22．C 23．C 24．D 25．A 26．B 27．A 28．D 29．A
30．B 31．D 32．A 33．B 34．A 35．C 36．A 37．C 38．C
39．C 40．C 41．B 42．B 43．B 44．C 45．C 46．C 47．C
48．C 49．C 50．C 51．B 52．C 53．C 54．C 55．D 56．A
57．B 58．D 59．A 60．B 61．B 62．B 63．C 64．B 65．B
66．C 67．A 68．C 69．C 70．C 71．A 72．C 73．C 74．C
75．A 76．B 77．A 78．D 79．C 80．B 81．A 82．D 83．B
84．C 85．A 86．D 87．D 88．C 89．D 90．C 91．A 92．B
93．B 94．D 95．C 96．A 97．B 98．D 99．D 100．D 101．A
102．B 103．A 104．A 105．B 106．B 107．A 108．A

三、判断题

1．× 2．√ 3．× 4．√ 5．√ 6．√ 7．√ 8．√ 9．√ 10．√
11．√ 12．× 13．√ 14．√ 15．√ 16．× 17．√ 18．√ 19．√
20．× 21．√ 22．√ 23．√ 24．√ 25．× 26．√ 27．√ 28．×
29．√ 30．√ 31．× 32．√ 33．√ 34．√ 35．√ 36．√ 37．√
38．× 39．√ 40．√ 41．√ 42．√ 43．√ 44．√ 45．√ 46．√
47．√ 48．× 49．× 50．√ 51．√ 52．√ 53．√ 54．√ 55．×
56．× 57．√ 58．× 59．× 60．× 61．√ 62．√ 63．× 64．√

65. × 66. √ 67. × 68. √ 69. √ 70. √ 71. × 72. √ 73. ×
74. √ 75. × 76. √ 77. √ 78. × 79. × 80. × 81. × 82. ×
83. √ 84. √ 85. × 86. × 87. √ 88. √ 89. × 90. √ 91. √
92. √ 93. √ 94. √ 95. √ 96. × 97. × 98. √

四、简答题

1. 答：在控制系统中为比例积分调节器（PI 调节器），见图 10-14。

2. 答：

解：$u_{o1} = -\left(\dfrac{R_{f1}}{R_{i1}}u_{i1} + \dfrac{R_{f1}}{R_{i2}}u_{i2}\right)$

$= -\left(\dfrac{10}{5}u_{i1} + \dfrac{10}{20}u_{i2}\right)$

$= -(2u_{i1} + 0.5u_{i2})$

（u_{o2} 应与 u_{o1} 与 u_{i3} 按放大倍数相叠加，计算从略）

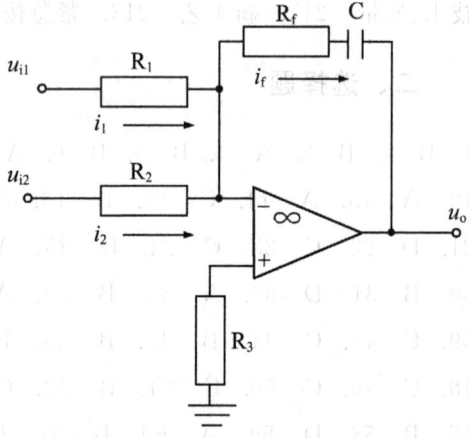

图 10-14

3. 答：防止逆变颠覆的措施有：

(1) 选用可靠的触发器。

(2) 正确选择晶闸管的参数。

(3) 采取措施，限制晶闸管的电压上升率和电流上升率，以免发生误导通。

(4) 逆变角 β 不能太小，限制在一个允许的范围内。

(5) 装设快速熔断器、快速开关，进行过流保护。

(6) 逆变保护。

4. 答：西门子 SIN840C 控制系统主菜单 DIAGNOSIS（诊断）区域主要用于机床的调整及维护，有机床的报警显示、机床操作过程中的错误记录、NC 系统诊断、PLC 系统诊断、系统配置文件的编辑以及 NC、PLC 的机床数据等。

5. 答：

(1) 各种症状的现象和详细说明。

(2) 产生故障症状的各种原因（按产生原因的可能性顺序或按应检查的顺序列出）。

(3) 要进行的各种检查和测试项目，以及各种检查、测试结果的分析方法。

(4) 应采取的补救措施。

6. 答：在计算机技术人员帮助下，将特定领域和相关领域的专门知识，以及包括维修电工高级技师在内的维修专家的经验知识汇集成知识库，组建成电气故障诊断专家系统。专家系统包括检测出设备存在问题的第一次诊断（初步诊断）和对问题做出判定的第二次诊断（准确诊断）。

7. 答：第一次诊断：对设备是否存在问题以及问题的大小，用以其状态量水平与标准值和初始值做比较，并与其他同类机器比较的方法进行辨别，同时对问题的种类作出鉴定。

第二次诊断：找到问题的种类、部位、原因，预测故障进一步发展的范围及时间，提出解决方案。

8. 答：各类设备电气故障的一般诊断顺序为：症状分析→设备检查→故障部位的确定→线路检查→更换或修理→修后性能检查。

9. 答：在电气故障诊断中，依靠人的感觉器官并借助于一些简单的仪器来寻找故障原因的方法，叫常规检查法。这种方法在维修中最常用，也是首先采用的。

10. 答：在电气故障诊断中，将具有相同功能的两块板（一块好的，一块怀疑是坏的）互相调换，观察故障现象是随之转移还是依旧，以此来判断被怀疑板有无故障的方法，叫备件替换法。

11. 答：

(1) 替换前应认真检查与其连接的有关线路和电器，确认无故障后方可进行，以防外部故障引起替换上去的部件损坏。

(2) 必须断电并确认电容器放电基本完成后，才能更换电路板或组件。

(3) 替换前要仔细核对两块板上的芯片、模块是否一样，要保证开关、跳线以及桥接调整电阻、电容等都应调整到和原板一样。调整前应做好记录，以便于替换板下机后的恢复。

12. 答：在电气故障诊断中，对电路中可疑部分的电压、电流、脉冲信号、电阻等进行实际测量，并与正常值和正常波形进行比较来判断故障的方法，叫电路板参数测试对比法。

13. 答：当控制系统由于电网干扰或其他偶然原因发生异常或死机时，可先关机然后重新启动。必要时，需要清除有关数据，待重新启动后对控制参数重新设置来排除故障的方法，叫更新建立法。

14. 答：因设备运行时间较长或环境温度较高出现的软故障，通过人为升温加速温度性能差的元器件性能恶化，使故障现象明显化，从而有利于检测出有问题的组件或元器件的方法，叫升温试验法。

15. 答：有些软故障与外界电网电压波动有关，通过人为调高或调低电源电压，模拟恶劣的条件来让故障容易暴露，这种方法叫拉偏压源法（或拉偏电源法）。

16. 答：当系统中的故障链很长时，可以从故障链的中部开始分段查，查到故障在那一半中后，继续用分段淘汰法查，从而加快故障排查速度，这种方法叫分段淘汰法。

17. 答：相关量法就是找出与脉冲信号相关的量，以此量与脉冲信号同时作用到与门上，仅当两输入都有信号时，才能使与门打开送出脉冲信号，从而抑制脉冲干扰信号。

18. 答：根据控制系统的组成原理，通过追踪与故障相关联的信号，进行分析判断，直至找出原因，这种方法叫做原理分析法。

19. 答：电气测量泛指以电磁技术为手段的电工测量和以电子技术为手段的电子测量的电工电子系统的综合测量。

20. 答：

(1) 测量对象的广泛性。

(2) 测量过程的连续性。

(3) 测量方法的遥测性。

(4) 易于实现测量自动化。

21. 答：由于读数错误、记录错误、操作装置不正确、测量过程中的失误以及计算错误等，会明显地歪曲测量结果。由这种歪曲引起的误差，称为粗大误差或疏失误差。

22. 答：它是一种可用于检查设备在工作过程中因过多的热损失及异常而导致温度变化的实用工具。红外线热检测仪可进行非接触式快速实时测量，对设备温度异常故障的诊断非常迅速、准确、有效、可靠。

23. 答：用万用表测量电路节点对地阻抗，判断与该节点关联的元器件是否有端口型故障，是检测电路时常用的方式，就是所谓的模拟特征分析（ASA）技术原理。

24. 答：后驱动技术就是在检测的瞬间从被测器件的输入节点灌入或拉出

瞬态大电流,迫使节点电位按要求变高或变低,达到给被测器件在线施加测试激励的目的。

25. 答:
(1) 不依赖图样和联机测试条件的在线故障检测。
(2) 从电路板上提取电路图。
(3) 测试电路板的开路或短路故障。
(4) 模拟联机测试条件。

26. 答:检测时应注意:由于在线测试的复杂性,对于异步逻辑、器件上接有电抗或晶体类元件、"线与"及"线或"逻辑、总线竞争等情况,可能导致将好器件误判为坏器件。一般地说,通过功能测试的器件基本是好的,未通过测试的器件不一定是坏的,需进一步分析、判断。

27. 答:
(1) 掌握设备特征。
(2) 选择合适的测试仪器。
(3) 确定测定点。

28. 答:
(1) 保护接地线。指出安全防护的目的,将电子装置的外壳屏蔽层接地。
(2) 信号地线。指电子装置的输入和输出的零信号电位公共线,它可能与真正大地是隔绝的。
(3) 信号源地线。指传感器的零信号电位基准公共线。
(4) 交流电源地线。指电网中与大地连接的中性线。

29. 答:见图 10-15。

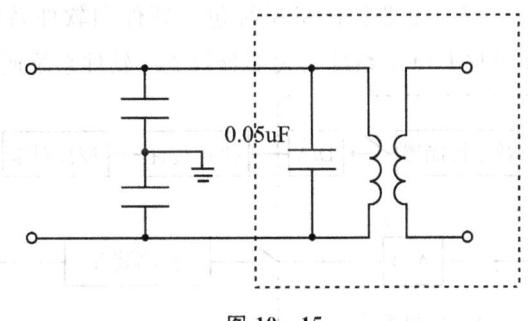

图 10-15

30. 答:计算机是实现信息处理的工具。在机电一体化系统中,计算机与信息处理部分控制着整个系统的运行,直接影响到系统工作的效率和质量。

31. 答:机电一体化是传统机械工业被微电子技术逐步渗透过程中所形成的一个新概念,它是微电子技术、机械技术相互交融的产物,是集多种技术为一体的一门新兴的交叉学科。

32. 答:机电一体化是多学科领域综合交叉的技术密集型系统工程,它包含了机械技术、计算机与信息处理技术、系统技术、自动控制技术、传感与检测技术、伺服传动技术。

33. 答:
(1) 最佳化。机械技术与电子技术有机结合,实现系统整体的最佳化。
(2) 智能化。机电一体化产品可以按照预定的动作顺序或被控制的数学模型,有序地协调各相关机构的动作,达到最佳控制的目的。其控制系统大多具备自动控制、自动诊断、自动信息处理、自动修正、自动检测等功能。
(3) 柔性化。机电一体化产品往往只需通过软件改变指令,即可改变传动机构的运动规律,而无需改变硬件机构。

34. 答:
PO——更改的参数需要重新"上电"后才能生效。
RE——更改的参数需要按"复位键"后才能生效。
CF——更改的参数需要按"更新软菜单键"后才能生效。
IM——更改的参数立即生效。

35. 答:变频器的输出电流与电动机铜损引起的温升有关,仪表的选择应该能精确测量出其畸变电流波形的有效值,可以使用热电式电流表,但必须小心操作,而使用动铁式仪表是最佳选择。

36. 答:见图10-16,工业控制机系统包括硬件和软件系统。硬件系统由计算机基本系统和过程I/O子系统两大部分组成。软件系统通常由工业控制实

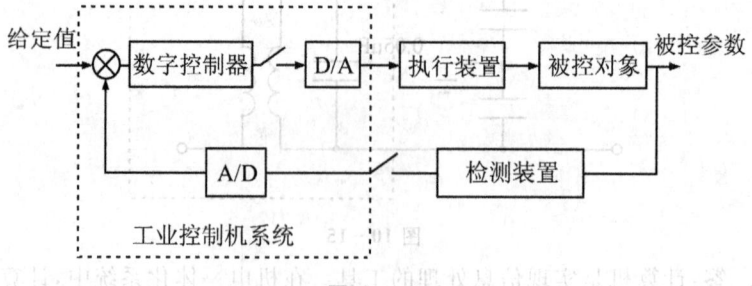

图 10-16

时操作软件、通用应用软件和适应某种具体控制对象的专用应用软件组成。

37. 答：第一是辐射干扰，它对周围的电子接收设备产生干扰；第二是传导干扰，使直接驱动的电动机产生电磁噪声，增加铁损和铜损，使温度升高；第三是对电源输入端所连接的电子敏感设备产生影响，造成误动作；第四是在传导过程中，与变频器输出线平行敷设的导线会产生电磁耦合，形成感应干扰。

38. 答：
（1）拟订设计任务书。
（2）选择拖动方案与控制方式。
（3）设计电气控制原理图、选用元件、编制元器件目录清单。
（4）设计电气施工图，并以此为依据编制各种材料定额清单。
（5）编写设计说明书。

39. 答：
（1）电气传动基本要求及控制精度。
（2）项目成本及经费限额。
（3）设备布局，控制柜（箱）、操作台的布置，照明、信号指示、报警方式等的要求。
（4）工期、验收标准及验收方法。

40. 答：噪声耦合方式有以下几种：
（1）静电电容耦合。
（2）电磁耦合。
（3）共阻抗耦合。
（4）漏电流耦合。

41. 答：由铜或铝等低电阻率材料制成的容器，将需要保护的部分包围起来；或用导磁良好的铁磁材料制成的容器，将要保护的部分包围起来，以防止静电或电磁相互感应的方法，称为屏蔽。

42. 答：静电屏蔽是利用与大地相连接的导电性能良好的金属容器，使导体内部的电力线不外传，外部的电力线也不影响其内部，从而消除静电场的相互影响的方法。

43. 答：电磁屏蔽是利用导电性能良好的金属材料做成屏蔽层，高频干扰电磁场在屏蔽金属内产生涡流，利用该涡流磁场抵消高频干扰磁场的影响，达到防止高频磁场干扰的目的。这种抗扰防护的方法，称为电磁屏蔽。

44. 答：低频磁屏蔽是采用高导磁材料做成屏蔽层,将低频磁场干扰磁力线限制在磁阻很小的磁屏蔽体内部,防止低频磁场干扰的方法。

45. 答：在被防护导体与其屏蔽层之间接上由运算放大器构成的1:1电压跟随器,使被防护导体与其屏蔽层间绝缘电阻为无穷大且等电位,从而导体与屏蔽层之间的空间无电场,起到抗干扰作用,叫驱动屏蔽。

46. 答：

(1) 静电屏蔽罩必须与被屏蔽电路的零信号基准电位相接。

(2) 零信号基准电位的相接点必须保证干扰电流不流经信号线。

47. 答：

第一步：测绘出机床的安装接线图。主要包括数控系统、伺服系统和机床内、外部电气部分的安装接线图。

第二步：测绘电气控制原理图。包括数控系统与伺服系统、机床强电控制回路之间的电气控制原理图。

第三步：整理草图。进一步检查核实,将所绘的草图标准化,测绘出被测数控机床的完整的安装接线图和电气控制原理图。

48. 答：由于 ZK7132 型立式数控钻铣床用的 J50M 数控系统是由大规模集成电路及复杂电路组成的,所以在测绘时绝对不能在带电的情况下进行拆卸、插拔等操作,也不允许随意去摸线路板,以免静电损坏电子元器件。另外,更不允许使用摇表进行测量。拆下的插头和线路要做好标记,在测绘后要将整个机床恢复,并经过仔细检查后方可送电试车。试车正常后,整个测绘工作才算完成。

49. 答：具体的测绘内容为：测绘安装接线图时,首先将配电箱内外的各个电器部件的分布和物理位置画出来,其中数控系统和伺服装置分别用一个方框单元代替,找出各方框单元的输入/输出信号、信号的流向及各方框的相互关系。

50. 答：复杂设备电气故障的诊断,可以由高级技师利用专业知识和经验详细分解成一系列的步骤,并确定诊断顺序流程,这种以流程形式出现的诊断步骤称为故障诊断流程图。

51. 答：检测各功能模块使用的存储器后备电池的电压是否正常。在一般情况下,即使电池未失效,也应每年更换一次,以确保系统正常工作。更换电池是在 CNC 装置通电状态下进行的,以防更换时丢失信息。

52. 答：当"手动"或"自动"回机床参考点时,首先,X 轴伺服电机运动,带动刀架向正 X 方向快速移动,当挡块碰上参考点接近开关时,开始减速运行;当挡块离开参考点接近开关时,继续进一步减速;当走到位置检测装置的绝对零点(旋转编码器的零位)时,X 轴电动机停止,并将此零点作为机床 X 轴的参考点。

53. 答:

(1) 系统报警的处理。数控系统发生故障时,一般在显示屏或操作面板上给出故障信号和相应的信息。通常系统的操作手册或调整手册中都有详细的报警号、报警内容和处理方法。由于系统的报警设置单一、齐全、严密、明确,维修人员可根据每一警报后面给出的信息与处理办法自行处理。

(2) 机床报警和操作信息的处理。机床制造厂根据机床的电气特点,应用 PLC 程序,将一些能反映机床接口电气控制方面的故障或操作信息以特定的标志通过显示器给出,并可通过特定键看到更详尽的报警说明。这类报警可以根据机床制造厂提供的排除故障手册进行处理,也可以利用操作面板或编程器根据电路图和 PLC 程序,查出相应的信号状态,按逻辑关系找出故障点进行处理。

(3) 故障处理后,根据提示按复位键或报警撤销键销除报警,或者需用电源复位或关机重新启动的方法消除报警,恢复系统运行。

54. 答:检查各电动机的连接插头是否松动。对直流伺服电动机的电刷、换向器进行检查、调整或更换。如果电刷已磨损一半,要换用新电刷。更换前应将电刷架及换向器表面的电刷粉末清理干净,并将换向器表面的腐蚀痕迹处理好。

55. 答:当配电变压器三相输出电压不平衡率大于 3% 时,变频器输入电流的峰值很大,则会造成连接变频器的电线过热,变频器过压或过流,可能会损坏整流二极管及电解电容器。此时,需要加装交流电抗器。特别是变压器采用 Y 形接法时,过压、过流现象更为严重,除在交流侧加装交流电抗器外,还需要在直流侧加装直流电抗器。

56. 答:在 NCK 存储区中对工件加工程序进行编辑,是西门子 SIN840C 控制系统主菜单 PROGRAMMING 编程区域的一项主要功能。所编辑的程序可立即用于加工,但系统关机之后所修改的程序不会保留。如果想保存程序,则必须存到硬盘上。

57. 答:在硬盘上编辑,即在 MMC 的硬盘上按 ASCⅡ码编辑。系统提供了 7 个垂直软键菜单,用于实现文本的复制、剪切、删除等功能。在硬盘上编辑的工件程序是按 PC 机的目录方式管理的,一般都在 USER/LOCAL 目录之下。目录的选择是用 PC 机全键盘的方向键和输入键来进行的,编辑的工件程序不能立即用于加工,必须用 LOAD 指令加载到 NCK 存储区之后,才能用于加工。

58. 答:

(1) 减少投资,交货期短。由于只做局部改造,同购置新机床相比,改造费用明显降低。

(2) 机械性能稳定,但受机床机械结构的限制,不宜做突破性的改造。

(3) 熟悉了解设备结构性能,便于操作维修。

(4) 可充分利用现有条件,因地制宜合理删选功能。

(5) 及时采用新技术,充分利用社会资源。

五、论述题

1. 答:

(1) 测量对象的广泛性。电气测量可以测量各种电量(如电流、电压、功率等)和电参量(如电阻、电容、电感等),也可以测量各种非电量(如温度、压力、流量等)。

(2) 测量过程的连续性。电气测量技术既可以对被测对象连续地进行测量,也可以用记录仪器、仪表将被测对象随时间的变化情况记录下来,便于对生产过程中的各种状态进行监测。

(3) 测量方法的遥测性。电气测量可以借助各种类型的传感器,实现对远距离、人体难以接近的地方进行测量,即所谓遥测。

(4) 易于实现测量自动化。电气测量无论测量何种形式的物理量,输出的都是电信号,易于与电气控制系统连接,实现测量、记录和数据处理的自动化。例如,对加工过程中的主动测量、对加工后的零件进行自动分选等。

2. 答:

(1) 变频系统的供电电源与其他设备的供电电源尽量相互独立,或在变频器和其他用电设备的输入端安装隔离变压器,对谐波干扰进行屏蔽隔离。

(2) 为了减少对电源的干扰,可在输入侧安装交流电抗器、输入滤波器(要求高时)或零序电抗器(要求低时)。

(3) 为了减少电磁噪声,可在输出侧安装输出电抗器。但与输入滤波器不同,不能混用。

(4) 变频器本身用铁壳屏蔽,电动机与变频器之间的电缆应穿钢管敷设或用铠装电缆,电缆尺寸应保证在输出侧最大电流时电压降为额定电压的 2%

以下。

（5）弱电控制线距离主电路配线至少 100mm 以上，绝对不能与主电路放在同一行线槽内，以避免辐射干扰，相交时要成直角。

（6）控制回路的配线，特别是长距离控制回路的配线，应采用屏蔽双绞线，双绞线的绞合间距应在 15mm 以下。

（7）为防止各路信号的相互干扰，信号线以分别绞合为宜。

（8）如果操作指令来自远方，需要的控制线路配线较长时，可采用中间继电器控制。

（9）接地必须使用专用接地端子，且用粗短线接地，不能与其他接地端子共用。良好的接地可有效防止干扰。

（10）屏蔽线的屏蔽层一端接在变频器的公共端子（如 COM）上，另一端不能接。

3. 答：机电一体化是多学科领域综合交叉的技术密集型系统工程，它包含了机械技术、计算机与信息处理技术、系统技术、自动控制技术、传感与检测技术、伺服传动技术。

（1）机械技术。机械技术是机电一体化的基础，它把其他高新技术与机电一体化技术相结合，实现结构、材料、性能上的变更，从而满足减小质量和体积、提高精度和刚性、改善功能和性能的要求。

（2）计算机与信息处理技术。计算机是实现信息处理的工具。在机电一体化系统中，计算机与信息处理部分控制着整个系统的运行，直接影响到系统工作的效率和质量。

（3）系统技术。系统技术是从全面的角度和系统的目标出发，以整体的概念组织应用各种相关技术，将总体分解成相互联系的若干功能单元，找出可以实现的技术方案。

接口技术是系统技术中的一个重要方面，是实现系统各部分有机联系的保证。它包括了电气接口、机械接口、人—机接口等。

（4）自动控制技术。自动控制技术的内容广泛，它包括高精度定位、自适应、自诊断、校正、补偿、再现、检索等控制。

（5）传感与检测技术。传感与检测是系统的感受器官，是将被测量的信号变换成系统可以识别的、具有确定对应关系的有用信号。

（6）伺服传动技术。伺服传动技术是由计算机通过接口与电动、气动、液压等各类型的传动装置相连接,从而实现各种运动的技术。

4. 答:见图 10-17。

(1) 当同步变压器二次侧电压 u_2 的处于正半周,且 u_2 的数值大于电容器上的电压 $u_{C1}=u_{R1}$ 时,二极管 V_4 导通并对电容器 C_1 充电。由于充电的时间常数很小,电容器电压很快达到 $\sqrt{2}u_2$。当 u_2 由正的最大值下降时,由于电容器电压下降很慢(电容经 R_1 放电,放电时间常数 R_1C_1 较大),二极管 V_4 因承受反向电压而截止。之后,电容经 R_1 缓慢放电,直到下一周期 u_2 超过 u_{R1} 后,二极管 V_4 重新导通,电容器再次充电。如此周而复始,就在 C_1、R_1 两端形成锯齿波形。

(2) 锯齿波电压使三极管 V_T 的发射结和二极管 V_3 反向偏置,而控制电压 u_C 使它们正向偏置。因此,当控制电压 u_C 大于锯齿波电压 u_{R1} 时,三极管 V_T 开始导通,其集电极回路的脉冲变压器二次侧输出脉冲去触发晶闸管;当 u_{R1} 大于控制电压 u_C 时,V_T 又截止。只要改变控制电压 u_C 的大小,就能改变三极管开始导通的时刻,也就是输出触发脉冲去触发晶闸管的时刻,从而实现脉冲移相控制。

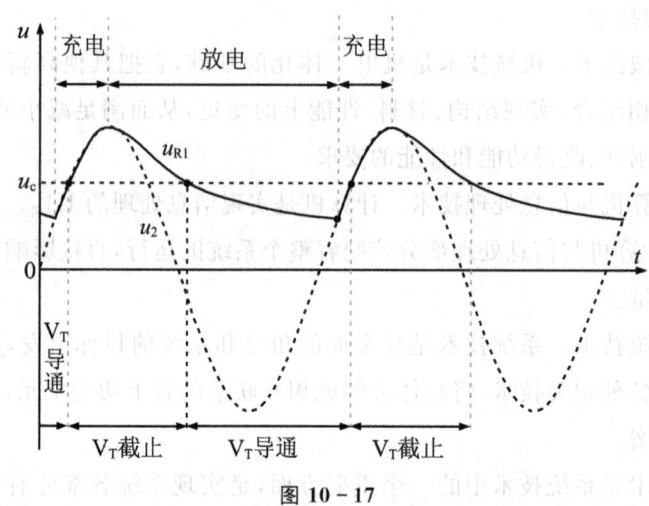

图 10-17

5. 答:变流器逆变工作时,一旦发生换相失败,外接的直流电源就会通过晶闸管电路形成短路,或者使整流桥的输出平均电压和直流电源变成顺向串联。由于逆变电路的内阻很小,形成很大的短路电流,这种情况称为逆变颠覆。

逆变颠覆的原因有以下几种:

(1) 触发电路不可靠。触发电路不能适时地、准确地给各晶闸管分配脉冲,如脉冲丢失、脉冲延迟等,致使晶闸管工作失常。

（2）晶闸管发生故障。在应该阻断期间,元件失去阻断能力,或在应该导通时元件不能导通。

（3）交流电源发生异常现象。是指在逆变工作时,交流电源发生突然断电、缺相或电压过低等现象。

（4）换相的安全裕量角 Q_a 太小。逆变工作时,必须满足 $\beta > \beta_{min}$ 的关系,并且留有裕量角,以保证所有的脉冲都不会进入 β_{min} 范围内。

防止逆变颠覆的措施有以下几种:
（1）选用可靠的触发器。
（2）正确选择晶闸管的参数。
（3）采取措施,限制晶闸管的电压上升率和电流上升率,以免发生误导通。
（4）逆变角 β 不能太小,限制在一个允许的范围内。
（5）装设快速熔断器、快速开关,进行过流保护。
（6）采用"拉逆变"技术。

6. 答:不同的系统结构及其适用的诊断方法(图 10-18):

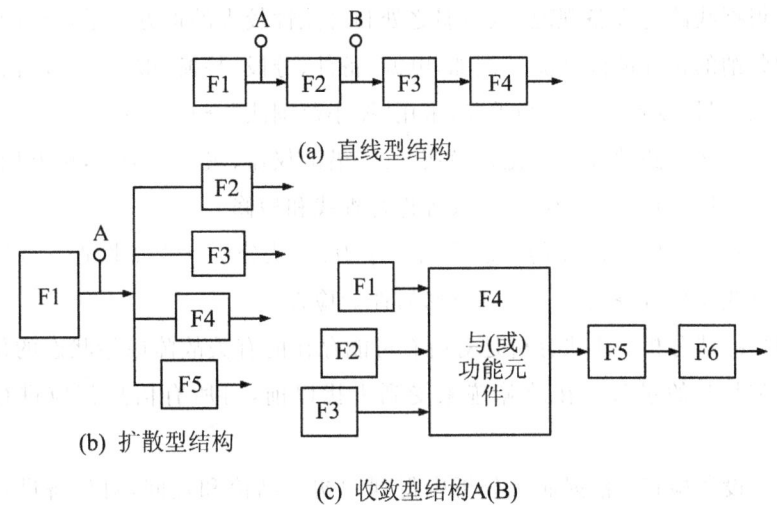

(a) 直线型结构

(b) 扩散型结构

(c) 收敛型结构A(B)

图 10-18

（1）直线型结构。这种类型的结构系统特别适合用分段淘汰法进行故障诊断。维修人员在系统的大致中间位置上选择一个测试点,如图中 A 点,通过检查确定故障是在这点的前面还是后面。

（2）扩散型结构。可用以下方法对这种类型的结构系统进行故障诊断。
①推理分析法。假如四个输出功能块有三个工作正常,只有一个不正常,可

以推断故障出在这个不能正常工作的功能块里。假如四个输出功能块都不正常，那么故障在功能块 F1 里的可能性最大。

②测量试验法。通过测试 A 点的输出，可以判断 F1 功能块是否正常。找出故障功能块后，应在功能块内采用系统试验法来确定有故障的线路或组件。

（3）收敛型结构。它的作用如同一个"与"或"或"门逻辑电路，系统工作依赖于功能块 F1~F3 中任何一个或预定的一个组块的正确输出。A 型与 B 型（A 的 F4 为"与"逻辑，B 的 F4 为"或"逻辑）收敛结构的诊断方法相同。维修人员应当知道，在某种条件下，功能块 F1~F3 中的哪一个输出应该有效。

对于复杂设备的控制系统，极少有符合前面所述的任何一种结构，它们的结构形式非常复杂，而且有相当复杂的反馈和联锁关系。

7. 答：一般可分为观察分析、经验查找、仪表检修三个阶段。

（1）观察分析。要做到正确、迅速地消除故障，首先应观察清楚故障现象，如信号、光字牌的显示情况。然后再分析其故障原因，并确定查找步骤和方法。

（2）为了少走弯路、节省时间，应先检查配电系统二次回路故障概率较大的地方。根据线路与设备现况，从薄弱之处和可能性较大的地方入手，充分利用所积累和归纳的排除故障经验。例如，电源、备件、分段、替换、虚连、查线、击穿、断路、元件、参量、变量等要领和手段，采用"缩小范围法"查找故障点。

（3）二次回路故障多数比较隐蔽，常需借助仪器、仪表。例如，用万用表、摇表、试电笔、试验灯、示波器、定点仪等进行查找和检修。

8. 答：设备电气故障的一般诊断顺序为：症状分析→设备检查→故障部分的确定→线路检查→更换或修理→修后性能检查。

（1）症状分析。症状分析是对所有可能存在的有关故障原始状态的信息进行收集和判断的过程。在故障迹象受到干扰以前，对所有信息都应进行仔细分析。

（2）设备检查。根据症状分析中得到的初步结论和疑问，对设备进行更详细的检查，特别是那些被认为最有可能存在故障的区域。要注意在这个阶段应尽量避免对设备做不必要的拆卸，同时应防止引起更多的故障。

（3）故障部位的确定。维修人员必须全面掌握系统的控制原理和结构。如果缺少系统的诊断资料，就需要维修人员正确地将整个设备或控制系统划分成若干功能块，然后检查这些功能块的输入和输出是否正常。

（4）线路检查和更换或修理。这两步骤是密切相关的，线路检查可以采用与故障部位确定相似的方法进行,首先找出有故障的组件或可更换的元件,然后进行有效的修理。

(5) 修后性能检查。修理完成后,维修人员应进行进一步的检查,以证实故障确实已经排除,设备能够运行良好。再由操作人员来考查设备,确认设备运转正常。

9. 答:

(1) 控制装置自诊断法。大型的CNC、PLC以及计算机装置都配有故障诊断系统,由开关、传感器把油位、油压、温度、电流等状态信息设置成数百个报警提示,用以诊断故障的部位和地点。

(2) 常规检查法。依靠人的感觉器官并借助于一些简单的仪器来寻找故障的原因。

(3) 机、电、液综合分析法。因为复杂设备往往是机、电、液一体化的产品,所以对其故障的分析也要从机、电、液不同的角度对同一故障进行分析,可避免片面性,少走弯路。

(4) 备件替换法。将具有相同功能的两块板(一块好的,一块怀疑是坏的)互相交换,通过观察故障现象已经转移还是依旧来判断被怀疑板有无故障。

(5) 电路板参数测试对比法。系统发生故障后,采用常规电工检测仪器、仪表,按系统电路图及设备电路图,甚至在没有电路图的情况下,对可疑部分的电压、电流、脉冲信号、电阻等进行实际测量,并与正常值和正常波形进行比较。

(6) 更新建立法。当控制系统由于电网干扰或其他偶然原因发生异常或死机时,可先关机然后重新启动。必要时,需要消除有关内存区的数据,待重新启动后对控制参数重新设置,可排除故障。

(7) 升温试验法。因设备运行时间较长或环境温度较高出现的故障,可通过人为升温,加速温度性能差的元器件性能恶化,使故障现象明显化,有利于查找。

(8) 拉偏电源法,也称为"拉偏压源法"。有些软故障与外界电网电压波动有关,人为调高或调低电源电压,模拟恶劣的条件,会让故障容易暴露。

(9) 分段淘汰法。有时系统的故障链很长,可以从故障链的中部开始分段查,查到故障在哪一半中,然后继续用分段淘汰法查,可加快故障的排查速度。

(10) 隔离法。将某部分控制电路断开或切断某些部件的电源,缩小范围排查。但是许多复杂设备的电气控制系统反馈复杂,采用隔离法时应充分考虑其后果,采取必要的防范措施。

(11) 原理分析法。根据控制系统的组成原理,通过追踪与故障相关联的信号进行分析判断,直至找出故障原因。

(12) 功能分析法。根据系统、复杂设备的方框图(方块图),分析方块的功能、现象和相互关联,辩证思考,利用排除法查找故障。

10. 答:见图 10-19,首先绘出 $\alpha=45°$ 的 u_g 波形,根据晶闸管的导通条件,抓住 K 端为晶闸管共阴极、D 端为二极管共阳极的特点,导出 u_d 电压与 K、D 两点电位及 A、B、C 三相电源的关系,并在相电压图上表示出来。在线电压图上,负载波形和晶闸管 VT_1 的波形,都是电位相减的关系:$u_d=u_K-u_D$,而 $u_{T1}=u_A-u_K$。

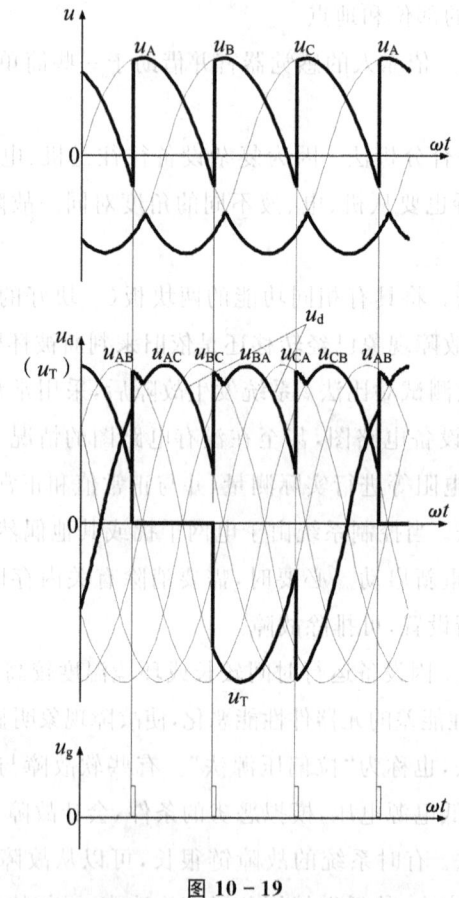

图 10-19

11. 答:首先要搞懂正常波形。与上题不同之处是 D 端为晶闸管共阳极端。画出 $\alpha=60°$ 的 u_g 波形,根据晶闸管导通条件,在相电压图上分析三相电压触发波形的关系。当管子不导通或线路断开的故障情况下,题图的 A 与 A′两点可能不等电位,抓住这时的电路通断状态,仍利用电压电位相减的关系:$u_d = u_K - u_D$,而 $u_{T1} = u_A - u_K$,导出并绘制所求的电压波形。

(1) VT1 晶闸管触发脉冲丢失时(图 10-20):

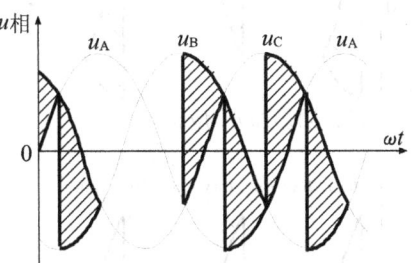

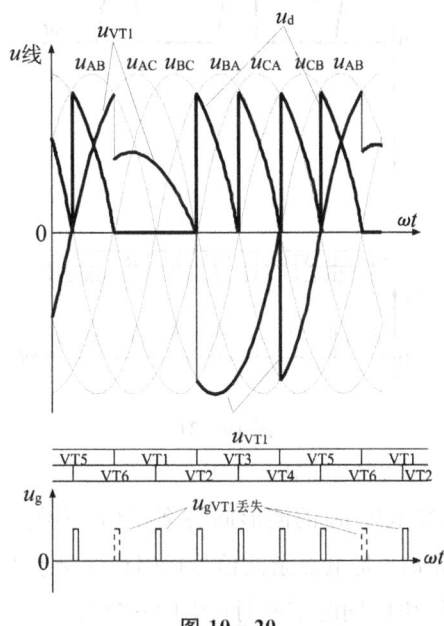

图 10-20

说明:u_{VT1} 波形图中,在 u_{VT1} 触发脉冲丢失后的 120°内,由于晶闸管都不导通,波形由 u_A、u_B、u_C 三相电压和晶闸管关断阻抗、阻容吸收元件阻抗共同决定(复杂电路)。由于元件参数离散性,图中所绘是近似波形图。

(2) 熔断器 1FU 熔断时(图 10-21):

说明:此题 VT1 不承受电压,用示波器观察 u_{VT1} 是电磁杂波信号(50Hz 工频信号)。

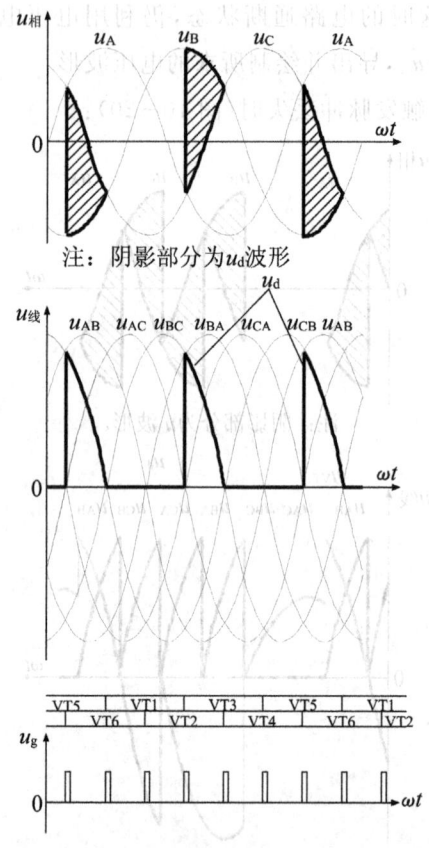

图 10-21

(3) 熔断器 2FU 熔断时(图 10-22)：

说明：相电压 u_d、线电压 u_d 的波形同答案第(1)小题。但此题 VT1 也不承受电压，用示波器观察 u_{VT1} 是电磁杂波信号（50Hz 工频信号）。

(4) 熔断器 2FU、3FU 同时熔断时(图 10-23)：

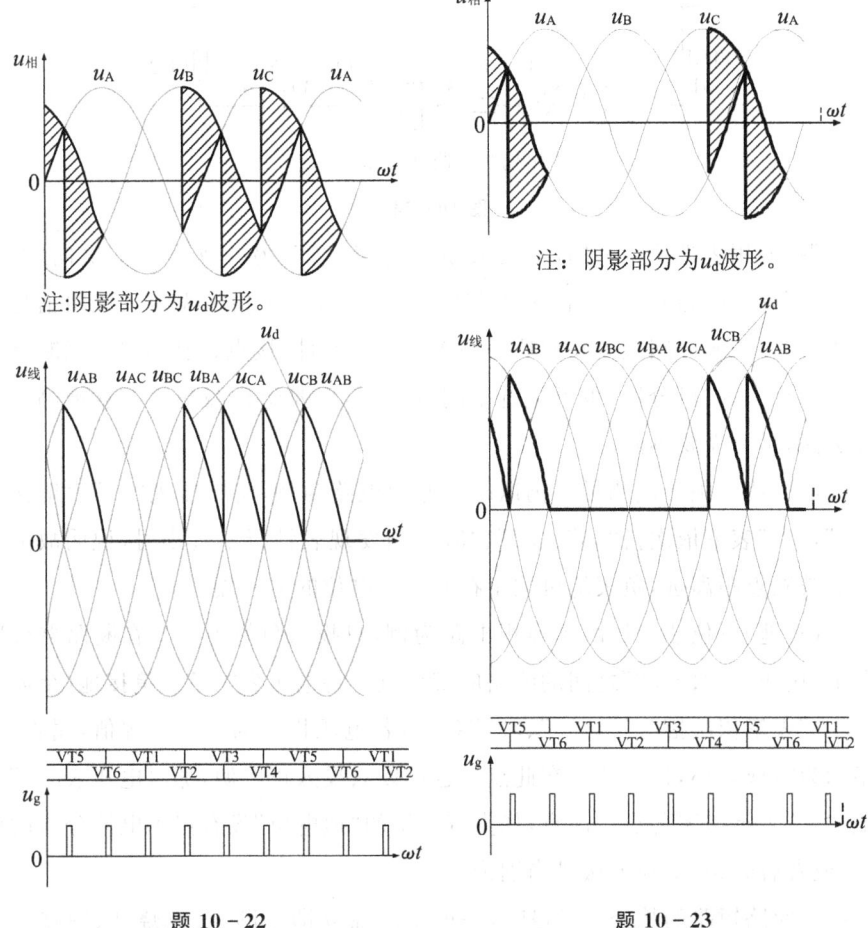

题 10－22　　　　　　　题 10－23

说明:此题 VT1 也不承受电压,用示波器观察 u_{VT1} 是电磁杂波信号(50Hz 工频信号)。

12. 答:

(1) 回路开路的检查,可采用以下四种方法:

①验电法。使用低压验电笔,电源只投入一个极,如跳闸监视电路图中"＋"极,先将验电笔触"01"点,氖管发光,正极完好。再将验电笔接"33"、"35"、"37"等线端,发现氖管不够亮时,表明断点在此段。验电法简单方便,但遇有感应和接触不良时影响判断,适用于初步测判。

②电阻法,又称导通法。万用表能查通断、查阻值。摇表只能查通断和绝缘,且不可用于弱电线路。图 10－24 所示跳闸监视回路,检查红灯不亮的原因。

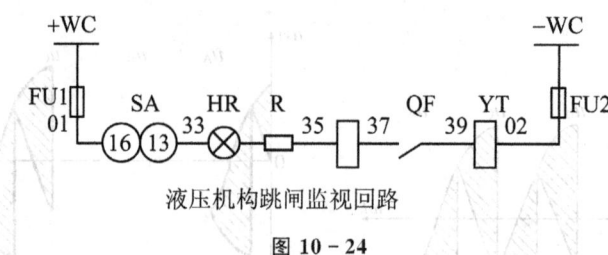

液压机构跳闸监视回路

图 10-24

断开电源,万用表选 $R\times 1$ 挡,一支表笔固定接"02",另一支表笔依次向"39"、"37"、"35"等处(断路器处于合闸状态)。当发现万用表指示无穷大或阻值比正常大很多时,表明开路点就在此段。检查该段的元件、接点、线路,以查找断点。

被测点太远,可分段,也可优选中间点检测,但要防止漏测。注意被测部分有无旁路,是否需要拆除。

③电压法。须带电测量。仍以跳闸监视电路为例,将电压表"一"表笔接负极"02","+"表笔依次搭"33"、"35"、"37",当发现表针指示过小时,说明故障在此段。被测点距离远,负表笔可固定在同样负电位的另一端。

④(对地)电位法。以跳闸监视电路为例,只投入负极电源。在断路器合闸情况下,接线柱"01~02"之间的线路应带负电。将电压表"+"表笔接地(金属外壳),"一"表笔依次搭"02"、"39"、"37"各点,若电压指示为一半电源值,属正常。如指示为零或较小,说明故障在此点。也可以只投入正电源,那时电压表"一"笔接地,"+"表笔搭测各点。注意,如直流系统的"地电位"没有接到电源分压的中点上,或者有旁路,上述方法另当别论。

(2) 回路短路的检查。短路时,一般熔断器立即熔断、触点烧坏、短路点冒烟、线路焦煳。检查方法是:首先观察,再用仪表测量。观看有否冒烟和接点烧坏的现象。若接地点烧坏,应查找该回路的设备。用导通法测量该回路的阻值是否变小,如未见异常,应普查各个回路。拆开回路的正极和负极,导通法测量该回路的阻值。若仍未找出,或许正、负极直接短路,或回路之间短路。可将万用表接在正、负极,逐个恢复各回路,如接入某一路后电阻突然变小,可能该路有故障。

值得注意的是,由于万用表的电池电压有限,有些故障点的短路呈电压击穿的现象,可用摇表检测强电回路,甚至试用熔断器逐路强送观察保险丝熔断的办法来缩小范围。

(3) 回路参数变值的检查。回路参数变值时,故障表现为被控元件的动作不正常,或有过热现象。原因可能是回路中的元件本身参数变值、连接处接触不良、操作电源的参数变值等。检查方法可用"电压法"和"导通法"配合进行。"电压法"是通过测量回路压降和元件两端的电压是否正常来判断元件参数是否变值,"导通法"即"电阻法",则是直接测量元件的阻值,并与原始资料、正常值进行比较,判断回路元件是否变值。

13. 答:见图10-25,这是采用P调节器的转速闭环调速系统。这种系统突加一阶跃转速给定定压U_{gn}(令系统启动),由于系统的机械惯性较大,电动机转速不能立即建立起来,因而在启动初期负反馈信号$U_{fn}=0$。此时,加在调节器输入端的转速偏差信号$\Delta U_n=U_{gn}$,它差不多是其稳态工作时的$(1+K)$倍。由于比例调节器及晶闸管变流装置的惯性较小,所以控制角迅速前移,迫使整流电压U_d立即达到满压。这对于直流电动机来说,相当于满压直接启动,其启动电流高达额定电流的几十倍,所以系统中的过电流保护继电器会立即动作,使系统跳闸。也就是说,这种系统一送电就会跳闸,电动机根本无法启动。此外,由于电流和电流上升率过大,对直流电动机换向器及晶闸管的安全来说也是不允

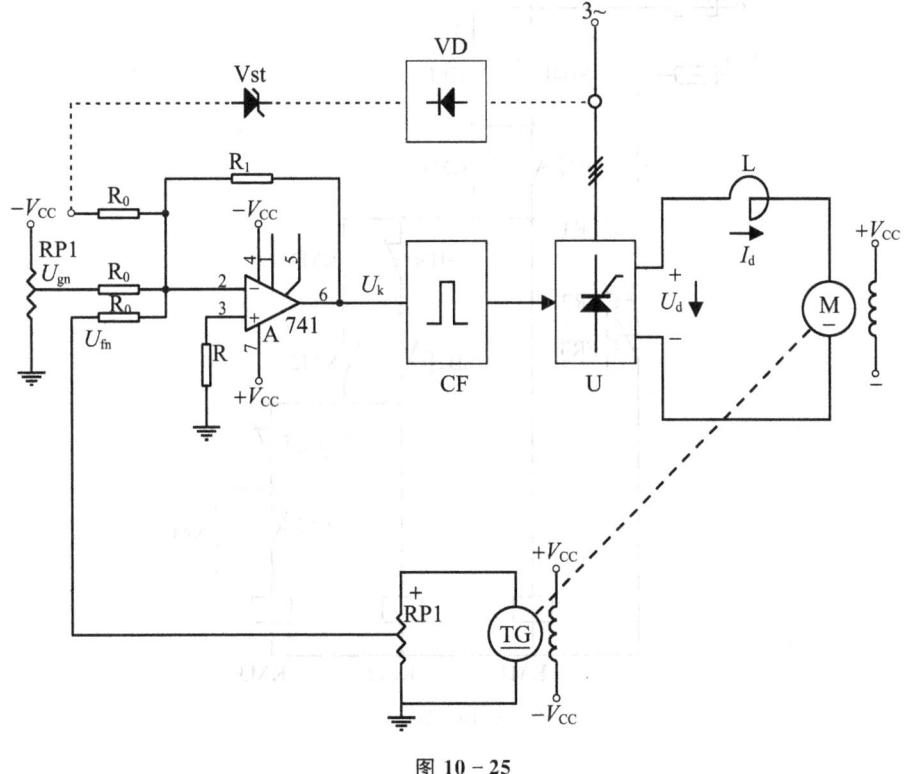

图 10-25

许的。由此可见,在转速闭环调速系统中必须对电流进行限制,以使电动机启动、制动及堵转时电流不超过其过载能力的允许值。

14. 答:电气控制原理图设计要体现设计的各项性能指标、功能,它也是电气工艺设计和编制各种技术资料的依据。其基本步骤如下:

(1) 根据选定的控制方案及方式设计系统图,拟订出各部分的主要技术要求和技术参数。

(2) 根据各部分的要求,设计电气原理框图及各部分单元电路。对于每一部分的设计,总是按"主电路→控制电路→联锁与保护→总体检查"的顺序进行的。最后,经过反复修改与完善,完成设计。

(3) 按系统框图将各部分连成一个整体,绘制系统原理图(图10-26),在系统原理图的基础上进行必要的短路电流计算,根据需要计算出相应的参数。

(4) 根据计算数据正确选用电气元器件,必要时应进行动稳定和热稳定校验,最后制定元器件等材料的型号、规格、目录清单。

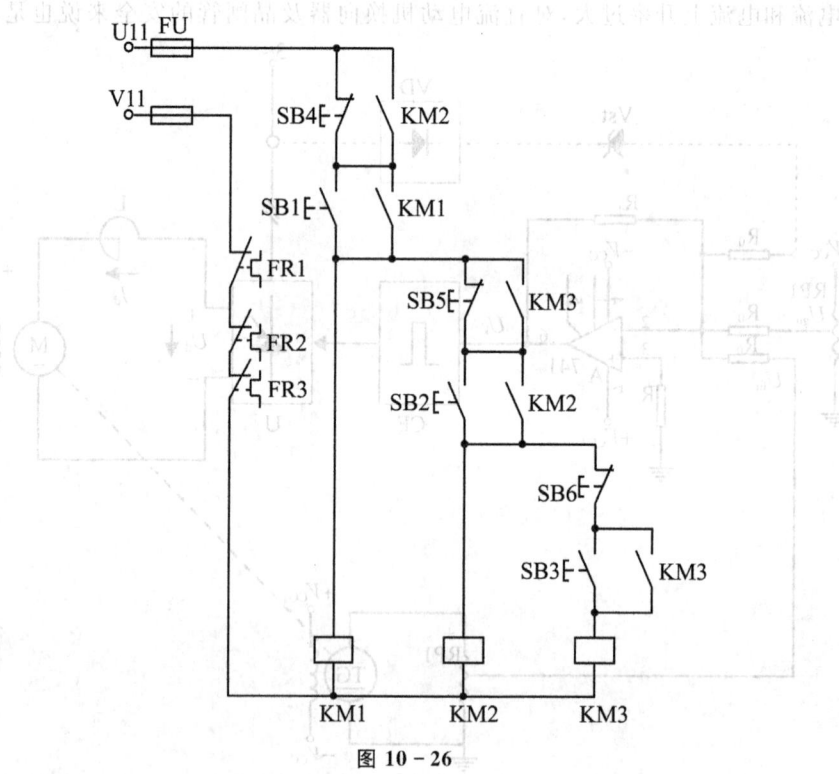

图 10-26

15. 答：

(1) 拟订设计任务书。在电气设计任务书中，除简要说明所设计任务的用途、工艺过程、动作要求、传动参数、工作条件外，还应说明以下主要技术经济指标及要求：

①电气传动基本要求及控制精度。

②项目成本及经费限额。

③设备布局、控制柜、箱、台的布置、照明、信号指示、报警方式等的要求。

④工期、验收标准及验收方式。

(2) 选择拖动方案与控制方式。电力拖动方案与控制方式的确定是设计的重要部分，设计方案确定后，可进一步选择电动机的容量、类型、结构形式以及数量等。在确定控制方案时，应尽量采用新技术、新器件和新的控制方式。

(3) 设计电气控制原理图、选用元件、编制元器件目录清单。

(4) 设计电气施工图，并以此为依据编制各种材料定额清单。

(5) 编写设计说明书。

16. 答：此机床数控系统由参数将 Z 轴设定为点位控制工作方式。这种方式的定位分为几个阶段：到达目标前的 a 点开始减速；到达 b 点时使伺服电动机停止转动；工作台因惯性作用沿 Z 轴继续向前走一段距离停止。选择合适的 a、b 值，可使工作台刚好停在目标位置 o 点。随着导轨等部分的机械磨损、阻力变大，原来设置好的参数就不能保证工作台可靠地停在目标位置了。解决问题的方法，一是请机修人员修理机械部分，恢复原来的机械特性；二是重新调整数控系统的参数 a、b，使系统适应变化了的机械特征性。由此可见，闭环控制系统中机床的一部分既是控制对象，又是整个控制系统中重要一环。控制系统出问题，不只是控制系统电气部分的问题，还是一个包括机械、电气等在内的综合性问题，应从工艺、机械、电气等方面综合考虑，分析原因，找出最佳方案进行解决。

17. 答：LJ—20 系列 CNC 装置的逻辑框图如图 10-27 所示。

18. 答：机床改造后的调试：

(1) 试车前的检查。

①按照接线图检查电源线和接地线是否可靠，主线路和控制线路连接是否正确，绝缘是否良好，各开关是否在"0"位，插头及各接插件是否全部插紧。

②检查机床工作台、主轴等部件的位置是否合适，防止通电时发生碰撞。

③准备通电试验。

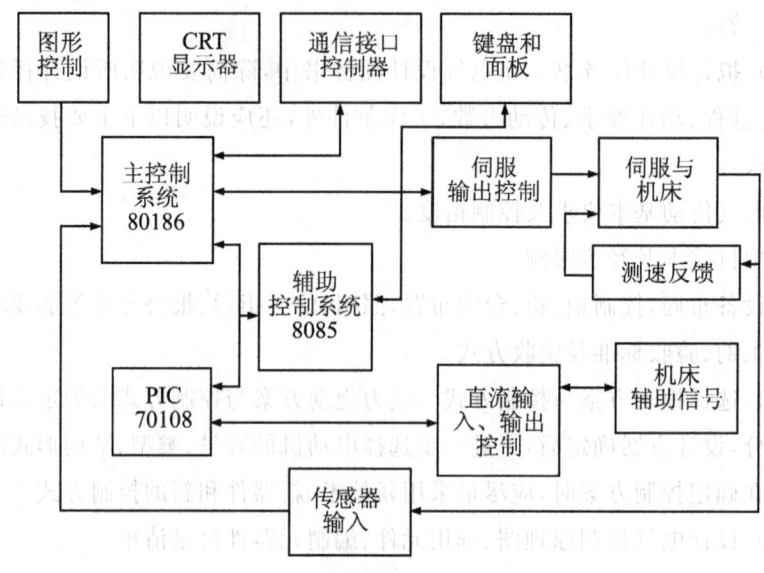

图 10-27

(2) 在确认试车前的检查工作正确无误后,即可通电试验。

①切断断路器 QF1、QF2、QF3、QF4,合上电源开关,观察是否有异常响声和异味,测量断路器端电压和变压器 T1、T2 上的电压应在允许的范围内。

②合上断路器 QF3,NC 数控系统供电,观察 ECU 单元面板上的状态指示——发光二极管 LED 上的颜色,红色灯亮表示 ECU 出现故障,并在屏幕上显示报警信息,绿色灯亮表示电源正常。

(3) 供电试车。

①设定系统参数。机床数据和设定数据用名称和序号来标记并显示在屏幕上。

②根据步进电动机的型号选择开关 DIL,接通 24V 电源,通过系统启动给出使能信号。注意:如果设定的电流相对于所选的电动机太大,则电动机可能因为过热而损坏。

③合上断路器 QF1、QF2,检查主轴电动机的正转、反转、停止是否正常,并通过输入程序自动空运转机床。

④控制精度检查,包括定位精度、重复定位精度、失动量精度等的检查。

19. 答：

序号	指令	软元件地址
(1)	LD	00
(2)	OUT	100
(3)	LD	03
(4)	AND	31
(5)	OR	32
(6)	ANI	33
(7)	AND	100
(8)	OUT	33
(9)	LD	04
(10)	AND	32
(11)	ANI	34
(12)	AND	100
(13)	OUT	34

20. 答：

序号	指令	软元件地址
(1)	LD	00
(2)	OUT	100
(3)	LD	01
(4)	OR	30
(5)	ANI	31
(6)	AND	100
(7)	OUT	30
(8)	LD	02
(9)	AND	30
(10)	OR	31
(11)	ANI	32
(12)	AND	100
(13)	OUT	31
(14)	END	

21. 答：

(1) 10kV 及以下的,用 2 500V 摇表;35kV、容量 800～6 300kV·A 的,用 5 000V 摇表。

(2) 检查摇表:摇表端钮开路,摇至额定转速,指针指"∞";"L"端与"E"端短接,指针指"0"。

(3) 被测绕组接"线"(L)端,外壳及其他绕组接"地"(E)端,潮湿天气将被测绕组瓷套管上部装上屏蔽圈并接至"屏蔽"(G)端。

(4) 转动摇柄,开始慢些,正常转速约为 120r/min;加速摇转,经 15s 和 1min 后读取的数值分别为 R_{15}(测量时间为 15s 时的绝缘电阻)和 R_{60}(测量时间为 60s 时的绝缘电阻)。两者之比,即 $\frac{R_{60}}{R_{15}}$,一般要求大于 1.3。

(5) 读取数值后,要先断开接至被试品的火线,再停止摇转摇表,以防打表。

(6) 测试完后应将电缆放电接地。

注:$\frac{R_{60}}{R_{15}}$ 叫吸收比。

22. 答:(1) $U_{o1}=2\mathrm{V}$;(2) $U_{o2}=-0.5\mathrm{V}$;(3) $U_{o3}=-5.5\mathrm{V}$。

第十一章 操作技能试题精选

第一节 设计、安装与调试(模块一)

说明:

1. 模块一包括八个平行项目,下面介绍六个典型项目,供考生参考。
2. 模块一试题的考核配分与时间:

考核配分:40分。

考核时间:210min。

一、PLC 设计—装接—调试

设计应用 PLC 控制工艺过程和设备运行,或对原来的机床控制电路进行 PLC 改造并装接、联调。

1. 考核要点与标准

(1) 考核形式为现场操作。

(2) 适用于 PLC 设计—装接—调试试题的考核评分标准见表 11-1。

表 11-1 适用于 PLC 设计—装接—调试试题的考核评分标准

序号	考核内容	考核要点	评分标准	配分	扣分	得分
1	电路设计	根据任务: 1. 设计改用 PLC 控制的系统方案 2. 列出元件信号对照表 3. 绘制 PLC 的 I/O 接线图 4. 设计梯形图 5. 列出指令表 注:递交书面答卷后,方可进行后续安装、上机操作	1. 电路图设计不全或设计有错,每处扣1分 2. 输入、输出地址遗漏或搞错,每处扣1分 3. 梯形图表达不正确或画法不规范,每处扣1分 4. 接线图表达不正确或画法不规范,每处扣2分 5. 扣完为止 限时 60min,超时酌情扣分	18		

续表

序号	考核内容	考核要点	评分标准	配分	扣分	得分
2	配线安装	按PLC控制I/O接线图与工艺要求,在模拟板(或机架上)正确安装与接线	1. 元件布置不整齐、不匀称、不合理,每只扣1分 2. 线路工艺不规范、不合理,扣1~4分 3. 损坏元件扣2分 4. 不按电气原理图接线扣2分 5. 扣完为止 限时120min,超时酌情扣分	8		
3	联合调试	1. 正确录入程序 2. 上机模拟调试 3. 正确互连接线 4. 联机通电调试,达到运行要求 5. 正确使用仪器、仪表及电工工具	1. PLC程序输入不熟练扣2分 2. 仪表使用错误扣1分 3. 每缺少1个动作功能扣3分 4. 扣完为止 限时30min,超时酌情扣分	14		
4	安全文明生产	1. 劳动保护用品穿戴整齐 2. 遵守各项安全操作规程 3. 尊重考评人员,讲文明礼貌	1. 违反安全文明生产考核要求的任何一项扣1分 2. 当考评员发现考生有重大人身事故隐患时,要立即予以制止,扣2~10分 3. 以上内容从本项目总分中扣除,扣完为止			
	合 计			40		

否定项:电路设计达不到基本功能要求,此题无分

技术要求:
1. 电路设计
(1) 根据任务,设计应用PLC控制的系统方案
(2) 根据指定要求,选用并填写材料申领单
(3) 列出现场元件信号对照表
(4) 绘制PLC的I/O接口接线图
(5) 设计梯形图
(6) 列写指令表
(7) 书面完成上述任务环节,递交答案纸,方可进行后续操作
2. 配线安装
依照设计图纸和运行要求,根据考场提供的器材,按照工艺在模拟板(或机架)上进行安装与接线
3. 联合调试
(1) 上机正确录入程序
(2) 模拟调试
(3) 互连PLC与接线板
(4) 通电联调,达到运行要求
(5) 上机联调过程中,要正确使用设备、仪器、仪表、工具,遵守安全操作规程

评分人　　　　年　月　日　　　　　　核分人　　　　年　月　日

2. 例题

试题 1 设计 PLC 控制具有跳跃循环的液压动力滑台,并进行模拟安装与调试。

● 考核形式:现场操作。

● 工艺任务。该液压动力滑台的工作循环、油路系统和电磁阀通断表如图 11-1 所示。SQ1 为原位行程开关,SQ2 为工进行程开关。在整个工进过程中,SQ2 一直受压,故采用长挡铁。SQ3 为加工终点行程开关。本题假设液压泵电动机已启动(启动电动机不属本题设计范围)。

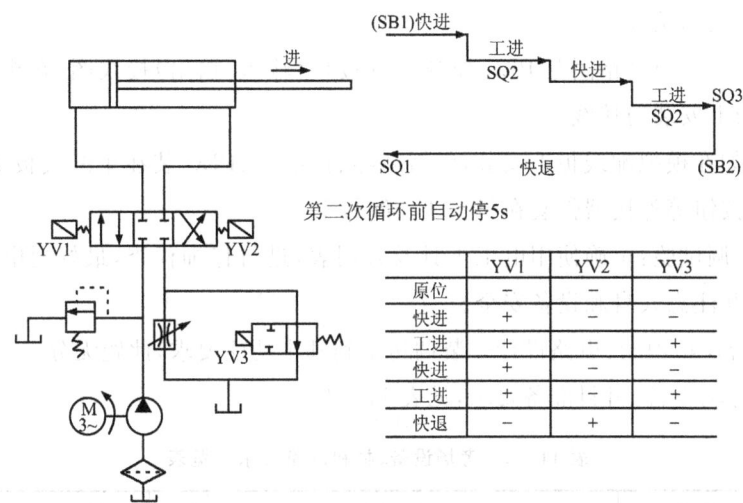

图 11-1 液压动力滑台示意图

● 控制要求。

①工作方式设置为自动循环、手动、单周期。

②设有电源指示,工进、快进、快退工作状态指示。

③有必要的电气保护和联锁。

④自动循环或单周运行时应按图 11-1 所示顺序动作。说明如下:按启动按钮 SB1 后,滑台即从起点开始进入循环,直至压 SQ3 后滑台自动退回原位;也可按快退按钮 SB2,使滑台在其他任何位置上立即退回原位。

注:模拟安装调试时可用接触器替代电磁阀。

● 考核内容及要求。

①电路设计:

a. 根据任务,设计用 PLC 控制的主/控电路图(或控制系统框图)。

b. 填写《材料申领单》。

　　c. 列出 PLC 控制 I/O 接口（输入/输出）地址分配表（或称现场元件信号对照表）。

　　d. 绘制 PLC 控制 I/O 接口（输入/输出）接线图。

　　e. 根据加工工艺，设计梯形图。

　　f. 根据梯形图，列出指令表。

　②程序输入调试：能正确地将所编程序输入 PLC；按照被控设备的动作要求进行模拟调试，达到设计要求。

　③安装与接线：

　　a. 按主/控电路图及 PLC 控制 I/O 接口（输入/输出）接线图，在机架或模拟配线板上安装与接线。

　　b. 如在模拟配线板上安装，将熔断器、接触器、PLC 装在主配线板上，将转换开关、按钮等外接器件装在另一块配线板上。

　④联调试验：正确使用电工工具及万用表，进行仔细检查，最好通电试验一次成功，并注意人身和设备安全。

● 否定项说明：电路设计—装调达不到基本功能要求，此题无分。

● 考场设备、材料准备要求，见表 11-2。

表 11-2 考场设备、材料准备要求一览表

序号	名称	型号与规格	单位	数量	备 注
1	三相四线交流电源	交流 3×380/220V、20A	处	1	
2	万用表	自定	只	1	备用
3	三相电动机	Y112M—4,4kW、380V、△接法或自定	台	1	
4	控制柜或机架（配线板）	控制柜或机架自定（配线板尺寸：600mm×600mm×20mm）	台（或块）	1	配线板安装时，用 2 块
5	可编程序控制器及配件（或已完成单独配线的 PLC 模块）	FX2—48MR 或自定	台	1	1. PLC 可以是已完成电源配线，并带独立电源开关的模块 2. 输入、输出点已引出到端子排并加以保护

续表

序号	名称	型号与规格	单位	数量	备注
6	便携式编程器	FX2—20P 或自定	台	1	
7	热继电器	JR16—20/3	只	1	
8	组合开关	HZ10—25/3	只	1	
9	交流接触器(或模拟装置)	CJ10—10,线圈电压 220V；或 CJ10—20,线圈电压 220V；或自定	只	5	
10	指示灯	自定	只	10	
11	熔断器及熔芯配套	RL1—60/40A	套	3	
12	熔断器及熔芯配套	RL1—15/4A	套	2	
13	三联按钮	LA10—3H；或 LA4—3H；或自定	只	3	
14	接线端子排	JX2—1015,500V(10A,15 节)	条	4	
15	木螺丝	$\phi 3 \times 20mm, \phi 3 \times 15mm$	只	30	
16	平垫圈	$\phi 4mm$	只	30	
17	塑料软铜线	BVR—2.5mm^2 或自定	m	20	
18	塑料软铜线	BVR—1.5mm^2 或自定	m	20	
19	塑料软铜线	BVR—0.75mm^2 或自定	m	1	
20	别径压端子	UT2.5—4,UT1—4	只	20	
21	行线槽	TC3025,长自定,两边打$\phi 3.5mm$孔	m	5	
22	异型塑料管	$\phi 3.5mm$	m	0.2	
23	绘图纸(答题纸)	B4	张	6	

注：设备、材料的准备仅对一名考生而言，鉴定所(站)应根据考生人数确定具体数量。

试题 2 用 PLC 控制具有跳跃循环的液压动力滑台的设计，并进行模拟安装与调试(图 11-2)。

● 考核形式：现场操作。

● 控制要求。

①工作方式设置为两周循环及手动方式。

②设有电源指示，以及工进、快进、快退工作状态指示。

③有必要的电气保护和联锁。

④两周循环时应按图 11-2 所示顺序动作。说明如下：

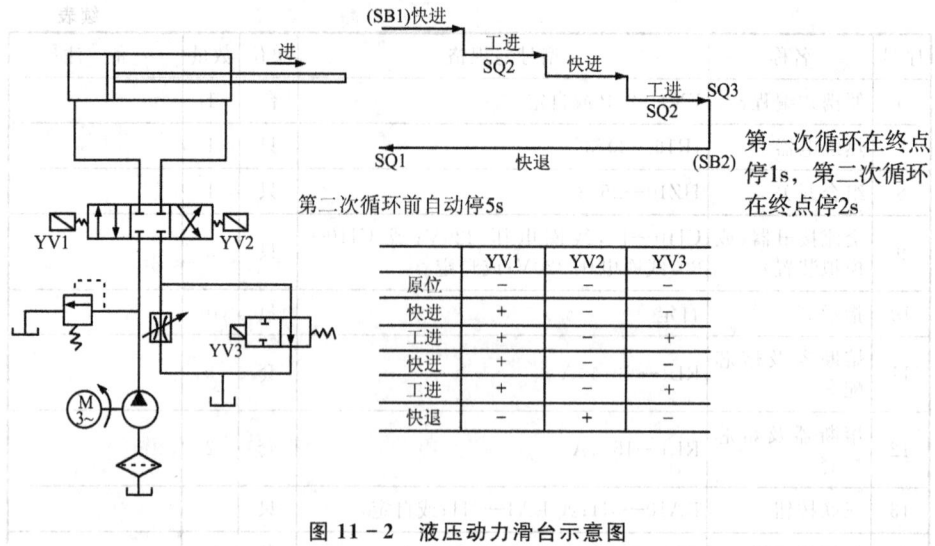

图 11-2 液压动力滑台示意图

a. 按启动按钮 SB1 后,滑台即从起点开始进入两周循环,直至压终点限位开关 SQ3,第一次压时要求滑台停 1s 后自动退回原位,在原位停 5s 后开始第二次循环,第二次压终点限位开关 SQ3 时要求滑台停 2s 后才自动退回原位。

b. 如需停止,可按快退按钮 SB2,使滑台在其他任何位置上立即退回原位。

注:模拟安装调试时可用接触器替代电磁阀。

- 其他有关内容同试题 1。

试题 3 用 PLC 控制自控成型机的设计(图 11-3)。

- 考核形式:现场操作。
- 工艺过程。

①初始状态:当原料放入成型机时,液压缸 Y1、Y2、Y4 为"OFF",Y3 为"ON",S1、S3、S5 为"OFF",S2、S4、S6 为"ON"。

②启动运行:

a. 当按下启动键 SB1,系统动作要求 Y2 为"ON"时,液压缸 B 的活塞向下运动,使 S4 为"OFF"。

b. 当该液压缸活塞下降到终点时,S3 为"ON"时,启动左液压缸,A 的活塞向右运动,右液压缸 C 的活塞向左运动。此间 Y1、Y4 为"ON",Y3 为"OFF",S2、S6 为"OFF"(复位)。

c. 当 A 缸活塞运动到终点 S1 为"ON",并且 C 缸活塞也到终点,S5 为"ON"时,原料已成型,各液压缸开始退回原位。首先,A、C 液压缸返回,返回时

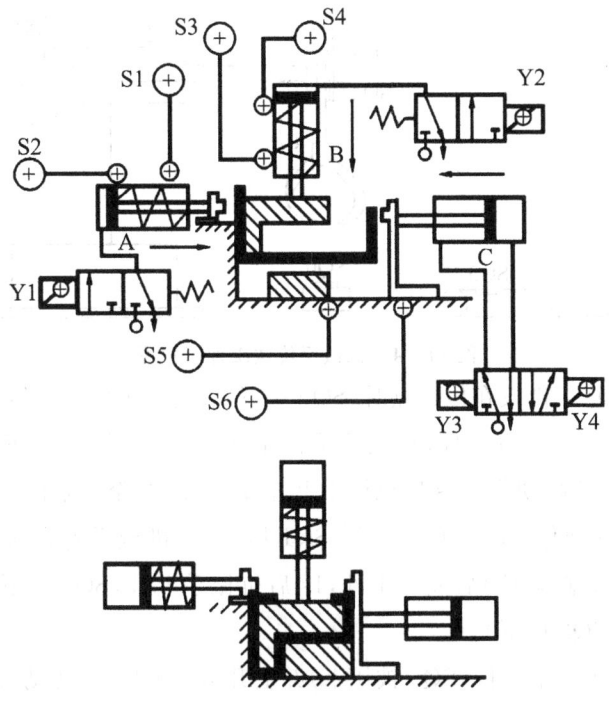

图 11-3 自控成型机示意图

Y1、Y4 为"OFF"、Y3 为"ON"，S1、S5 为"OFF"（复位）。

d. 当 A、C 液压缸退回到初始位置，S2、S6 为"ON"时，B 液压缸返回；Y2 为"OFF"自复位，动作后 S3 为"OFF"（复位）。

e. 当液压缸返回初始状态，S4 为"ON"时，系统回到初始状态，取出成品，放入原料后，按动启动按钮重新启动，开始下一个工件加工。

● 控制要求。

①工作方式设置为手动、单周期。

②有必要的电气保护和联锁。

③单周期循环时应按上述顺序动作。

注：模拟安装调试时可用接触器替代电磁阀。

● 考场设备、材料准备和考核内容及要求，同试题 1。

试题 4 用 PLC 控制搬运机械手将物体由某点搬运到传送带上的设计（图 11-4），并进行安装、接线和调试。

● 考核形式：现场操作。

● 工艺过程。

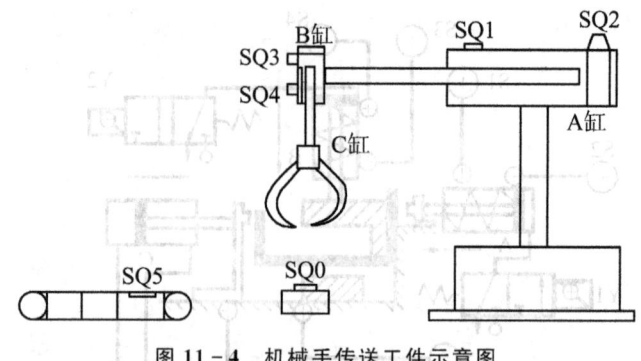

图 11-4 机械手传送工件示意图

①当工人将工件放在传送点时,SQ0 压下,表明有工件需要传送。

②只要传送点一有工件,机械手手臂先下降(B 缸动作)至下限位(SQ4 压下),将其抓取(C 缸动作),1s 后机械手上升(B 缸复位)至上限位(SQ3 压下),机械手左移(A 缸动作)至传送点上方(SQ1 压下)。机械手臂再次下降,下降到位,SQ4 压下(C 缸复位)后放开工件,1s 后机械手上升,SQ3 压下后右移(A 缸复位)至原点(SQ2 压下)。

③当机械手放下工件(SQ5 被压下)并上升至上限位后,传动带电动机 M 启动,开始传送工件,2s 后自动停止。机械手搬运工件,需在前一次工件运走后才能下降将工件放下,否则需要等待。

● 控制要求。

①工作方式设置为手动、单周期、自动循环。

②有必要的电气保护和联锁。

③单周期及自动循环时应按上述顺序动作。

注:模拟安装调试时可用接触器替代电磁阀,三相交流异步电动机运转替代皮带运输机运行。

● 考场设备、材料准备和考核内容及要求,同试题 1。

试题 5 应用 PLC 对组合机床控制系统进行设计、模拟安装与调试(图 11-5)。

● 考核形式:现场操作。

● 控制要求。

①项目任务:某组合机床由主轴动力头、液压动力滑台和液压夹紧装置组成。设备的主轴电动机为 Y100L1—4,2.2kW,1 450r/min;液压电动机为 3kW,1 450r/min。应用 PLC 对其运行过程的控制加以设计,并进行安装、接线和调试。

②工艺过程:组合机床的动力头由主轴电动机拖动,夹紧装置和滑台的运动

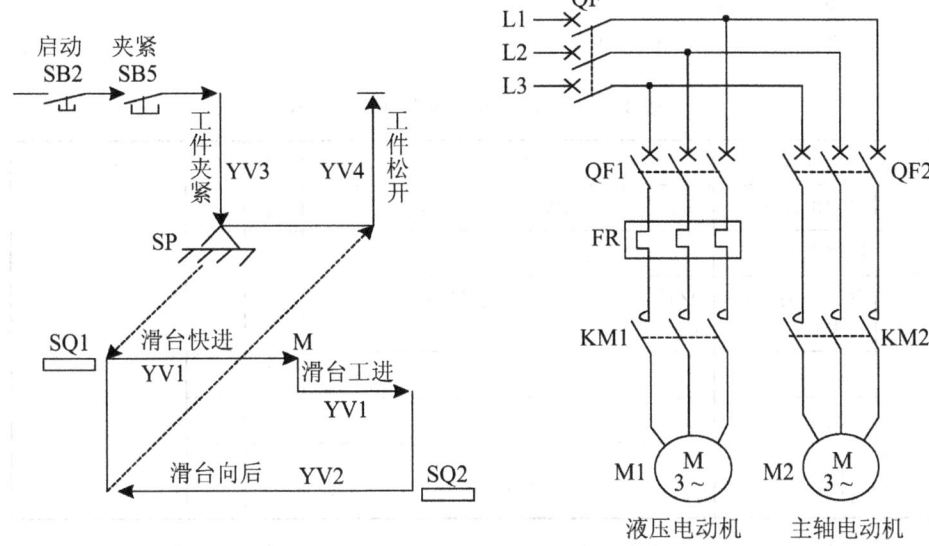

图 11-5　滑台半自动工作循环图

由液压电磁阀控制。滑台的运动位置与行程开关、液压行程阀配合运行。

③控制方式：本机床具有"半自动"和"调整"两种工作方式，方式选择开关 SA3 接通为调整方式，断开时为半自动方式。

a. 机床初始工作时，首先启动液压电动机 M1 和主轴电动机 M2。两电动机启动后，经延时 3s，即可进行下一步操作。

b. 半自动工作方式：先操作夹紧按钮 SB5，待工件被夹紧、压力继电器 SP 动作后，滑台快进。当快进到预定位置时，液压控制阀 M 被压下（M 不发出电信号），自动转为工进行进速度。加工完成，滑台到终点时压下开关 SQ2，延时 1s，然后滑台快速后退。滑台退至原位，压下开关 SQ1，延时 2s 后工件松开电磁阀动作，完成一个半自动循环。

c. 机床处于"调整"工作时，用四只按钮实现滑台或夹具的单独调整。

d. 设置短路保护、电动机过载保护等电器保护环节和联锁环节。滑台向前、向后运行，工件的夹紧、松开工况可用发光二极管显示；通电待机、"半自动"和"调整"方式，M1、M2 电动机运行、滑台退至原位和工件行进终点位置，设有外接指示灯就地显示。

注：组合机床具有"半自动"和"调整"两种工作状态。继电器控制回路采用交流 220V（或 127V）电源，电磁阀和信号灯采用直流 24V（或按照实际装置配置）电源。模拟安装调试时可用接触器替代电磁阀。

- 考核内容及要求,同试题1。
- 考场设备、材料准备要求,见表11-3。

表11-3 设备、材料准备要求一览表

序号	名称	型号与规格	单位	数量	备注
1	三相电动机	Y112M—4,4kW,380V,△接法或自定	台	2	
2	热继电器	JR16—20/3	只	2	
3	空气开关(组合开关)	DZ47—60或自定(或HZ10—25/3自定)	只	3	
4	指示灯	自定	只	8	
5	三联按钮	LA10—3H或LA4—3H	只	3	
	其他仪器设备及材料工具	同试题1			

注:设备、材料的准备仅对一名考生而言,鉴定所(站)应根据考生人数确定具体数量。

二、RLC电气设计及预算

按照给定的设备条件、工艺过程和控制要求,设计相应的继电—接触式电气控制电路;简述其工作原理;给出原材料价格和工时定额的预算。

1. 考核要点与标准
- 考核形式:现场笔试。
- RLC电气设计及预算考核评分标准,见表11-4。

表11-4 RLC电气设计及预算的考核评分准备

序号	考核内容	考核要点	评分标准	配分	扣分	得分
1	电路设计	根据提出的电气控制要求,正确绘出电路图	1. 主电路设计1处错误扣2分 2. 控制电路设计1处错误扣1.5分 3. 电路图符号错误、漏标1处扣1分 4. 短路保护电流计算错误、漏标扣2分 5. 熔芯电流选择错误、漏标扣2分 6. 热继电器整定电流计算错误、漏标扣2分 7. 导线截面积选择错误、漏标扣2分 8. 扣完为止	24		

续表

序号	考核内容	考核要点	评分标准	配分	扣分	得分
2	选择材料	按所设计的电路图,正确选择材料,然后将其填入明细表	1. 主要材料选择错误1种扣1分 2. 其他材料选择错误1种扣0.5分 3. 预算电器元件材料价格不合理扣1分 4. 预算工时定额不合理扣2分 5. 扣完为止	8		
3	简述工作原理	依据绘出的电路图,正确简述电气控制线路的工作原理	1. 简述电气控制线路工作原理时有实质错误,每错1次扣3分 2. 简述电气控制线路工作原理不完善,每次扣1分 3. 扣完为止	8		
4	安全文明生产	1. 劳动保护用品穿戴整齐 2. 遵守各项安全操作规程 3. 尊重考评人员,讲文明礼貌	1. 违反安全文明生产考核要求,每项扣1分 2. 当考评员发现考生有重大人身事故隐患时,要立即予以制止,扣2~10分 3. 以上内容从本项目总分中扣除,扣完为止	倒扣		
	合计			40		

技术要求:
1. 根据提出的电气控制要求,正确绘出电路图
2. 按所设计的电路图,正确选择材料,然后将其填入明细表

评分人:　　　年　月　日　　　　　核分人:　　　年　月　日

2. 例题

试题6 两台三相异步电动机电力拖动控制线路的RLC设计及预算。

● 考核形式:现场笔试。

● 设备条件。两台三相异步电动机,第一台三相异步电动机型号为YD123M—4/2,铭牌为 6.5kW/8kW、△/YY 接法、13.8A/17.1A、380V、1 450r/min/2 880r/min;第二台三相异步电动机型号为 Y—100L2—4,铭牌为1.5kW、Y 接法、3.2A、380V、1 432r/min。

● 主电路要求。第一台双速三相异步电动机为自动变速运转、带全波整流能耗制动;第二台三相异步电动机为正方向运转、反接制动。

● 控制要求。

①第一台三相异步电动机能自动变速运转。

②第一台三相异步电动机带全波整流能耗制动。

③第二台三相异步电动机为正方向运转、反接制动。

④两台三相异步电动机均具有短路保护、过载保护、零压保护和欠压保护。

● 考核内容及要求。

①根据提出的电气控制要求,正确绘出电路图。

②按所设计的电路图,正确选择材料,然后将其填入明细表。

③依据材料明细表正确写出材料价格。

④按所设计的电路图和材料明细表,计算并确定本项目的工时定额。

⑤简述工作原理。

● 说明事项。

①线路绘制必须采用 GB4728—84.85《电气图常用图形符号》、GB7159—87《电气技术中的文字符号制订通则》和 GB6988—86《电气制图》等有关标准和规定。

②否定项说明:电路设计达不到功能要求,此题无分。

● 考场设备、材料准备要求,见表 11-5。

表 11-5 设备、材料准备要求一览表

序号	名称	型号与规格	单位	数量	备注
1	演草纸、答题纸	B4	张	4	
2	教室	不少于 30m² 教室一间	间	1	

注:表中所列设备、材料的准备仅对一名考生而言,鉴定所(站)应根据考生人数确定具体数量。

试题 7 具有指定功能的机床控制电路的 RLC 设计及材料与工时的计算。

具有指定功能的机床控制电路的 RLC 设计及材料与工时的计算具体内容略。

三、变频器应用设计与联调

应用变频器控制电力拖动设备,实现给定的工艺运行过程的设计、接线与调试。

1. 考核要点与标准

● 考核形式:现场操作。

● 变频器应用设计与联调的考核评分标准,见表 11-6。

表 11-6 变频器应用设计与联调的考核评分标准

序号	考核内容	考核要点	评分标准	配分	扣分	得分
1	电路设计	1. 根据给定任务的要求,按国家电气绘图规范及标准绘制电路图 2. 写出变频器需要设定的参数 3. 正确合理选用材料	1. 电路图设计错误,每处扣3分 2. 材料选用错误,每处扣1分 3. 绘制电路图不规范及不标准,每处扣2分 4. 列出变频器的设定参数,缺项或错项每处扣1分 5. 扣完为止	24		
2	配线与安装	1. 按钮不固定在配电板上,电源和电动机配线、按钮接线要接到端子排上 2. 元件在配线板上布置要合理,安装要准确紧固,配线导线要紧固、美观	1. 元件布置不整齐、不匀称、不合理,每只扣1分 2. 损坏元件扣2分 3. 不按电气原理图接线扣1分 4. 扣完为止	6		
3	参数输入与调试	1. 熟练操作变频器键盘,并能正确输入参数 2. 按照被控制设备要求进行正确的调试 3. 正确合理使用仪表	1. 使用变频器参数设定的操作键盘不熟练扣1分 2. 调试时达不到设计要求,每缺少1项功能扣2分 3. 调试中,仪表使用错误扣1分 4. 扣完为止	10		
4	安全文明生产	1. 劳动保护用品穿戴整齐 2. 遵守各项安全操作规程 3. 尊重考评人员,讲文明礼貌	1. 违反安全文明生产考核要求,每项扣1分 2. 当考评员发现考生有重大人身事故隐患时,要立即予以制止,扣2~10分 3. 以上内容从本项目总分中扣除,扣完为止	倒扣		
	合 计			40		
否定项:电路设计达不到功能要求,此题无分						
技术要求: 1. 根据给定任务的要求,按国家电气绘图规范及标准,绘制变频器控制的电路图,写出变频器需要设定的参数 2. 熟练操作变频器键盘,并能正确输入参数。按照被控制设备要求,进行正确的调试						

评分人:　　　　年　月　日　　　　　核分人:　　　　年　月　日

2. 例题

试题 8 供水泵电力拖动的变频器控制设计、配线与调试。

● 考核形式：现场操作。

● 设备条件。有一台三相异步电动机，型号为 Y—100L2—4，功率为 3kW，电压为 380V，电流为 6.8A，接法 Y，转速为 1 420r/min。

● 工艺要求。当有水压变化时，通过压力传感器使三相异步电动机的转速随时变化。试设计一个自动运行供水系统，并且该电气控制线路具有过载保护、短路保护、失压保护和欠压保护功能。压力传感器用可调电阻代替。

● 考核内容及要求。

① 设计：根据给定任务的要求，按国家电气绘图规范及标准绘制变频器控制的电路图，写出变频器需要设定的参数。

② 安装：元件在配电板上布置要合理，安装要正确、紧固、美观。

③ 配线：电源、电动机、按钮的接线要通过端子排，配线要求紧固、美观，导线要入行线槽。

④ 输入：熟练操作变频器键盘，并能正确输入参数。

⑤ 调试：正确使用电工工具及仪表，按照被控制设备要求进行正确的调试。

● 否定项说明：电路设计达不到基本功能要求，此题无分。

● 考场设备、材料准备要求，见表 11-7。

表 11-7 设备、材料准备要求一览表

序号	名称	规格	单位	数量	备注
1	三相四线交流电源	交流 3×380/220V、20A	处	1	
2	三相异步电动机	Y—100L2—4,380V、功率为 3kW、电流为 6.8A、接法 Y、转速为 1 420r/min 或自定	台	1	
3	变频器	自定	台	1	
4	转速表	自定	只	1	
5	绘图纸	A4	张	4	
6	答题纸	A4	张	2	
7	配线板	600mm×600mm×20mm 或自定	块	1	
8	自动空气开关	DZ47—60 或自定	只	1	

续表

序号	名称	规格	单位	数量	备注
9	交流接触器	CJ20—16 线圈电压 380V	只	2	
10	熔断器及熔芯	RT18—32/10	套	6	
11	熔断器及熔芯	RT18—32/2	套	2	
12	电位器	1k,1/2W(模拟压力传感器)	只	1	
13	三联按钮	LA10—3H 或 LA4—3H	只	2	
14	接线端子排	JX2—1015,500V(10A、15 节)	条	4	
15	木螺丝(自攻螺丝)	$\phi 3\times 20$mm,$\phi 3\times 15$mm	只	30	
16	平垫圈	$\phi 4$mm	只	30	
17	塑料软铜线	BVR—2.5mm² 颜色自定(或自定)	m	20	
18	塑料软铜线	BVR—1.5mm² 颜色自定(或自定)	m	20	
19	塑料软铜线	BVR—0.5mm² 颜色自定(或自定)	m	30	
20	别径压端子	UT1—4mm,UT2.5—4mm	只	30	
21	行线槽	自定两边打$\phi 3.5$mm 孔(与配电板配套)	条	10	
22	异型塑料管	$\phi 3.5$mm	m	1	备线号笔

注:表中所列设备、材料的准备仅对一名考生而言,鉴定所(站)应根据考生人数确定具体数量。

四、电子电路设计—装调

根据给定的任务、数据和功能要求,设计适用的电子电路,并进行装接、调试,使之达到课题要求。

1. 考核要点与标准

● 考核形式:现场操作。

● 电子电路设计—装调的考核评分标准见表 11-8。

表 11-8 电子电路设计—装调的考核评分标准

序号	考核内容	考核要点	评分标准	配分	扣分	得分
1	电路设计	根据任务,设计电子电路图	1. 绘制电子电路图时符号错误,每处扣 1 分 2. 绘制电子电路图时电路图错误,每处扣 2 分 3. 绘制电子电路图时不规范及不标准,每处扣 0.5 分 4. 扣完为止	18		
2	安装与焊接	正确使用工具和仪表,焊接质量可靠,焊接技术符合工艺要求	1. 布局不合理扣 0.5~3 分 2. 焊点粗糙、拉尖、有焊接残渣扣 0.5~3 分 3. 焊接时损坏元件,每只扣 2 分 4. 扣完为止	12		
3	静态及通电调试检验	在规定时间内,先完成电路静态检查,然后进行通电试验,试验过程中仪器、仪表使用正确	1. 仪表使用错误,每次扣 1 分 2. 通电调试每缺少 1 个功能扣 3 分 3. 扣完为止	10		
4	安全文明生产	1. 劳动保护用品穿戴整齐 2. 遵守各项安全操作规程 3. 尊重考评人员,讲文明礼貌	1. 违反安全文明生产考核要求的任何一项扣 1 分 2. 当考评员发现考生有重大人身事故隐患时,要立即予以制止,扣 2~10 分 3. 以上内容从本项目总分中扣除,扣完为止	倒扣		
	合 计			40		

否定项:电路设计达不到功能要求,本题无分

技术要求:
1. 根据任务,设计电子电路图
2. 正确使用工具和仪表,焊接质量可靠,焊接技术符合工艺要求
3. 在规定时间内,利用仪器、仪表调试后进行通电试验

评分人:　　　　　年　月　日　　　　　　核分人:　　　　　年　月　日

2. 例题

试题 9　大范围的可调定时器的设计、装接与调试。

● 考核形式:现场操作。

● 课题任务。

①设计大范围的可调定时器。

②在备料的基础上设计,参数依据由考核现场提供。

③画出电路原理图。

④焊接安装与调试。

● 考核内容及要求。

①根据任务和技术参数要求,设计电子电路图。

②正确使用工具和仪表,焊接质量可靠,焊接技术符合工艺要求。

③在规定时间内,利用仪器、仪表调试后进行通电试验。

● 否定项说明:电路设计达不到基本功能要求,此题无分。

● 考场设备、材料准备要求,见表11-9。

表11-9 设备、材料准备一览表

序号	名称	型号与规格	单位	数量	备注
1	单相交流电源	~220V、10A	处	1	
2	可调直流稳压电源	自定	台	1	
3	答题纸	A4	张	2	
4	演草纸	A4	张	2	
5	双踪示波器	自定	台	1	
6	集成电路	NE555	只	1	
7	电阻	470kΩ、0.25W	只	1	
8	电阻	20kΩ、0.25W	只	2	
9	电阻	10kΩ、0.25W	只	4	
10	电阻	100kΩ、0.25W	只	1	
11	电阻	3kΩ、0.25W	只	1	
12	电阻	12kΩ、0.25W	只	1	
13	电阻	15kΩ、0.25W	只	1	
14	电阻	100kΩ、0.25W	只	1	
15	电阻	2.2kΩ、0.25W	只	1	
16	电阻	6.8kΩ、0.25W	只	1	
17	电阻	330Ω、0.25W	只	1	
18	可调电位器	5MΩ、0.25W	只	1	
19	可调电位器	10MΩ、0.25W	只	1	
20	电解电容器	470μF/63V	只	1	

续表

序号	名称	型号与规格	单位	数量	备注
21	电解电容器	100μF/63V	只	1	
22	瓷片电容	0.022μF/63V	只	1	
23	瓷片电容	0.01μF/63V	只	1	
24	二极管	2CP10	只	2	
25	发光二极管	HFW314001,红色	只	1	
26	三极管	9015	只	1	
27	三极管	9013	只	1	
28	三极管	3DK4	只	1	
29	小型继电器	JRX—13F、12V	只	1	
30	轻触按键开关	自定	只	1	
31	万能印制电路板	自定	块	1	
32	单股镀锌铜线	BV—0.1mm²	m	1	
33	多股细铜线	BVR—0.1mm²	m	1	

注：表中所列设备、材料的准备仅对一名考生而言，鉴定所(站)应根据考生人数确定具体数量。

试题 10 直流电动机单闭环调速系统电子电路的修改设计、装接与调试。

(1) 对考场提供的问题电子电路图进行修改设计，并进行装接、调试。

(2) 考场所提供的电子电路图，其上一般有 40～80 个分立元件，电路图上约有 1/3 的差错，如 60 个元器件的电路图约有 20 处左右的错误，一般为点、线条、符号、标注、参数、规格选用等方面的差错，但其中必须含有一定量的实质性、功能性的电逻辑错误。

五、变频器—PLC—RLC 联控设计与联合调试

应用变频器、PLC、RLC 联合控制，以实现给定系统多台设备的电力拖动，达到工艺过程运行的需要。

1. 考核要点与标准

● 考核形式：现场操作。

● 变频器—PLC—RLC 联控设计与联合调试的考核评分标准，参见表 11-1、表 11-6 的内容。

2. 例题

试题 11 龙门刨床三台电动机采用变频器—PLC—RLC 电力拖动的联控设计与调试。

(1) 根据给定的任务要求，设计并绘制变频器—PLC—RLC 综合应用联合控制的电路图，编绘 PLC 有关的指令、图、表，写出变频器需要设定的参数。

(2) 熟练操作变频器—PLC 键盘，并正确输入数据、指令、参数等，进行模拟调试。

(3) 装接—调试。正确熟练地进行接线板配线，完成设备互连线；按照被控设备的动作要求进行调试，达到设计要求。

说明：由于考核时间限制，具体鉴定考核时，可采用维修电工技师试题 9 内容。

六、应用触摸屏、PLC、变频器的模拟工业控制系统的设计、安装及联调

试题 12 用 PLC 控制自控成型机的设计并用工业组态软件进行模拟调试（图 11-6）。

● 自控成型机控制系统 PLC 设计、安装及联调。

① 当原料放入成型机时，各液压缸为初始状态：Y1、Y2、Y4 为"OFF"，Y3 为"ON"，S1、S3、S5 为"OFF"，S2、S4、S6 为"ON"。

② 启动运行：当按下启动按钮 SB1，系统动作要求如下：

a. 当 Y2 为"ON"时，上面油缸的活塞向下运动，使 S4 为"OFF"。

b. 当该液压缸活塞下降到终点时，S3 为"ON"。此时，启动左液压缸 A 的活塞向右运动，右液压缸 C 的活塞向左运动。此间 Y1、Y4 为"ON"，Y3 为"OFF"，并使 S2、S6 为"OFF"（复位）。

c. 当 A 缸活塞运动到终点 S1 为"ON"，并且 C 缸活塞也到终点 S5 为"ON"时，原料已成型，各液压缸开始退回原位。首先，A、C 液压缸返回，使 Y1、Y4 为"OFF"，Y3 为"ON"，S1、S5 为"OFF"（复位）。

d. 当 A、C 液压缸退回到初始位置，S2、S6 为"ON"时，B 液压缸开始返回，Y2 为"OFF"，S3 将为"OFF"（复位）。

e. 当液压缸返回初始状态，S4 为"ON"时，系统回到初始状态取出成品，放入原料后，按动启动按钮可重新启动，开始下一个工件加工。

③ 与电脑中用 MCGS 组态软件设计绘制的动画进行相应的连接。

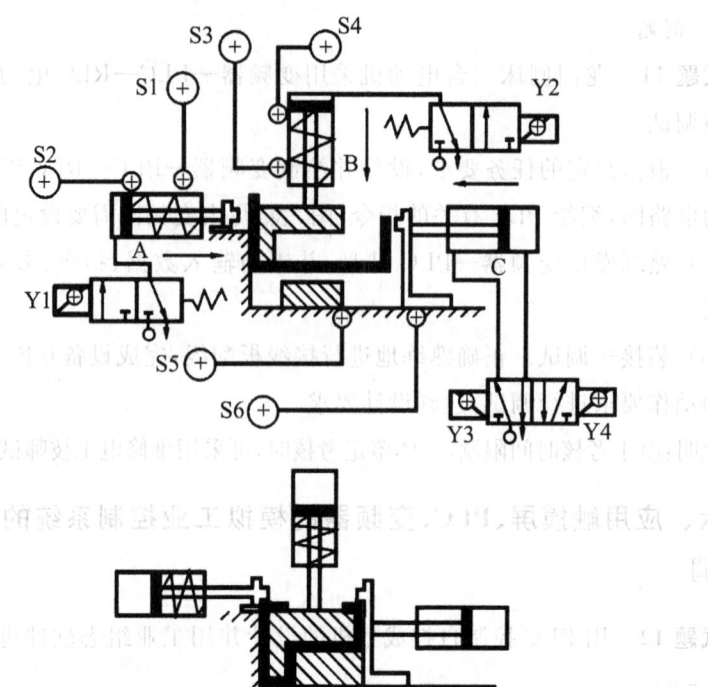

图 11-6 自控成型机示意图

④达到过程实时监控的目的,完成调试与运行。

⑤工作要求:

a. 工作方式设置为手动、单周期。

b. 实现组态过程实时监控。

● 考核内容及要求。

①电路设计:根据任务,设计 PLC 控制系统框图,列出 PLC 控制 I/O 接口(输入/输出)元件地址分配表;根据加工工艺,设计梯形图及 PLC 的 I/O 接口(输入/输出)接线图;根据梯形图,列出指令表。

②完成 PLC 与电脑中用 MCGS 组态软件设计所绘动画的连接,并且完成 PLC 组态动画连接通道参数(类型)设置列表。

③程序输入调试:按照被控制设备的动作要求进行模拟调试。

④通电试验:正确使用电工工具及万用表进行仔细检查,注意人身和设备安全。

● 否定项说明:电路设计达不到基本功能要求,此题无分。

● 考场、设备材料准备要求,见表 11-10。

表 11-10　设备、材料准备要求一览表

序号	名称	规　　格	单位	数量	备　注
1	三相四线交流电源	～3×380/220V、20A	处	1	
2	可编程序控制器	FX2—48MR 或自定	台	1	
3	电脑	预装有 Windows98 或以上版本操作系统,预装 MCGS 组态软件并且有塑控成型机动画组态,预装 PLC 配套编程软件	台	1	
4	有关塑控成型机动画组态资料	列有塑控成型机动画组态信息的相关表格			
5	答题纸	A4	张	4	
6	模拟板	自定	块	2	
7	组合开关	HZ10—25/3 或自定	只	1	
8	模拟开关或按钮	自定	只	10	
9	信号灯或其他模拟装置	自定	只	10	
10	塑料软铜线	BVR—0.5～1mm²,颜色自定	m	3	

注：表中所列设备、材料的准备仅对一名考生而言,鉴定所(站)应根据考生人数确定具体数量。

● 配分、评分标准,见表 11-11。

表 11-11　配分、评分标准一览表

序号	考核内容	考核要点	评分标准	配分	扣分	得分
1	电路设计	根据任务： 1. 设计用 PLC 控制的系统方案 2. 列出元件信号对照表 3. 绘制 PLC 的 I/O 接线图 4. 设计梯形图 5. 列出指令表 6. 完成 PLC、组态动画连接通道参数(类型)设置列表 注：递交完上述 1～6 条书面答卷后,方可进行后续安装、上机操作	1. 电路设计不全或设计有错,每处扣1分 2. 输入、输出地址遗漏或搞错,每处扣1分 3. 梯形图表达不正确或画法不规范,每处扣1分 4. 接线图表达不正确或画法不规范,每处扣2分 5. PLC、组态动画连接通道参数(类型)设置错误,每处扣1分 6. 扣完为止 限时 70min,超时酌情扣分	18		

续表

序号	考核内容	考核要点	评分标准	配分	扣分	得分
2	配线安装	按 PLC 控制 I/O 接线图与工艺要求,正确安装与接线	1. 元件布置不整齐、不匀称、不合理,每个扣 1 分 2. 线路工艺不规范、不合理,每处扣 1 分 3. 损坏元件扣 2 分 4. 不按电气原理图接线扣 2 分 5. 扣完为止 限时 90min,超时酌情扣分	6		
3	联合调试	1. 正确录入程序 2. 完成 PLC 与电脑中用 MCGS 组态软件设计所绘动画的连接 3. 联机通电调试,达到运行要求 4. 正确使用仪器、仪表及电工工具	1. 组态动画的连接错误扣 4 分 2. PLC 程序输入不熟练扣 2 分 3. 仪表使用错误扣 1 分 4. 每缺少 1 个动作功能扣 3 分 5. 扣完为止 限时 50min,超时酌情扣分	16		
4	安全文明生产	1. 劳动保护用品穿戴整齐 2. 遵守各项安全操作规程 3. 尊重考评人员,讲文明礼貌	1. 违反安全文明生产考核要求的任何一项扣 1 分 2. 当考评员发现考生有重大人身事故隐患时,要立即予以制止,扣 2~10 分 3. 以上内容从本项目总分中扣除,扣完为止	倒扣		
		合 计		40		

否定项:电路设计达不到基本功能要求,此题无分

评分人: 　　年　月　日　　　　核分人: 　　年　月　日

第二节　系统检修(模块二)

当机电系统或者电气设备发生故障(含复杂性疑难故障)而不能达到原定功能时,考生根据自己的专业知识和所掌握的技能,正确运用工具、仪器、仪表进行分析,查找故障的原因及故障点,并使其恢复原定功能的工艺过程。系统、设备的检修范围可分为:

(1) 大型继电—接触器系统。

(2) 继电接触器+变流调速系统。

(3) 大型晶闸管直流调速系统。

(4) 数控系统。

(5) 大型 PLC 控制的设备。

(6) PLC＋变频器控制的设备。

(7) 其他复杂机械系统设备。

考生应会独立检查、分析设备故障,正确回答现场考评员提出的问题,并须在规定时间内单独排除故障。

一、设备线路故障检修

1. 概况

(1) 检修上述设备中的电气线路故障。

(2) 采用现场抽签的方式确定其中一种设备。

(3) 在电气线路上设置隐蔽故障 2 处。

2. 考核要点与标准

● 考核配分:30 分。

● 考核时间:40min。

● 考核形式:现场操作。

● 考核方法:现场抽签。

● 设备线路故障的考核评分标准,见表 11-12。

表 11-12 设备线路故障检修的考核评分标准

序号	考核内容	考核要点	评分标准	配分	扣分	得分
1	调查研究	对每个故障现象进行调查研究	排除故障前不进行调查研究扣 2 分	2		
2	读图与分析	在电气控制线路图上分析故障可能的原因,思路正确	1. 错标或标不出故障范围,每个故障点扣 2 分 2. 不能标出最小的故障范围,每个故障点扣 2 分 3. 扣完为止	7		

续表

序号	考核内容	考核要点	评分标准	配分	扣分	得分
3	故障排除	找出故障点并排除故障	1. 实际排除故障中思路不清楚,每个故障点扣2分 2. 每少查出1处故障点扣4分 3. 每少排除1处故障点扣3分 4. 排除故障方法不正确,每处扣1分 5. 扣完为止	17		
4	仪表使用	根据工作内容正确使用工具和仪表	工具和仪表使用错误,每次扣1分	4		
5	安全文明生产	1. 劳动保护用品穿戴整齐 2. 遵守各项安全操作规程 3. 尊重考评人员,讲文明礼貌	1. 违反安全文明生产考核要求的任何一项扣1分 2. 当考评员发现考生有重大人身事故隐患时,要立即予以制止,扣2~10分 3. 以上内容从本项目总分扣除,扣完为止	倒扣		
6	备注	操作有错误,从此项总分中扣分	1. 排除故障时,产生新的故障后不能自行修复,每个扣10分;已经修复,每个扣5分 2. 损坏设备,扣20分,扣完为止			
		合 计		30		

技术要求:
1. 调查研究:对每个故障现象进行调查研究
2. 故障分析:在电气控制线路上分析故障可能的原因,思路正确
3. 故障排除:正确使用工具和仪表,找出故障点并排除故障

评分人:　　　　　年　月　日　　　　　核分人:　　　　　年　月　日

二、关于本模块与试题的说明

(1) 本模块书中只编入一个题型,可进行扩展。

(2) 本模块的题型可按本节前面所说的(大型继电—接触器系统……设备)来依次编排,这里不加赘述。

试题13　故障检修

检修大型继电—接触器系统、继电—接触器+变流调速系统、大型晶闸管直流调速系统、数控系统、大型PLC控制的设备、PLC+变频器控制的设备等复杂机械设备中的一种设备的电气线路故障(选择确定其中一种设备)。在电气线路

上设隐蔽故障 2 处。考生向考评员询问故障现象时,考评员可以将故障现象告诉考生,但考生必须单独排除故障。

● 考核内容及要求。

①故障设置:本题已设置的故障点不在电动机上,其故障数量为 2 个。

②调查研究:对每个故障现象进行调查研究。

③故障分析:在电气控制线路上分析故障可能的原因,思路正确并确定故障发生的范围。

④故障排除:正确使用工具和仪表,找出故障点并排除故障。

⑤在考核过程中带电进行检修时,注意人身和设备的安全。

● 考场准备。

①考场设备、材料准备要求见表 11-13。

表 11-13 设备、材料准备要求一览表

序号	名称	型号与规格	单位	数量	备注
1	复杂机械设备	由考评员指定选择下列设备中的一种进行考核:大型继电—接触器系统、继电—接触器+变流调速系统、大型晶闸管直流调速系统、数控系统、大型 PLC 控制的设备、PLC+变频器控制的设备等或自定	台	1	
2	设备资料(图纸等技术资料)	与相应的设备配套	套	1	
3	故障排除所用材料	与相应的设备配套	套	1	
4	双踪示波器	自定	台	1	

注:1. 表中所列设备、材料的准备仅对一名考生而言,鉴定所(站)应根据考生人数确定具体数量。

2. 系统检修模块所用复杂机械设备(或其模拟装置),各鉴定所(站)需准备三种及以上,具体设备台(套)数根据考生人数确定。

②场地准备:

a. 每个工位有一个工作台,每个工作台的右上角贴有工位号,考场采光良好,不足部分采用照明补充,保证工作面照度不小于 100lx。

b. 考场应干净整洁、空气新鲜,无环境干扰。

c. 考场内应设有三相电源并装有触电保护器。

d. 考前由考务管理人员检查考场各工位应准备的器材、工具是否齐全,所贴工位号是否有遗漏。

● 故障设置,参考见表 11-14。

表 11-14 故障设置参考表

机械设备	故障现象设置参考
继电—接触器+变流调速系统	主电路:本项目故障点不能设在电动机上 1. 三相整流电源不对称或相序错误 2. 交流调压电路输出偏低 3. 元器件断路 控制电路: 1. 触发器电路故障 2. 给定电压电路故障 3. 电动机转速调节故障 4. 励磁回路故障 5. 气控系统故障 6. 液控系统故障
数控系统	1. 电动机运行故障 2. 返回参考点故障 3. 机械定位故障 4. 伺服驱动系统故障 5. 数据输入、输出接口故障 6. 传感器类故障
其他系统	故障设置可参考上述内容,应能反映本专业高级技师水平

第三节 工艺与测绘(模块三)

工艺与测绘模块的试题,是根据电气设备实物,考生运用已有知识和测量技能,通过电气勘测、测量,绘出相应电气图,或针对给定的待修系统设备,编制该系统设备的大修工艺和计划。

1. 工艺与测绘模块内容

工艺与测绘模块内含有两大项目:电路测绘,工艺编制。这两大项目每位考生只做其一,由现场抽签决定。

2. 考核要点与标准

● 考核配分:16 分。

● 考核时间:100min。

- 考核形式：现场操作。
- 考核方法：现场抽签。

一、电路测绘

电路测绘试题任务是对给定的系统设备及单元，由考生进行勘察、测试，并绘制出相应的电路图和电子线路图。

- 如抽得电路测绘，则以第二节故障检修抽签确定的机械设备电气线路为准，也可采用鉴定所（站）准备的难度系数相当的电子线路板开展测绘项目鉴定考核。
- 电路测绘项目的配分、评分标准，见表 11-15。

表 11-15 电路测绘项目配分、评分标准一览表

序号	考核内容	考核要点	评分标准	配分	扣分	得分
1	绘制电路图	利用电工工具、万用表和电子仪器等正确测量，按国家电气绘图规范及标准正确绘制电路图	1. 不会熟练利用测量工具进行测量扣1分 2. 测量步骤不正确，每次扣1分 3. 绘制电路图时符号错误，每处扣1分 4. 绘制电路图时电路图错误，每处扣1分 5. 绘制电路图时不规范及不标准扣1分 6. 扣完为止	12		
2	简述原理	依据绘出的电路图，正确简述电路的工作原理	1. 简述电路图工作原理时，实质错误每错1次扣1分 2. 简述线路的工作原理时，每有1处不完善扣0.5分 3. 扣完为止	4		
3	安全文明生产	1. 劳动保护用品穿戴整齐 2. 遵守各项安全操作规程 3. 尊重考评人员，讲文明礼貌	1. 违反安全文明生产考核要求的任何一项，扣1分 2. 当考评员发现考生有重大人身事故隐患时，要立即予以制止，扣2~10分 3. 以上内容从本项目总分中扣除，扣完为止	倒扣		
		合 计		16		

评分人：　　　　年　月　日　　　　核分人：　　　　年　月　日

● 考核内容及要求。电路测绘:正确使用电工工具、万用表进行测量,然后正确绘出电路图,并且简述工作原理。机床带电时,要遵守操作规程,注意人身安全。

① 观察、勘测过程中,不得拆解和破坏原有设备的线路、结构和工艺。

② 绘制相应的电气图纸,符合国家标准和规范。

③ 依据所绘图纸,就该系统设备单元简述原理和调试方法,回答有关更新、改造、维修、开发方面的建议。

● 例题。电路测绘试题所涉及的设备,以第二节抽得的设备为准。因此,试题设备的准备和题号编排,可与第二节对应,这里不再罗列。如采用鉴定所(站)准备的难度系数相当的电子线路板开展测绘项目鉴定考核,考生可在本等级职业技能鉴定考前操作技能培训时予以熟悉。

● 考场准备要求内容,参考模拟试卷。

二、工艺编制

工艺编制试题任务是针对指定设备编制设备检修工艺计划与制订检修步骤和要求。

● 工艺编制项目配分、评分标准,见表 11-16。

表 11-16 工艺编制项目配分、评分标准一览表

序号	考核内容	考核要点	评分标准	配分	扣分	得分
1	设备检修工艺计划	编制检修工艺合理、可行	1. 施工计划不够合理、不完整,每处扣1分 2. 扣完为止	4		
2	检修步骤和要求	检修步骤和要求清楚、正确	1. 制订检修步骤和要求不具体、不明确,每处扣1分 2. 扣完为止	4		
3	材料清单	所列的材料清单品种齐全,材料名称、型号、规格和数量恰当	1. 材料清单不完整,型号、规格、数量不当,每处扣1分 2. 扣完为止	3		
4	人员配备和分工	人员配备和分工方案合理	1. 人员配备和分工不合理,每处扣1分 2. 扣完为止	3		

续表

序号	考核内容	考核要点	评分标准	配分	扣分	得分
5	检修管理	检修管理的措施科学	1. 检修管理的措施不科学,每处扣1分 2. 扣完为止	2		
		合　　计		16		

否定项:如发现编写的设备检修工艺不是考生自己撰写的,本项考核作 0 分处理

技术要求:
1. 资金预算编制经济合理
2. 工时定额编制合理
3. 选用材料准确齐全
4. 编制工程进度合适
5. 人员安排合理
6. 安全措施到位
7. 质量保证措施明确

评分人:　　　　　年　月　日　　　　　核分人:　　　　　年　月　日

● 考核内容及要求。

①工艺编制试题的主要内容为资金预算编制、工时定额编制、人员安排、选用材料、编制工程进度、安全措施、质量保证措施和检修管理措施。

②施工计划试题的主要内容为设备检修工艺计划,包括资金预算、人员配备与分工安排、材料选用、工程进度。

③电气大修工艺卡试题的主要内容为检修步骤和要求,即工艺步骤和技术要求,包括编制工时定额、安全措施、质量保证措施。

● 否定项:如发现编写的设备检修工艺不是考生自己撰写的,本项考核作 0 分处理。

● 工艺编制例题的设备,可参见第二节系统检修中介绍的设备。

● 考场准备要求,参见操作技能模拟试卷内容。

第四节　培训指导(模块四)

培训指导模块的试题,旨在考核考生所具备的基本技术技能与培训指导、管理及其他方面的综合能力,从而考察考生是否达到维修电工高级技师的任职标准。

1. 基本任务

培训指导模块,考生须完成两项任务中一项内容:技能指导、理论培训。

(1) 技能指导。指示范操作,能够指导本职业初、中、高级工和技师进行实际操作。

(2) 理论培训。指编写教案和课堂讲授,编写技术理论培训、质量管理、生产管理三方面的指定内容并模拟课堂讲授。

2. 考核要点

- 考核配分:14分。
- 考核时间:40min。
- 考核形式:现场演示操作和模拟课堂讲授。
- 考核方法:培训指导模块考核方法见表11-17。

表11-17 培训指导模块考核方法

综合能力考核要求			题 目
技术培训		技能示范:指导本职业初、中、高级工和技师,进行实际操作	考评员指定题目
理论培训	三者抽考其一	技术理论	指导本职业初、中、高级工进行技术理论培训	考评员指定其一
		质量管理	1. 能够在本职工作中认真贯彻各项质量标准 2. 能够应用全面质量管理知识,对实际操作过程的质量进行分析与控制	
		生产管理	1. 能够组织有关人员协同作业 2. 能够协助部门领导进行生产计划、调度及人员的管理	

3. 否定项说明

具有下面情况之一者,视为培训指导不合格:

(1) 技能培训项目不能示范指导本职业技能等级较低级别的实际操作。

(2) 不能正确编写课堂讲授要点。

(3) 讲授内容错误过多,达到5处。

(4) 讲授内容组织不合理且无整体逻辑。

4. 考核要点与标准

培训指导模块的理论培训的配分、评分标准见表11-18。

表 11-18 理论培训的配分、评分标准一览表

序号	考核内容	考核要点	评分标准	配分	扣分	得分
1	编写讲授要点	内容正确	1. 内容错误,每处扣1分 2. 主题不明确扣2分 3. 结论不正确扣2分	6		
2	教学过程	教学内容正确、重点突出	1. 教学内容有错,每处扣1分 2. 重点不突出扣1分	4		
2	教学过程	板书工整,教法亲切、自然,语言精练、准确	1. 板书不工整扣1分 2. 语言不精练扣1分 3. 教法不自然扣1分	4		
3	时间安排	不得超过规定时间	超过规定时间扣1分			
合 计				14		

否定项:具有下面情况之一者,视为培训指导不合格
1. 不能正确编写课堂讲授要点
2. 讲授内容错误过多,达到5处
3. 讲授内容组织不合理且无整体逻辑

技术要求:
1. 培训指导的内容应反映本等级水平
2. 内容正确,组织合理
3. 具有良好的语言表达能力
4. 讲授内容正确,主题明确,重点突出
5. 思路清晰,通俗易懂,举例恰当
6. 语言流畅,表达准确,板书规范

评分人:　　　　　年　月　日　　　　　核分人:　　　　　年　月　日

(1) 培训指导的试题,由考评员按本节所述范围指定题目。

(2) 培训指导的技能培训配分、评分标准,以及考场准备要求参见操作技能模拟试卷内容。

第十二章 模拟试卷

第一节 理论知识模拟试卷

浙江省职业技能鉴定统一试卷
维修电工高级技师理论知识试卷

注意事项

1. 请首先在试卷左侧标封处填写您的姓名、准考证号和所在单位的名称。
2. 请仔细审题，答案填写在规定位置。
3. 不要在试卷上乱写乱画或在标封区填写无关内容。
4. 考试时间：120min。

	一	二	三	四	五	总分	统分人
得分							

一、填空题（第1~20题。请将正确答案填入题内空白处。每题1分，共20分。）

得分	
评分人	

1. 种类繁多的低压电器，按所控制的对象不同，可分为低压（Distribution Apparatus）_____电器和低压（Control Apparatus）控制电器。
2. 当配电系统的电感与补偿电容发生串联谐振时，其补偿电容和配电系统呈现_____电流。
3. 西门子SIN840C控制系统由_____、主轴和进给伺服单元组成。
4. 西门子SIN840C控制系统位置测量板把接收和处理的各个轴的位置反馈信号通过总线送到CPU，同时将数控系统对各个轴的_____模拟量及相应轴的调节器释放信号送到相应的伺服单元。
5. 三相无刷进给驱动电路电流控制器的输出信号由一个脉宽调制器将连续的模拟量转换为数字信号，该信号的脉冲占空比与输入信号的_____成正比。

6. 西门子 SIN840C 控制系统 JOG 方式还分为 REPOS（再定位）、REFPOINT _____、INC（增量进给）几种子方式，在选择 JOG 后生效。

7. 西门子 SIN840C 控制系统主菜单 DIAGNOSIS（诊断）区域主要用于机床的_____。

8. 症状分析是对所有可能存在的有关故障的_____信息进行收集和判断的过程。

9. 数字信号是以_____形式表现的，这种离散信号的幅值是用按一定编码规律编码的两种电平的组合。

10. 后驱动技术就是在检测的瞬间从被测器件的_____灌入或拉出瞬态大电流，迫使节点电位按要求变高或变低，达到给被测器件在线施加测试激励的目的。

11. Computerized Numerical Control，简称 CNC，是一种_____系统。

12. 工业控制机的一次设备通常由被控对象、变送器和_____组成。

13. 电子装置内部应采用低噪声前置放大器，各级放大器间防止耦合影响，防止_____。

14. 机电一体化产品的控制系统大多具备自动控制、_____、自动信息处理、自动修正、自动检测等功能。

15. 机电一体化产品是一个完整的系统，它最主要的特征是：_____、智能化、柔性化。

16. 伺服系统的性能很大程度上决定了数控机床的性能和_____。

17. 当集成运算放大器作为比较器电路时，集成运放工作于_____。

18. 电气控制原理图设计中，对于每一部分单元电路的设计总是按"主电路→控制电路→联锁与保护→_____"的顺序进行的，最后经反复修改与完善，完成设计。

19. 在指导学员进行维修电工操作的过程中，必须经常对学员加强_____教育。

20. _____系列标准，是国际标准化组织 1996 年 7 月公布的有关环境管理的系列标准。

二、**选择题**(第 21~30 题。请选择一个正确答案,将相应字母填入题中括号内。每题 2 分,共 20 分。)

21. 市场经济条件下,不符合爱岗敬业要求的是( )的观念。
    A. 树立职业理想   B. 强化职业责任
    C. 干一行爱一行   D. 多转行多锻炼

22. 关于创新的正确论述是( )。
    A. 不墨守成规,但也不可标新立异
    B. 企业经不起折腾,大胆地闯早晚会出问题
    C. 创新是企业发展的动力
    D. 创新需要灵感,但不需要情感

23. 数字地线的宽度,应根据通路的电流决定,但最好不要小于( )mm。
    A. 4   B. 3   C. 2   D. 1

24. 典型工业控制机系统的一次设备,通常由( )、变送器和执行机构组成。
    A. 传感器   B. 探头   C. 被控对象   D. 一次线缆

25. 电机扩大机调速系统在启动开始瞬间加入给定电压后,电机扩大机( )。
    A. 处于励磁状态,电动机没有转速   B. 处于强励磁状态,电动机加速启动
    C. 以偏差电压使电动机迅速启动   D. 无反馈电压,电动机不能启动

26. 关于西门子 SIN840C 控制系统的交流伺服进给驱动系统,以下说法错误的是( )。
    A. 该系统采用的是双闭环反馈电路
    B. 控制电路采用的是模块化设计
    C. 混合式控制:位置环用软件,速度环用硬件控制
    D. 可与 IFT5 电动机配套来驱动机床刀具的进给轴

27. 下述有关西门子 SIN840C 控制系统的操作方式,错误的观点是( )。
    A. 其操作方式是按菜单树的结构来设计的
    B. 部分操作需结合机床操作面板进行
    C. 辅以 PC 全键盘来输入数字和字符
    D. 菜单是用硬件来选择的

28. 数控机床各功能模块使用的后备电池,一般( )更换一次。
    A. 一年   B. 二年   C. 三年   D. 半年

29. 触电者( )时,应采用人工呼吸和胸外挤压法同时进行救护。
   A. 有心跳无呼吸　　　　　　B. 无心跳又无呼吸
   C. 无心跳有呼吸　　　　　　D. 呼吸困难

30. 进行理论教学培训时,除依据教材外,应结合本职业介绍一些( )方面的内容。
   A. "四新"应用　　B. 案例　　C. 学员感兴趣　　D. 科技动态

三、**判断题**(第 31～40 题。请将判断结果填入括号中,正确的打"√",错误的打"×"。每题 1 分,共 10 分。)

( )31. 事业成功的人往往具有较高的职业道德。

( )32. CMOS 电路的电源为固定的+5V。

( )33. 速度、电流双闭环调速系统中,当负载突变时,起主要调节作用的是电流调节器。

( )34. 在 SPWM 调制方式的逆变器中,通过改变载波信号的频率,达到改变逆变器输出交流电压的频率的目的。

( )35. 对振动的精密诊断,可采用频率分析仪对振动信号进行频谱分析,或进一步采用相位分析仪进行相位分析,可非常清楚地判断出引起异常振动的原因。

( )36. 变频器输出侧配线安装时,屏蔽线的屏蔽层一端接在变频器的公共端子(如 COM)上,另一端不能接。

( )37. CSB 中央服务板是 CENTER SERVICE BOARD 的缩写。

( )38. ISO9000 系列标准是国际标准化组织发布的有关环境管理的系列标准。

( )39. 理论培训一般采用启发式教学方法进行。

( )40. 触电者有呼吸无心跳时,应采用胸外挤压法进行救护。

四、**简答题**(第 41～44 题。每题 5 分,共 20 分。)

41. 电气故障的一般诊断顺序。

42. 简述电气测量的特点。

43. 测绘 ZK7132 型立式数控钻铣床的注意事项。

44. 西门子 SIN840C 控制系统主菜单的编程区域中,有一种在 MMC 的硬盘上对工件程序进行编辑的方式,试说明这种编辑方式的特点是什么。

五、论述题(第 45～47 题。第 45 题必答,46、47 题任选一题。若三个题目都作答,只按前两题计分。每题 15 分,共 30 分。)

45. 如图所示,龙门刨刀头顺序控制部分梯形图,请编写程序语句。

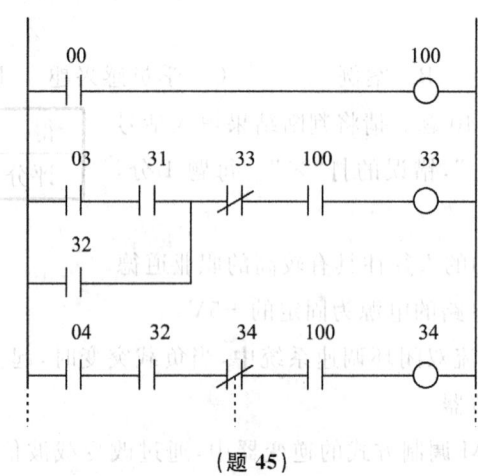

(题 45)

46. 绘图说明 LJ—20 型 CNC 装置的组成。
47. 复杂设备电气故障诊断按哪些步骤进行,各环节应注意什么?

第二节 理论知识模拟试卷参考答案

一、填空题

1. 配电 2. 最大 3. 数控单元主体 4. 控制指令 5. 幅度 6. 参考点
7. 调整及维护 8. 原始状态 9. 离散 10. 输入节点 11. 计算机数控
12. 执行机构 13. 自激振荡 14. 自动诊断 15. 最佳化 16. 加工精度
17. 非线性区 18. 总体检查 19. 安全 20. ISO 14000

二、选择题

21. D 22. C 23. B 24. C 25. B 26. C 27. D 28. A 29. B 30. A

三、判断题

31. √ 32. × 33. × 34. × 35. √ 36. √ 37. √ 38. ×

39. ×　40. √

四、简答题

41. 答:见第十章简答题第 8 题。

42. 答:见第十章简答题第 20 题。

43. 答:见第十章简答题第 48 题。

44. 答:见第十章简答题第 57 题。

五、论述题

45. 答:见第十章论述题第 19 题。

46. 答:见第十章论述题第 17 题。

47. 答:见第十章论述题第 8 题。

第三节　操作技能模拟试卷

浙江省职业技能鉴定统一试卷
维修电工高级技师操作技能考核试卷

一、考核准备通知单

考生准备

序号	名称	型号与规格	单位	数量	备　注
1	万用表	自定	只	1	
2	电工通用工具	验电笔、钢丝钳、螺丝刀(包括十字口螺丝刀、一字口螺丝刀)、电工刀、尖嘴钳、活扳手等	套	1	
3	圆珠笔	自定	支	1	
4	绘图工具	自定	套	1	
5	参考书	维修电工(基础知识)及本书	本	各1	
6	劳保用品	绝缘鞋、工作服等	套	1	

考场准备总表

序号	试题准备项目	选考方式	考试时间(min)	考核形式	准备要求
1	试题1:设计、安装与调试	必考项	210~240	实际操作及笔试	按准备单要求准备,场地1处
2	试题2:故障检修	必考项	40~60	实际操作及口试	按准备单要求准备,场地1处
3	试题3:工艺编制或电路测绘	必考项	100	笔试	按准备单要求准备,场地1处
4	试题4:培训指导	必考项	20~40	讲课及操作示范	按准备单要求准备,场地2处
合计	4项	—	440	—	4项

凡表中所列的工具、材料和设备的准备仅针对1名考生而言,鉴定所(站)应根据考生人数确定具体数量。

试题1 设计、安装与调试。

(1) 设备、材料准备。

序号	名称	型号与规格	单位	数量	备注
1	三相四线交流电源	~3×380/220V,20A	处	1	
2	机械模拟装置	自定	台	1	
3	三相电动机	Y112M—4,4kW,380V、△接法或自定	台	1	
4	控制柜或机架(配线板)	控制柜或机架自定(配线板尺寸):600mm×600mm×20mm)	台(或块)	1	配线板安装时,用2块
5	可编程序控制器及配件(或已完成单独配线的PLC模块)	FX2—48MR 或自定	台	1	1. PLC可以是已完成电源配线,并带独立电源开关的模块 2. 输入、输出点已引出到端子排并加以保护
6	便携式编程器	FX2—20P 或自定	台	1	

续表

序号	名称	型号与规格	单位	数量	备注
7	热继电器	JR16—20/3	只	1	
8	组合开关	HZ10—25/3	只	1	
9	交流接触器	CJ10—10,线圈电压 220V；或 CJ10—20,线圈电压 220V；或自定	只	5	
10	指示灯	自定	只	6	
11	熔断器及熔芯配套	RL1—60/40A	套	3	
12	熔断器及熔芯配套	RL1—15/4A	套	2	
13	三联按钮	LA10—3H 或 LA4—3H 或自定	只	3	
14	接线端子排	JX2—1015,500V(10A,15 节)	条	4	
15	木螺丝	$\phi 3\times 20mm, \phi 3\times 15mm$	只	30	
16	平垫圈	$\phi 4mm$	只	30	
17	塑料软铜线	BVR—2.5mm^2 或自定	m	20	
18	塑料软铜线	BVR—1.5mm^2 或自定	m	20	
19	塑料软铜线	BVR—0.75mm^2 或自定	m	1	
20	别径压端子	UT2.5—4,UT1—4	只	20	
21	行线槽	TC3025,长自定,两边打$\phi 3.5mm$孔	m	5	
22	异型塑料管	$\phi 3.5mm$	m	0.2	
23	绘图纸（答题纸）	B4	张	6	

（2）场地准备。

①考场面积为 60m^2,设有 20 个工位,每个工位有一个工作台,每个工作台的右上角贴有工位号。考场采光良好,不足部分采用照明补充,保证工作面照度不小于 100lx。

②考场应干净整洁、空气新鲜,无环境干扰。

③考场内应设有三相电源并装有触电保护器。

④考前由考务管理人员检查考场各工位应准备的器材、工具是否齐全,所贴工位号是否有遗漏。

试题2 故障检修。

(1) 设备、材料准备。

序号	名称	型号与规格	单位	数量	备注
1	复杂机械设备	由下列设备的一种进行考核：大型继电—接触器系统、继电—接触器＋变流调速系统、大型晶闸管直流调速系统、数控系统、大型PLC控制的设备、PLC＋变频器控制的设备等或自定	台	1	
2	设备资料（图纸等技术资料）	与相应的设备配套	套	1	
3	故障排除所用材料	与相应的设备配套	套	1	
4	双踪示波器	自定	台	1	
5	单相交流电源	～220V 和 36V、5A	处	1	
6	三相四线交流电源	～3×380/220V、20A	处	1	
7	演草纸	自定	张	4	

(2) 场地准备。

①每个工位有一个工作台，每个工作台的右上角贴有工位号。考场采光良好，不足部分采用照明补充，保证工作面照度不小于100lx。

②考场应干净整洁、空气新鲜，无环境干扰。

③考场内应设有三相电源并装有触电保护器。

④考前由考务管理人员检查考场各工位应准备的器材、工具是否齐全，所贴工位号是否有遗漏。

(3) 抽签准备。采用现场抽签方式确定具体考核设备。

试题3 电路测绘与工艺编制。

(1) 设备、材料准备。

序号	名称	型号与规格	单位	数量	备注
1	较复杂机械设备（或典型电子线路）	同试题2或自定	台	1	
2	绘图纸	A4	张	4	

续表

序号	名称	型号与规格	单位	数量	备注
3	演草纸	自定	张	4	
4	工艺编制场地	要求准备不少于 $60m^2$ 教室一间,满足考试条件	间	1	

(2) 场地准备。

①电路测绘每个工位有一个工作台,每个工作台的右上角贴有工位号;考场采光良好,不足部分采用照明补充,保证工作面照度不小于100lx。工艺编制考场面积 $60m^2$,设有 40 个座位,每个座位右上角贴有工位号;考场采光良好,不足部分采用照明补充。

②考场应干净整洁、空气新鲜,无环境干扰。

③考场内应设有三相电源并装有触电保护器。

④考前由考务管理人员检查考场各工位应准备的器材、工具是否齐全,所贴工位号是否有遗漏。

(3) 抽签准备。采用现场抽签方式,抽取测绘的局部电气控制原理图或待编制的电气设备大修工艺。

试题 4 培训指导。

(1) 设备、材料准备。

序号	名称	型号与规格	单位	数量	备注
1	培训指导的场地及设施	要求准备不少于 $30m^2$ 教室 2 间,具有黑板、粉笔等,满足教学条件	间	2	
2	参考教材	国家职业资格培训教程《维修电工(初级技能 中级技能 高级技能)》或自定	册	10	
3	答题纸	A4 纸或自定	张	4	

(2) 场地准备。

①考场面积 $30m^2$,设有 20 个工位,每个工位右上角贴有工位号。考场采光良好,不足部分采用照明补充。

②考场应干净整洁、空气新鲜,无环境干扰。

③考前由考务管理人员检查考场各工位应准备的器材、工具是否齐全,所贴工位号是否有遗漏。

(3) 抽签准备:从理论培训、技能培训、质量管理和生产管理等四项内容中,抽取其一为考核内容,考评员根据抽签确定的内容现场指定具体试题进行考核。

(4) 其他准备要求:

①考评员与考生比例为1∶5。

②医务人员1名。

二、技能考核试卷

试题1 设计、安装与调试。

(一) 任务说明

(1) 试题内容:如图所示,某搬运机械手将物体由某点搬运到传送带上。搬运机械手的工艺过程(动作要求)如下:

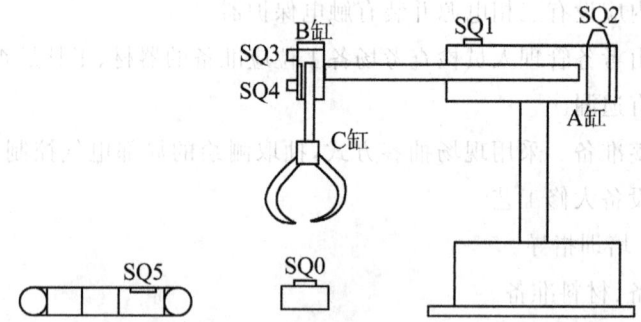

(试题1)

①当工人将工件放在传送点时,SQ0压下,表明有工件需要传送。

②只要传送点一有工件,机械手手臂就先下降(B缸动作)至下限位(SQ4压下),将其抓取(C缸动作),1s后机械手上升(B缸复位)至上限位(SQ3压下),机械手左移(A缸动作)至传送点上方(SQ1压下),机械手臂再次下降,下降到位SQ4压下(C缸复位)后放开工件,1s后机械手上升,SQ3压下后右移(A缸复位)至原点(SQ2压下)。

③当机械手放下工件(SQ5被压下)并上升至上限位后,传动带电动机M启动,开始传送工件,2s后自动停止。机械手搬运工件,需在前一次工件运走后才能下降将工件放下,否则需要等待。

(2) 本题分值:40分。

(3) 考核时间:210min。

(4) 考核形式:现场操作。

（二）控制要求

（1）工作方式设置为手动、单周期、自动。

（2）有必要的电气保护和联锁。

（3）自动及单周期循环时应按上述顺序动作。

注：模拟安装调试时可用接触器替代电磁阀，三相交流异步电动机运转替代皮带运输机运行。

（三）考核内容及要求

1. 电路设计

（1）根据任务，设计用 PLC 控制的主/控电路电路图（或控制系统框图）。

（2）填写《材料申领单》。

（3）列出 PLC 控制 I/O（输入/输出）接口地址分配表（或称现场元件信号对照表）。

（4）绘制 PLC 控制 I/O 接口（输入/输出）接线图。

（5）根据加工工艺，设计梯形图。

（6）根据梯形图，列出指令表。

2. 程序输入调试

能正确地将所编程序输入 PLC；按照被控制设备的动作要求进行模拟调试，达到设计要求。

3. 安装与接线

（1）按主/控电路图及 PLC 控制 I/O 接口（输入/输出）接线图，在机架或模拟配线板上安装与接线。

（2）如在模拟配线板上安装，将熔断器、接触器、PLC 装在主接线板上，将转换开关、按钮等外接器件装在另一块配线板上。

4. 联调试验

正确使用电工工具及万用表，进行仔细检查，调试时必须遵守安全操作规程和安全文明生产，最好通电试验一次成功。

5. 否定项说明

电路设计、安装与调试达不到基本功能要求，此题无分。

试题 2 故障检修。

检修大型继电—接触器系统、继电—接触器＋变流调速系统、大型晶闸管直流调速系统、数控系统、大型 PLC 控制的设备、PLC＋变频器控制的设备等复杂机械设备中的一种设备的电气线路故障（选择确定其中一种设备）。在电气线路设隐蔽故障 2 处。考生向考评员询问故障现象时，考评员可以将故障现象告诉考生，但考生必须单独排除故障。

（1）本题分值：30 分。

（2）考核时间：40min。

（3）考核形式：现场操作。

（4）考核内容及要求。

①故障设置：本题所设故障点不在电动机上，其故障数量为 2 个。

②调查研究：对每个故障现象进行调查研究。

③故障分析：在电气控制线路上分析故障可能的原因，思路正确并确定故障发生的范围。

④故障排除：正确使用工具和仪表，找出故障点并排除故障。

⑤在考核过程中带电进行检修时，注意人身和设备的安全。

（5）否定项说明：故障检修鉴定考核达不到 15 分，本次操作技能鉴定考核评为不合格。

试题 3 电路测绘与工艺编制。

测绘大型继电—接触器系统、继电—接触器＋变流调速系统、大型晶闸管直流调速系统、数控系统、大型 PLC 控制的设备、PLC＋变频器控制的设备等较复杂机械设备中的一种设备[以第二题故障检修抽签确定的机械设备的电气线路为准或用鉴定所（站）准备的难度系数相当的电子线路板开展测绘项目鉴定考核]，采用现场抽签方式，抽取测绘的局部电气控制原理图或待编制电气设备的大修工艺。

（1）本题分值：16 分。

（2）考核时间：100min。

（3）考核形式：现场操作。

（4）考核方法：抽签确定。

（5）具体考核要求。

①电路测绘：正确使用电工工具、万用表进行测量，然后正确绘出电路图，并且简述工作原理。机床通电时，遵守操作规程，注意人身安全。

②工艺编制:资金预算编制、工时定额编制、人员安排要合理,选用材料准确齐全,编制工程进度合适,安全措施到位,质量保证措施明确。

试题4 培训指导。

(1) 本题分值:14分。

(2) 考核时间:20min(不包括教案备课时间)。

(3) 考核形式:现场讲授。

(4) 考核方法:抽签确定。内容:理论培训、技能培训、质量管理和生产管理四项,采用现场抽签方式。

(5) 具体考核要求。

选考内容	考核要求	题 目
技能培训	指导本职业初、中、高级工和技师进行实际操作	考评员指定题目
理论培训	指导本职业初、中、高级工和技师进行理论培训	考评员指定题目
质量管理	1. 能够在本职工作中认真贯彻各项质量标准 2. 能够应用全面质量管理知识,对实际操作过程的质量进行分析与控制	考评员指定题目
生产管理	1. 能够组织有关人员协同作业 2. 能够协助部门领导进行生产计划、调度及人员的管理	考评员指定题目

(6) 否定项说明:具有下面情况之一者,培训指导视为不合格。

①不能正确编写课堂讲授要点。

②讲授内容错误过多,达到5处。

③讲授内容组织不合理且无整体逻辑性。

三、考核评分记录表

(1) 总成绩表。

序号	试 题 名 称	配分	得分	备 注
1	设计、安装与调试	40		
2	故障检修	30		
3	电路测绘与工艺编制	16		
4	培训指导	14		
	合 计	100		

统分人: 年 月 日

(2) 试题1的考核配分、评分标准。

序号	考核内容	考核要点	评分标准	配分	扣分	得分
1	电路设计	根据任务： 1. 设计改用PLC控制的主/控电路图（或系统方案） 2. 列出元件信号对照表 3. 绘制PLC的I/O接线图 4. 设计梯形图 5. 列出指令表 注：递交完书面答卷后，方可进行后续安装、上机操作	1. 电路图设计不全或设计有错，每处扣1分 2. 输入、输出地址遗漏或搞错，每处扣1分 3. 梯形图表达不正确或画法不规范，每处扣1分 4. 接线图表达不正确或画法不规范，每处扣2分 5. 扣完为止 限时60min，超时酌情扣分	18		
2	配线安装	按PLC控制I/O接线图与工艺要求，在模拟板（或机架）上正确安装与接线	1. 元件布置不整齐、不匀称、不合理，每个扣1分 2. 线路工艺不规范、不合理，扣1~3分 3. 损坏元件扣2分 4. 不按电气原理图接线扣2分 5. 扣完为止 限时120min，超时酌情扣分	8		
3	联合调试	1. 正确录入程序 2. 上机模拟调试 3. 正确互连接线 4. 联机通电调试，达到运行要求 5. 正确使用仪器、仪表及电工工具	1. PLC程序输入不熟练扣2分 2. 仪表使用错误扣1分 3. 每缺少1个动作功能扣3分 4. 扣完为止 限时30min，超时酌情扣分	14		
4	安全文明生产	1. 劳动保护用品穿戴整齐 2. 遵守各项安全操作规程 3. 尊重考评人员，讲文明礼貌	1. 违反安全文明生产考核要求的任何一项，扣1分 2. 当考评员发现考生有重大人身事故隐患时，要立即予以制止，扣2~10分 3. 以上内容从本项目总分中扣除，扣完为止	倒扣		
		合　计		40		
否定项：电路设计达不到基本功能要求，此题无分						

续表

序号	考核内容	考核要点	评分标准	配分	扣分	得分

技术要求：
1. 电路设计
(1) 根据任务，设计应用PLC控制的系统方案
(2) 根据指定要求，选用并填写《材料申领单》
(3) 列出现场元件信号对照表
(4) 绘制PLC的I/O接线图
(5) 绘制梯形图
(6) 列写指令表
书面完成上述任务环节，递交答卷后，方可进行后续操作
2. 配线安装
依照设计图纸和运行要求，根据考场提供的器材，按照工艺在模拟板（或机架）上进行安装与接线
3. 联合调试
(1) 上机正确录入程序
(2) 模拟调试
(3) 互连PLC与接线板
(4) 通电联调，达到运行要求
上机联调过程中，要正确使用设备、仪器、仪表和工具，遵守安全操作规程

评分人：　　　　　年　月　日　　　　　核分人：　　　　　年　月　日

（3）试题2的配分、评分标准。

序号	考核内容	考核要点	评分标准	配分	扣分	得分
1	调查研究	对每个故障现象进行调查研究	排除故障前不进行调查研究扣2分	2		
2	读图与分析	在电气控制线路图上分析故障可能的原因，思路正确	1. 错标或标不出故障范围，每个故障点扣2分 2. 不能标出最小的故障范围，每个故障点扣2分 3. 扣完为止	7		
3	故障排除	找出故障点并排除故障	1. 实际排除故障中思路不清楚，每个故障点扣2分 2. 每少查出1处故障点扣4分 3. 每少排除1处故障点扣3分 4. 排除故障方法不正确，每处扣1分 5. 扣完为止	17		
4	仪表使用	根据工作内容正确使用工具和仪表	工具和仪表使用错误，每次扣1分	4		

续表

序号	考核内容	考核要点	评分标准	配分	扣分	得分
5	安全文明生产	1. 劳动保护用品穿戴整齐 2. 遵守各项安全操作规程 3. 尊重考评人员,讲文明礼貌	1. 违反安全文明生产考核要求的任何一项扣1分 2. 当考评员发现考生有重大人身事故隐患时,要立即予以制止,扣2～10分 3. 以上内容从本项目总分中扣除,扣完为止	倒扣		
6	备注	操作有错误,从此项总分中扣分	1. 排除故障时,产生新的故障后不能自行修复,每个扣10分;已经修复,每个扣5分 2. 损坏设备扣20分,扣完为止			
		合 计		30		

技术要求:
1. 调查研究:对每个故障现象进行调查研究
2. 故障分析:在电气控制线路上分析故障可能的原因,思路正确
3. 故障排除:正确使用工具和仪表,找出故障点并排除故障

评分人: 　　年　月　日　　　　核分人: 　　年　月　日

(4) 试题3的考核配分、评分标准。

①电路测绘。

序号	考核内容	考核要点	评分标准	配分	扣分	得分
1	绘制电路图	利用电工工具、万用表和电子仪器等测量工具正确测量,按国家电气绘图规范及标准正确绘制电路图	1. 不会熟练利用测量工具进行测量扣1分 2. 测量步骤不正确,每次扣1分 3. 绘制电路图时符号错误,每处扣1分 4. 绘制电路图时电路图有误,每错1处扣1分 5. 绘制电路图时不规范及不标准扣1分 6. 扣完为止	12		
2	简述原理	依据绘出的电路图,正确简述电路的工作原理	1. 简述电路图工作原理时实质错误,每错一处扣1分 2. 简述线路的工作原理时有不完善,每处扣0.5分 3. 扣完为止	4		

续表

序号	考核内容	考核要点	评分标准	配分	扣分	得分
3	安全文明生产	1. 劳动保护用品穿戴整齐 2. 遵守各项安全操作规程 3. 尊重考评人员,讲文明礼貌	1. 违反安全文明生产考核要求的任何一项扣1分 2. 当考评员发现考生有重大人身事故隐患时,要立即予以制止,扣2～10分 3. 以上内容从本项目总分中扣除,扣完为止	倒扣		
			合　计	16		
备注			考评员签字　　　　　　　　年　月　日			

评分人：　　　　年　月　日　　　　　　　核分人：　　　　年　月　日

② 工艺编制。

序号	考核内容	考核要点	评分标准	配分	扣分	得分
1	设备检修工艺计划	编制检修工艺合理、可行	1. 施工计划不够合理、不完整,每处扣1分 2. 扣完为止	4		
2	检修步骤和要求	检修步骤和要求清楚、正确	1. 制订检修步骤和要求不具体、不明确,每处扣1分 2. 扣完为止	4		
3	材料清单	开列的材料清单品种齐全,材料名称、型号、规格和数量恰当	1. 材料清单不完整,型号、规格、数量不当,每处扣1分 2. 扣完为止	3		
4	人员配备和分工	人员配备和分工方案合理	1. 人员配备和分工不合理,每处扣1分 2. 扣完为止	3		
5	检修管理	检修管理的措施科学	1. 检修管理的措施不科学,每处扣1分 2. 扣完为止	2		
			合　计	16		
否定项:如发现考生编写的设备检修工艺不是自己撰写的,本项考核作0分处理						

续表

序号	考核内容	考核要点	评分标准	配分	扣分	得分
		技术要求： 1. 资金预算编制经济合理 2. 工时定额编制合理 3. 选用材料准确齐全 4. 编制工程进度合适 5. 人员安排合理 6. 安全措施到位 7. 质量保证措施明确				

评分人：　　　　年　月　日　　　　核分人：　　　　年　月　日

（5）试题4的配分、评分标准（由考评员现场为考生指定一项考核内容）。

①理论培训、质量管理培训、生产管理培训。

序号	考核内容	考核要点	评分标准	配分	扣分	得分
1	编写讲授要点	内容正确	1. 内容错误，每处扣1分 2. 主题不明确扣2分 3. 结论不正确扣2分	6		
2	教学过程	教学内容正确，重点突出	1. 教学内容有错，每处扣1分 2. 重点不突出扣1分	4		
		板书工整，教案亲切、自然，语言精练、准确	1. 板书不工整扣1分 2. 语言不精练扣1分 3. 教法不自然扣1分	4		
3	时间安排	不得超过规定时间	超过规定时间扣1分			
		合　计		14		

否定项：具有下面情况之一者，视为培训指导不合格
1. 不能正确编写课堂讲授要点
2. 讲授内容错误过多，达到5处
3. 讲授内容组织不合理且无整体逻辑

技术要求：
1. 培训指导的内容应反映本等级水平
2. 内容正确，组织合理
3. 具有良好的语言表达能力
4. 讲授内容正确，主题明确，重点突出
5. 思路清晰，通俗易懂，举例恰当
6. 语言流畅，表达准确，板书规范

评分人：　　　　年　月　日　　　　核分人：　　　　年　月　日

②技能培训。

序号	考核内容	考核要点	评分标准	配分	扣分	得分
1	示范操作	示范性操作正确、规范	1. 操作方法、步骤错误,每处扣1分 2. 操作不规范,酌情扣1~2分 3. 操作每漏1项扣1分 4. 扣完为止	6		
2	语言指导	讲解内容全面、具体、正确,表达准确,理论联系实际	1. 讲解错误,每处扣1分 2. 讲解不全面扣1分 3. 重点、难点不突出扣1分 4. 无直接理论依据说明扣1分 5. 表达不准确,酌情扣1~2分 6. 扣完为止	6		
3	示范性操作与语言指导间的配合	示范性操作与语言指导相互配合,内容贴切	1. 操作与指导不协调扣0.5分 2. 语言指导内容不贴切扣0.5分 3. 扣完为止	2		
4	时间安排	不得超过规定时间	超过规定时间1min扣1分,从总分中扣除			
5	安全文明生产	1. 劳动保护用品穿戴整齐 2. 遵守各项安全操作规程 3. 尊重考评人员,讲文明礼貌	1. 违反安全文明生产考核要求的任何一项扣1分 2. 当考评员发现考生有重大人身事故隐患时,要立即予以制止,扣2~10分 3. 以上内容从本项目总分中扣除,扣完为止	倒扣		
合 计				14		

否定项: 1. 严重违反安全文明生产要求 2. 示范性操作存在典型错误 3. 语言指导内容与示范性操作之间无明显关联
技术要求: 1. 示范性操作正确、规范 2. 内容正确,组织合理 3. 具有良好的语言表达能力 4. 语言流畅,表达准确规范

评分人:　　　年　月　日　　　　核分人:　　　年　月　日

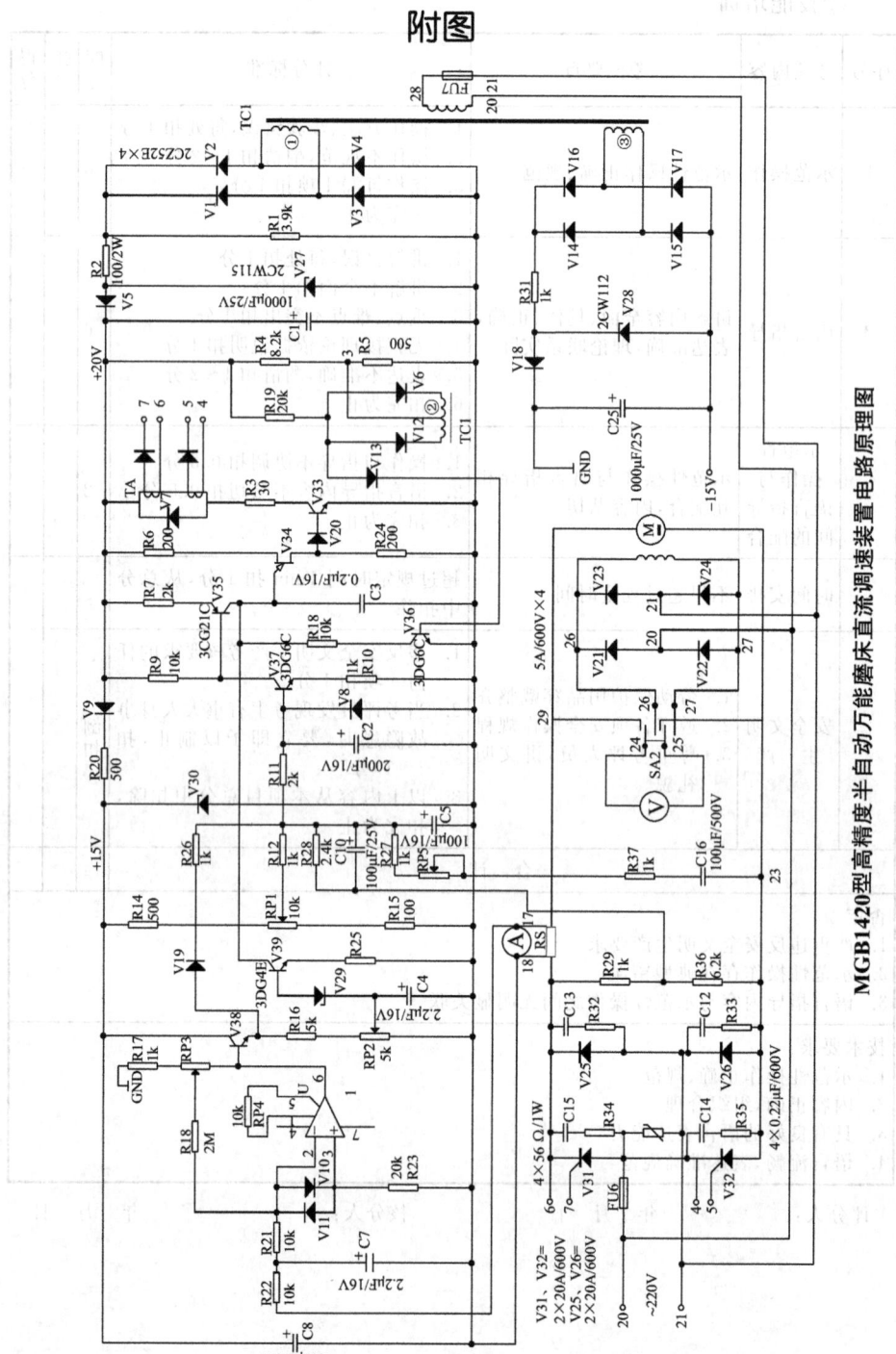